❶ 分裂型人格　❷ 口腔型人格　❸ 忍吞型人格　❹ 控制型人格　❺ 刻板型人格

[美] 赛安慈博士(Anthony Sainz)
吴至青博士(Chih-Ching Wu) 著

还我
本来面目

如何接纳自我和欣赏生命

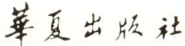
华夏出版社

图书在版编目（CIP）数据

还我本来面目：如何接纳自我和欣赏生命 /（美）赛安慈，（美）吴至青著. -- 北京：华夏出版社有限公司，2020.6
ISBN 978-7-5080-9866-1

Ⅰ. ①还⋯ Ⅱ. ①赛⋯ ②吴⋯ Ⅲ. ①人生哲学－通俗读物 Ⅳ. ①B821-49

中国版本图书馆 CIP 数据核字(2020)第 036473 号

中文简体字版©2020 华夏出版社有限公司

本书经城邦文化事业股份有限公司商周出版事业部授权，同意经由华夏出版社有限公司，出版中文简体字版。

非经书面同意，不得以任何形式任意重制、转载。

版权所有　翻版必究
北京市版权局著作权合同登记号：图字 01-2009-3784 号

还我本来面目：如何接纳自我和欣赏生命

作　　　者	[美]赛安慈　[美]吴至青	
责任编辑	朱　悦	
出版发行	华夏出版社有限公司	
经　　销	新华书店	
印　　装	三河市少明印务有限公司	
版　　次	2020 年 6 月北京第 1 版	2020 年 6 月北京第 1 次印刷
开　　本	720×1030　1/16 开	
印　　张	19.75	
字　　数	260 千字	
定　　价	49.80 元	

华夏出版社有限公司　地址：北京市东直门外香河园北里 4 号　邮编：100028
网址：www.hxph.com.cn　电话：(010) 64663331（转）
若发现本版图书有印装质量问题，请与我社营销中心联系调换。

目／录

001／10周年畅销版序　找到自己，还我面目　吴至青

005／推荐序1　找到自己，还我面目　身心灵作家　张德芬

007／推荐序2　我的疗愈奇缘　台湾《商业周刊》发行人　金惟纯

011／推荐序3　信任自己内在的能耐　香港大学行为健康教研中心总监　陈丽云教授

012／推荐序4　在生命大戏中，从演员到导演　台湾优人神鼓创办人　刘若瑀

013／前言1　疗愈这回事——我的探索历程　吴至青

019／前言2　疗愈就是找回自我的过程　赛安慈

001／第一章 疗愈——先从物理学出发

012／第二章 我是谁——人的四次元

066／第三章 忘了我是谁

069／第一节 创伤是福分

077／第二节 低层自我

093／第三节 形象自我

目/录

102/第四节 防御

107/第五节 面具自我

117/第六节 高层自我

127/第四章 我变成了谁——五种人格结构

133/第一节 分裂型人格（Schizoid）

150/第二节 口腔型人格（Oral）

163/第三节 忍吞型人格（Masochist）

177/第四节 控制型人格（Psychopath）

189/第五节 刻板型人格（Rigid）

207/第五章 气轮

265/第六章 如何疗愈自己？

281/第七章 高次元的自我疗愈

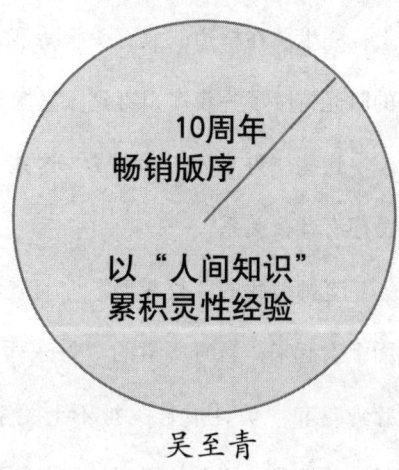

吴至青

商周出版总编辑靖卉嘱咐我为《还我本来面目》写十年序,内心有个温暖慈爱的声音响起:十年了吗?!

来人间的第一个十年,十岁那年,也是有幸遇到我的心灵启蒙导师的那年。

那时家住台北近郊北投大屯山区,上下学总要走一段不算短的山路,一路上总会经过好几座桥。老师便是一个偶然和我在桥上相遇的陌生人。忘了当时是怎么和这位陌生人交谈起来,也许是自小被母亲教会背诵不少古典诗词的我显露了朗读诗词的能力,感动了这位素昧平生的先生,他告诉我他希望成为我的老师。

他说,世界上每一个人都是为"学习"而来,而我可以向他学习很多

"好东西",并说第二天会在同一地点等我放学。从此以后,放学回家的路上,先生总在桥边的大石头上等我,上课成为我和老师之间的秘密,这样的时光持续了一年多,直到家里搬离北投为止。

这些"好东西"是什么?这些"好东西"和今天为《还我本来面目》写序有什么关系?

老师教我的"好东西"全是各种国学经典和文学作品及世界名著。表面上看起来,当时所学的"好东西"全是"人间知识",可以说与"自我疗愈"和"灵性成长"扯不上关系,但正是这些不起眼的"人间知识",长大后的我才逐渐领悟到,从老师那里学习的"人间知识"却为我日后的"心灵成长"打下了稳固的基础,是我一生受用不尽的泉源。

任何有着"真、善、美"神韵的东西本身就是高振动频率的能量,就具有疗愈的威力。

世界各古老文化都有这种高振频的"真、善、美",往往蕴涵在能表现那个民族心声的文化作品中,通常也是那个民族自信的源泉,因此具有能提升并疗愈整个民族心灵的威力。不少中国古典诗词即是这样一种具有极高振频的"美"的代表,即使在穿越了多年时光隧道的今天,对后代子孙仍然具有永久的魅力。老师教我吟唱的第一阕词是李后主的《相见欢》:"林花谢了春红,太匆匆,无奈朝来寒雨晚来风。胭脂泪,相留醉,几时重?自是人生长恨水长东。"当时,唱着唱着就被它的魅力震撼得重心不稳、头脑发晕,身体像要飘起来。永远忘不了当时轻吟低唱《相见欢》时的身体感受,就像是长大后体会到酒饮微醺那样陶醉的感受:意识清明、全身放松、心情愉快。

这"意识清明、全身放松、心情愉快"的感受不正是所有灵性疗愈所要达到的效果吗？不正是一种高振动频率的"灵性经验"吗？当时意识就真的飘起来了，只记得自己像一只大鸟，低头向下看见自己和老师坐在溪流里的大石头上。

如今，我自己也已为师经年，陪伴学生成长。常有学生误认为，我既以"灵性疗愈"为题讲学多年，还出了一本相关的书《还我本来面目》，我必然是个有着高超灵性能力的人，或至少是个通灵人。我常这样回答：我从没有任何神通，也不具通灵能力，但如果你们认为我有任何不同于人之处，并不在于神通或通灵能力，而在于我的"普通知识"，也就是所谓的常识。

人们使用知识，大概有两种趋向：一种是以过往的知识为牢，限制人们自性的发展，也就是所谓思想的禁锢，限制认识的广度；另一种是以累积的知识为梯，拓展人们认识的深度与广度，而这类值得累积的知识，往往就是常识。

常识的广度得到扩展，触及的深度也会增长，这就好比小鸟腾跃，上下数仞，鲲鹏展翅，扶摇而上九万里，展翅大小不同，触及的空间也就不同。

随着年龄增长，累积了越来越多做人的经验，积累了越来越多"普通"知识，当这些"常识"的"广度"到达某个程度之后，"深度"自然崛起。而深度可以说就是"灵性"知识（振动频率更高的知识），所以说深度以广度为基础,广度必须先建立起来,深度才能建立;人间的普通知识越广,高层次的灵性知识才能建立。

每个人观念中的禁锢越少、常识越多,获得灵性体验的机会也就越大。所以事实上,与其去追求与人比较而来的所谓"超能力"、"神通",不如去增加更多的常识,而获致对世界更深入的体认。

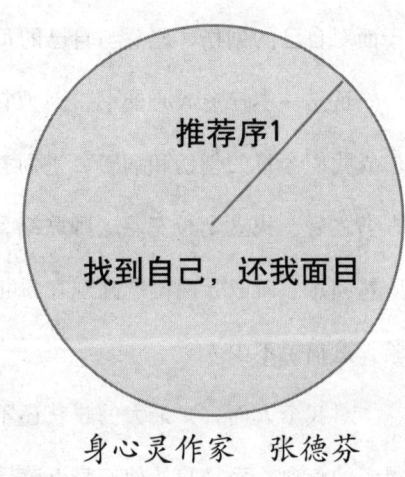

推荐序1

找到自己，还我面目

身心灵作家 张德芬

2009年初，我回台湾过春节，有人大力推荐我看《还我本来面目》这本书。基于爱读书的习惯，我立刻就去购买了这本书。回京后仔细阅读，果然一个"好"字。自从接触灵性的世界以后，我一直在探讨物理学和灵性的关系，希望能看到两者之间的相关性，而至青和安慈老师的著作，是我见过把这两者之间的关系解释得最清楚的，可以让我们很容易就明白"心物融合"的境界。

但是这本书的功能不仅于此，它还从不同的角度来解释作为一个"人"，我们究竟可以用什么样不同的方式来剖析自己。两位老师的立论，不但符合科学的标准，许多经验更是他们亲身体会而来的。

读完这本书，你不但能够更了解自己，对自己的本来面目有更多的理解，同时也能对自己的性格做一番全面的了解和接纳。这份了解是来自勇于面对自己的创伤，愿意与自己的负面情绪共处而来的。

这是一本疗愈人心的书，因为它也阐释了我们童年时候的遭遇是如何形成我们今日的创伤和痛苦，进而教导我们如何去因应和面对。在读完这本书之后，我立刻与安慈老师联络，问他们是否有兴趣来内地教学，他们欣然同意。所以，两位老师现在每年固定来内地分享他们的疗愈方法和经验，造福了不少人。

对我个人而言，最大的收获还不是上课或是读书之后学到的东西或是得到的疗愈，而是我从他们身上感受到的那份慈悲和大爱。灵性老师很多，但是能够让你一见到他们就感受到心里的宁静和舒适能量的老师却不多。

至青老师和安慈老师，是我最喜爱的灵性老师之一。当然，他们多年教学和自己体会出来的心血结晶《还我本来面目》，更是一本不容错过的好书。

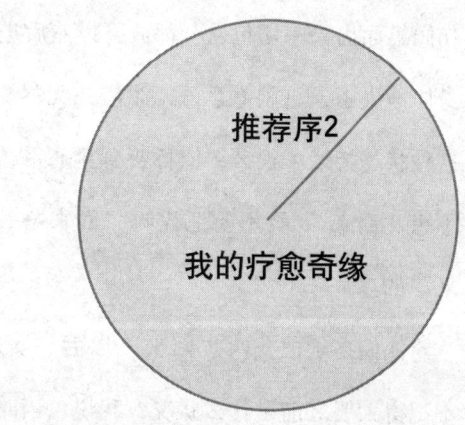

推荐序2
我的疗愈奇缘

台湾《商业周刊》发行人 金惟纯

这是一本需要慢读、细读、一读再读的书。如果用一种重新认识自己的心境读,你的人生可能从此不一样。

这本书里所说的每一件事,都是我曾经似懂非懂、深为着迷、却又弄不明白的。我其实很乐意做一个忠实读者,却完全没资格为本书写序,所以必须先交代因缘来由。

本书的两位作者,至青是我的前妻,安慈是至青如今的配偶,也因此成为我的挚友。他们在六年前由美国返台与我重逢后,不只一次替我进行疗愈。我很愿意在此分享这种奇妙的经验。

第一次的疗愈,是我印象最深的。至青和安慈用呼吸法开始导入,结合手触、音乐和语言引导,大约不到十分钟,我就进入"狀況"。记得在过程中，我曾像小孩般地大哭，仿佛回到了童年，被压抑的深藏的创痛哀伤倾巢而出，一切包袱全都放下，然后进入难以形容的平静、开怀状态中，身体消失了，只剩下意识，沐浴在无尽喜乐的光环中，有如置身天堂……这种状态持续了很久，依稀听到至青和安慈的对话，他们笑着讨论我好像不想"回来"，要不要把我叫"回来"等等。我当时的确是很不情愿"回来"的。

他们终于把我叫"回来"以后，安慈对我进行"辅导"。他问我，记不记得大哭之前是什么状况？我说，当时至青如天籁般的歌声在耳边低吟，让我觉得像是受了委屈的孩子，在充满慈爱、包容的关怀里，可以放肆地宣泄。而这样的感觉，即使是童年也不曾有过的。我当时也忆起，自己曾经拥有如此的美好，却因不知珍惜而感伤。安慈用充满理解的眼神看着我，说他完全明白。

从此我就缠上了他们。每回见面，他们总在百忙中抽空给我疗愈。每次的体验，都完全不同，在过程中显现出不同的"自我"，宣泄出不一样形态的深层压抑，但都感受到被抚慰、移除后的无比舒畅。他们告诉我，因为每回疗愈的"主题"不同，使用的方法不同，移除的创伤和疗愈的效果也不一样。

我对他们的"特异功能"，当然充满好奇。不断追问下，他们述说了十余年来"求道"的经历，其中充满了不可思议的传奇，对我来说，简直就像哈利·波特的真实成人版。于是我鼓励他们出书，并为他们介绍了在这领域最棒的出版社。历时五年，如今终于成书。

当然，这本书走的不是"哈利·波特"路线，而更像是一本自我疗愈的教科书、实验报告和操作手册。它是至青和安慈十余年来投身求道、自疗疗人总成果的浓缩精华。

读完这本书，我十分震惊，原来在追寻人类"本来面目"这件事上，早已不再分东方和西方，不再分传统和现代，不再分科学和宗教，不再分理论和实践……融合发展出如此惊人的成果。这本书对于人类千万年来不断提出的疑惑，给出了这么清晰而完整的答案；对于解除疑惑的途径，提供了这么明确而有效的方法。

无怪乎，我自己过去在这方面也读了一些书，跑了若干道场，见了不少师父，甚至也坚持打坐过一段时间，却从未如此深入地瞥见"真实自我"和"自性本体"。至青和安慈却只花了40分钟，就轻易做到了。因为他们完全不拘泥于任何学科、宗派或传统，也不在意别人的质疑或批评，所以才不死守一隅、画地自限。

有关"了解自己"这件事，我原本自认是有心得的，青年时代曾经下过一番工夫，也觉得颇有收获。年事渐长后，我注意到周围的朋友们，在人生成就和境界上，差距愈来愈大。我常思索，关键因素究竟何在？最后得到的答案是：了解自己与否，决定了每个人拥有什么样的人生。

我相信大多数的人，都会在世事浮沉中，偶尔停下来问自己：我到底是谁？我究竟在追求什么？但大多数人也像我一样，在偶有所感之后，又回到了世事浮沉中。或者，寻寻觅觅一阵子，不得其门而入，只好放弃，回到自以为熟悉安逸，却不免自欺、自蔽的轨道中。

但至青和安慈不一样。他们在历尽辛苦，终于专业有成、家庭安顿后，毅然献身求道，十余年锲而不舍。这番来历，正是本书最珍贵难得之处。正因为他们在这领域并非"科班出身"，正因为他们不惑之年才起步，所以才能以最无挂碍、最务实、最直接的方式去追求、去实践。因为他们并不自居为大师，所以才能撷取、融合各路大师们的精华，收为己用，贡献诸人。

也因此，这本书不是用来读的，而是用来体验、实践的，也如两位作者所为一般。有幸能读这本书的人，可能也和我一样，生生世世与至青、安慈有缘，在"人生蓝图"里注定有此一遭。这本书是他们"找到自己"的成果，也一定能帮大家一起找到"本来面目"。

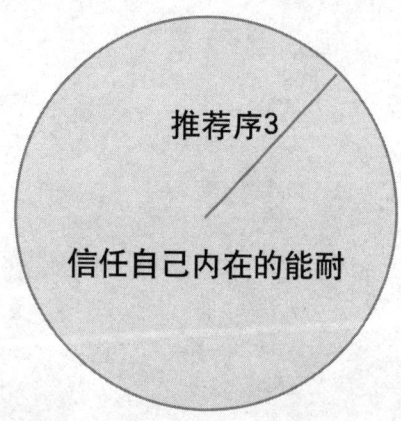

推荐序3

信任自己内在的能耐

香港大学行为健康教研中心总监　陈丽云教授

　　我深信于人内在的潜能和美善。往往要在经历苦难时，我们才懂得学习探索自我的心灵，发掘生命的智慧。多年来一直在香港推动以"身心灵"模式，支援长期病患者及癌症病人，让我深深感受到如书中所述："身心灵"健康的重要性，以及"治疗"和"疗愈"的分别。

　　过去工作中一个又一个的真实个案，见证着病人如何超越身体的疼痛和疾病，继而透过探索心灵和灵性的部分，学习接纳自我和欣赏生命。越来越多研究文献亦指出，经历灾难后，人们往往会体验所谓"灾难后的成长"，当中包括对个人层面、关系层面和灵性层面上的正面改变。这正好说明了肉体或外在环境的伤害和痛苦并不窒碍自我心灵的探索，反而更会激发起内在潜能的发挥，真正起动"疗愈"的旅程。

　　因此，信任自己，信任自己的身体，信任自己内在的能耐，它们将带领你认识生命，经历苦难，并疗愈自己。

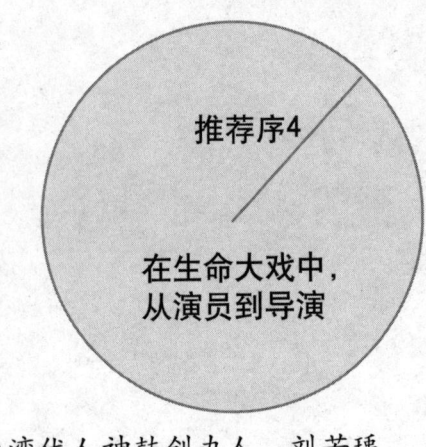

推荐序4

在生命大戏中，从演员到导演

台湾优人神鼓创办人　刘若瑀

我们终身被自己蒙在鼓里，聪明、诡诈、善良、乖巧或者谦虚、自大，都是自我的游戏。每时每刻我们只是信以为真地扮演着生命大戏。唯有从演员变成导演，跳出来才能看清真相，而成为导演的方法正是了解自己，认识自己的"人格结构"，了解与生俱有的"创伤"形貌，透过关怀去看自己和身边的人、事、物，就会了解所有的事情都其来有自，也在了解"创伤是福分"的认知中，开放地拥抱这些伤痛、爱、原谅和包容，而替代恨、责备和苦难。至青和安慈巨细靡遗地铺陈了他们近20年来研究的爱心，他们二人从台湾到美国，从印地安文化到西方世界，从心理学入门，从佛法出关，这本罕见的《还我本来面目》将为你我圆满美丽人生。

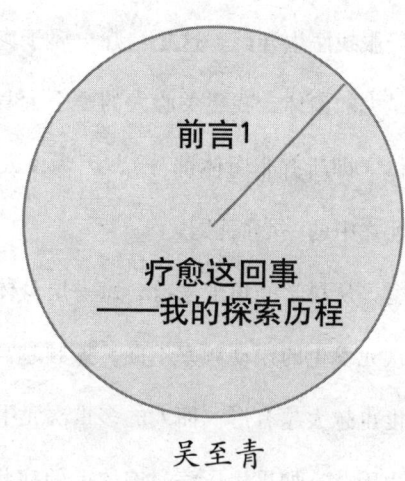

前言1

疗愈这回事
——我的探索历程

吴至青

吴至青博士简介：

祖籍广东恩平，生于台湾高雄，毕业于台北市金华女中、北一女中、政大新闻系，曾任《大华晚报》记者、《仕女杂志》编辑，1980年代受聘于新加坡广播电视台任职新闻主播，两年后转赴美国求学，先后就读纽约市立大学亨特学院（Hunter College, CUNY）硕士班及私立纽约大学（NYU）博士班，主修语言病理学。目前在纽约的私人诊所执业。

除了专业语言治疗之外，吴至青博士也是专业疗愈师。她自幼即对身心灵间相互的关联极有兴趣，广泛阅读哲学、心理学和宗教书籍。她和夫婿赛安慈结伴，游学各地20年，钻研能量学理及灵修方法，足迹远及印度及巴西，融会东西方疗愈之道。两人联手培训疗愈人才10多年，在台湾的培训已进行8年，近3年也为"香港大学行为健康教研中心"提供疗愈培训课程。她与赛博士结婚22年，育有一双儿女赛明寰和赛宗寰。

"你怎么会做这样的事？"这是我这十多年来最常被问到的问题。

我所做的事是healing，这个词在中文似乎还没有特定的翻译，我暂且译成"疗愈"。疗愈有别于"治疗"。当身体有病去找医生，比如说肠胃不舒服找医生开药，这是治疗，属于肉体层次；作为疗愈师，我关心的不只是人的肉体，我更关心人的整个大身体——包括有形的肉体和许多无形灵体（即所有非肉体部分），因为，人的存在有许多次元，肉体只是诸多次元之中的一个而已。

从科学的角度来看，每一层身体及每一个次元之所以有区别，在于该次元发生的振动频率不同，振频越高的密度也越小越无形，振频越低的密度也越大越有形。而人的多重次元中，肉体的振动频率最低、密度也最大，也因此，如果生了病，肉体上的症状可以说是最晚出现的；早在肉体出现症状之前，所有较高振频层次的身体已出现问题了。最早出现状况的通常是振频极高的灵体，这些高层次的意识若不能和宇宙的自然法则应合，产生不和谐的现象，疾病于焉形成。

举例来说，我的肉体若在今天被诊断出罹患肝癌，很可能在30年前我的灵体中较高的层次已开始扭曲。30年中，这扭曲的意识和能量一层又一层往振频较小、密度较大的星芒体、智性体、情绪体及气体扎根，一层又一层往下造成各种能量失衡。最后落实到肉体，于是肉体有了病痛，才被医生诊断为肝癌。

身为疗愈师，我所做的事就是为来求助的个案去除各层身体的淤塞，疏通受阻的能量，让潜意识得以净化，使肉体和灵体合而为一，达到身心灵三管齐下的健康，帮助病人找回真正的自我。

但是，为个案去除能量阻塞只占我所做的事的一小部分，这些年来，我花更多时间和精力去训练别人"自我疗愈"。多年的经验使我深深体会到,如果个案本身不做内省功夫,只靠疗愈师为他清除阻塞的能量,过不久淤塞又回来了。因为真正的疗愈是不假外求的,要身心灵健康均衡,只能靠自己"向内求法",别无他途;疗愈师只能辅助你,却不能为你做人生功课,正是"师父领进门,修行在个人"。真正的疗愈是向内走回头路,一步步地自我觉醒,因为路的尽头即是你至高无上的自性本体,你本自俱足的疗愈泉源。

在这十多年中,我和疗愈伙伴安慈(也是我的人生伴侣)除了为人做个别疗愈,也积极集体训练"自我疗愈者",我们在美国各地有短期演讲,也有较长期的训练课程,训练能疗愈别人的疗愈师,也训练有兴趣"自我疗愈"的人。从2000年始,每年固定回台湾举办训练营及研习会,香港大学的集训工作也从2005年开始发展。

说来也真好笑,我们自称疗愈师,做了十多年的疗愈工作,但疗愈却不是我们的"正业",安慈的正业是在纽约市立大学亨特学院社工研究所(Hunter College,CUNY)任教,我的正业是语言病理师(Speech Pathologist,或称语言治疗师),从纽约大学(NYU)博士班毕业后就一直在纽约执业,从事治疗儿童语言问题的工作。儿童语言问题五花八门、范围广阔,从自闭症、过动症、精神散漫症、学习障碍症、脑性麻痹症,到吞咽不能症、幼儿厌食症等。我的小病人从3个月到13岁都有。我天生爱孩子,做起儿童语言治疗,就像如鱼得水,不亦快哉。从事这行的人少,能用华语(广东话、国语)治疗的人更是少之又少;好处是我成了天之骄女,坏处是从早忙到晚，小病人多得应付不过来，爱我的朋友常抱怨："正业让你忙不完，怎的又搞出个疗愈做副业，把自己累成这样！"

正业累，副业也累，但我正副业一起做了十多年却乐此不疲，毕竟两样都是我的梦想，是我内心深处的渴望，是我投生到世间所带来的两项任务，是我为什么来人间的原因之一。

"我为什么来？"是我从小就有的疑问，从来没人能回答，也许正因为没人能回答，在潜意识里就成了推动我走上疗愈这条路的内在力量。因此，从小就对任何涉及心灵世界或"我是谁""我为什么来"的书和说法有着浓厚的兴趣。走到后来也才发现，只有当自己走上了这条自我疗愈的回头路，答案才一日一点地向我揭示。

从小就隐隐约约感觉到，自己不属于这个世界，我似乎还有另一个"家"。小时候说不出感觉，但我知道我曾活在另一个世界里。儿时相片里的我，总是歪着头，凝视着远方，好像在等"什么"，有一天这"什么"会来接我，把我从这个世界带走。我的父母非常疼爱我，却无法消除我内心的"孤儿情结"，也无法建立我对人间的归属感，小小心灵常感觉孤单，对人也怀有许多恐惧感。

然而，另一方面，我似乎也隐约知道，我之所以投生人间是有任务的，因为除了这肉身之外，我身边还有"别人"，或者说我还有别的自己（有时不只一个），"他"或"他们"有时教我一些事情，向我说法，或给我一些灵感，"他们"和我沟通的方式有时是内在言语，有时是内在音乐，有时是影像，有时不言不语也无影像，但我总能感觉"他"或"他们"的存在。

童年的我虽对人间无归属感，但却又有强烈的"任务感"，很喜欢帮助别人，在家帮助妈妈照顾两个妹妹，做各种家事，上学连续两年得了幼儿园模范生荣誉状，大人总称赞我"又乖、又懂事、又会做事"。小时候的我不仅爱帮人，也爱听人帮人的事迹，那时家里没有电视也不听收音机，我最大的娱乐就是听大人们讲故事，爸妈和叔伯们有时会说些古典文学如《水浒传》之类的英雄故事给我们听，只记得自己对那些有能力去帮助他人的人特别羡慕，也特别尊敬对人类生命有贡献之人，小小心灵里希望有朝一日我也能和故事的主角一样，帮助很多很多人。

然而，真正走上疗愈的机缘，却是在 20 年前刚在纽约大学念博士班时。那年，几次在校园餐厅见到有些人在饭前将两手平伸于食物之上，终于忍不住好奇问他们在做什么，说是测食物的能量。怎么食物也有能量？还能用双手测量？真是好玩极了。（后来才知道，在护理界极有影响力的一派疗愈法——治疗手触（Therapeutic Touch）的创始人多萝乐丝·克雅格〔Dolores Kriager〕和多拉·凡·格尔德·昆兹〔Dora van Gelder Kunz〕，两人都在纽约大学任教，纽约大学可说是这派疗愈的大本营。）

当时不顾工作、课业、家务三头繁重（白天上全职班，晚上读博士班，又刚生了女儿需照管），当天就跑到学校附近一家有机食品超级市场的附属书店，一口气买下 10 多本谈能量、气轮及疗愈的书。那时对这方面的知识真是如饥似渴、欲罢不能，即使忙得没时间睡觉，也硬挤出时间来看疗愈方面的书，当时立下心愿，希望有一天能旅行各地参访名家，向疗愈前辈和大师们多多学习。

这心愿终于在拿到博士学位后得以完成,往后有10多年的时间,我和安慈在工作之余,到处旅行学习。

我们接受的训练课程有深有浅、有长有短,短则从五六天到两三个月,长则从一年到三年,最长的首推布兰能疗愈大学(Barbara Brennan School of Healing, BBSH)整整四年。朋友们常笑我们是两个"空中疯人",明明有了博士学位,还坐飞机去学什么?最早的十年,我们这两个"空中疯人"每年平均远行至少11次。

这十多年的学习过程,其实也是"自我疗愈"的过程,我同时也处理了从前不愿面对的负面情绪,包括恐惧、怨恨、羞惭、罪恶感、优越感。我将自己从自责、自贬、自罚、自傲的牢笼中释放出来,因之较能宽恕自己,也因此能宽恕别人。我感觉自己更能爱,也能接受别人的爱,我感觉自己的生命的各层面更趋和谐,与属灵的世界更能契合。

这本书代表了我们两人"自我疗愈"的过程,除了记录这10多年我们在灵性治疗方面的经验和心得,更记录了许多疗愈大师传授的宝贵知识,期望有缘的读者也能从中获益,在灵性的旅途更上一层楼。

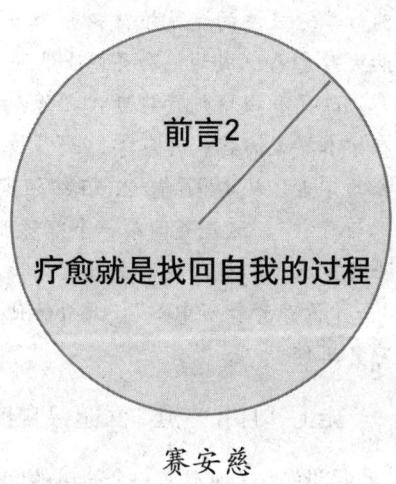

前言2

疗愈就是找回自我的过程

赛安慈

赛安慈博士简介：

任教于纽约市立大学亨特学院社工系研究所，教授"社会研究方法"及他首创并研发的"灵性与疗愈"。

赛安慈博士生于亚利桑那州印地安保留区，出生一个月父亲即意外死亡，母亲无力抚养，随即被送往墨西哥与母方亲人同住。5岁时被阿姨带回美国、7岁逃家，从此展开长达4年的小流浪汉生涯。11岁时遭警察拘捕送上少年法庭，经法官判决将他送至乡间一对农人夫妇的寄养家庭。16岁时离开寄养家庭自食其力。21岁在一位慈悲的教育家协助下，开始学习读书写字，3年后获高中同等学历文凭，此后读书成了他的最爱。29岁是他人生另一转折点。由于他特殊的背景和经历（包括移民、乞讨、出入寄养家庭、少年法庭的经验），被圣荷西州立大学社区研究所硕士班聘为讲师。由于工作上表现优异，两年后在无大学文凭的情况下获准进入该硕士班就读，之后以全A的成绩毕业，毕业时荣获荣誉奖章。后被纽约哥伦比亚大学网罗，以全额奖学金资助他念博士学位，主修社会研究。

过去这20年来他和妻子吴至青结伴游学各地，试图找回真实的自我，重申本自俱足的精华力量。在众多名师中对他们影响最大的两位导师，一为升华呼吸法的克拉维兹，一为手触疗法的布兰能，这两位导师所代表的两大疗愈系统成为他和吴博士共同主持的疗愈培训课程之基础。

除了积极培训疗愈专才之外，赛博士也将疗愈带回他的工作岗位，他在学术界大力提倡疗愈学，是首位在美国大学研究所开创有关能量疗愈课程的学者。从1997年起，在纽约市立大学亨特学院社工系研究所教授"灵性与疗愈"，这是美国第一个疗愈理论与体验同步进行的硕士班课程。赛博士目前除了积极教授硕士班"灵性与疗愈"外，正积极为校方筹建硕士后"全方位疗愈教研中心"。此外，他也在纽约成立私人工作室，为个案进行疗愈工作。

走上"自我疗愈"去追寻自性本体的过程中，首先面对的问题就是"我是谁"，这绝不是一个简单的问题。因为在探讨这问题的答案之前，我们必须先知道，我们现在所认定的"我"，其实并不是真正的"我"。

人从呱呱坠地，到年纪稍长学习做父母心中的好孩子，到入学努力做好学生，到脱离父母进入社会学习做好公民，人的一生可以说就是社会化的过程。为了能适应社会环境，应付生活中不断的挑战和威胁，我们不停地调整自己，我们也不断地扭曲本性，渐渐地，在这个扭曲本性的社会化过程中，形成了另一个"我"。现在我们认知的"我"，事实上是经过一个遗忘的过程所形成的另一个"我"，和最初来到这世界上的"我"，其实是完全不同的两个人。

和大部分读者一样，我们两人也曾经误以为，那个经过社会化而被扭曲的"我"，是真正的我。很幸运的是，我们在过去近乎20年中，从许许多多疗愈大师和前辈那里，得到许许多多的宝贵知识，加上我们为数千人做疗愈的体会，使我们能够透过各种疗法，逐渐找回自我，而这些知识和体会，我们都将在书中和读者分享。

在和读者分享找寻自我的过程之前，我们必须强调两个很重要的观念。

首先，我们要了解，在牛顿的物理学眼光来看，所谓"奇迹"是一般常理所不能解释，或不能以人类线性式的因果关系去解释的现象。事实上，奇迹不是从天上掉下来的礼物，奇迹也不是只在遭逢厄运时来自上天的恩赐，当你走上这条自我疗愈之路，意识渐次提高之时，奇迹是随时随地都会发生的自然现象。不但如此，奇迹还和意识的程度成正比，也就是说，意识提升得越高，奇迹发生得越频繁。

其次，我们要知道，爱是驱逐恐惧的魔法棒。当我们内心产生恐惧时，是可透过以爱为基础的方式获得疗愈，也就是说，当爱来临时，恐惧就会离开，恐惧一离开，伤痛的疗愈过程也会随之展开。此时我们可再透过一些疗愈方法来疗愈自己，简单的方法如静坐、呼吸、能量疗法、手触疗法，都可以用来疗愈我们的身体。

然而，无论采用哪一种方法，都必须是以超越现代医学、宗教和心理学框架的眼光，来看人类身体的疾病和健康。换句话说，读者必须先了解，人不只是单一肉体的存在，人是一个多层能量体或多层次元的互动系统，以这样的眼光为基础来看我们人类身体的运作，才可能进一步往下谈疗愈，因为疗愈不是只发生于肉体层次，疗愈必须是在多层能量次元体系才能发生。

我们在书里，除了提供我们在灵性治疗方面的知识和经验外，也会借用超个人心理学（transpersonal psychology）、量子物理学（quantum physics）

的学说来为读者解释，我们两人是如何去除本身障碍，来拥抱人的多重能量存有；包括肉体、能量体、意念体和自性本体四个次元。

对于这四个次元和灵性疗愈的解释，各家说法不一，本书参考许多前辈的理论和意见，但最主要的则是来自如芭芭拉·布兰能、伊娃·皮拉卡斯、西方宗教领域流传的"奇迹课程"（A Course in Miracles）、佛家的经典、源自古埃及和希腊的"秘传哲理"（Kybalion），近代超个人心理学家如肯·韦尔伯（Ken Wilber）以及其他诸多此处不及详载的大师之理论基础。

如果读者一开始对于四个次元的存有有基本的认识，就可以帮助读者了解本书的后半部分。在了解人类四个层次的次元之后，我们就能明白，为什么相同的悲剧会不断地发生在我们自己和所爱的人身上。更重要的是，当我们了解到自己不是一个寻找灵体的肉身，而是一个存在于肉身的灵体之后，我们会对于以往曾经发生在自己身上的痛苦经历有更深一层的认识，这可帮助读者清楚自己来到这个世界的目的和责任。

我们建议读者将眼光放在一个由好奇的询问、客观的观察、当下的体验所组成的三角境界，同时以包容的态度来阅读本书的内容。祝福各位走向寻回自性本体的道路。

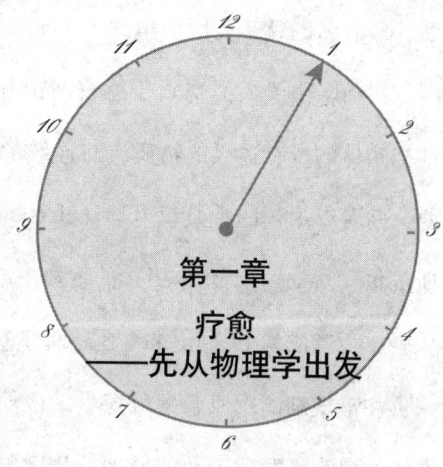

第一章
疗愈
——先从物理学出发

用"顶天立地"来形容人类的处境是最恰当不过了。人同时存在于两种不同的世界，头上顶着高层次的灵性世界，脚下踏着物质化的实体世界，人既有肉体也是灵体。乍听之下灵与肉是两个截然不同的观念，但灵性和肉体并非毫不相干，因为物质即能量，有形无形皆是不断振动的能量，两者的分别在于振动频率不同，因而产生不同意识或形式的不同物质。振动频率高的成为无形的物质，如人的思想、感觉和意识；振动频率低的成为有形物质，如看得到的桌子、椅子、人体等等。

关于物质即能量（energy，也就是我们熟知的"气"或是物理学上的"振动"），源自古埃及和希腊的"秘传哲理"谈到宇宙七个原理的"振动原理"（principle of vibration）就明白指出："没有任何东西是静止的，一切都在动，一切都在振动。"而东方圣贤如佛陀，也在 2600 年前指出，宇宙间的所有事物，都是由振动组成。近代的科学也印证了能量和物质间的关系，最有名的就是爱因斯坦的 $E = mc^2$（E 是能量，m 是质量，c 是光速）。

然而，由于人类受限于感官所能触及的三维空间及线性的时间观念，误把实体的、有边界的物质，与连续的、波动的能量场视为两种不同的东西，前者以牛顿的古典动力学（classical dynamics）为代表，而后者以马克斯威尔（James C. Maxwell）的古典电动力学（classical electrodynamics）为代表，两者成为 19 世纪末古典物理学达到巅峰的两大支柱。可是，当科学家再往最微细的次原子领域探索，或向最广阔的宇宙苍穹深究时，却发现在人类感官经验所不及的境地，物质与能量的本质其实是合而为一的。20 世纪初的量子力学及相对论，也彻底颠覆了古典物理机械式的时空观。

物质和能量的种种特性

依近代量子力学的观点，古典物理将波动的能量场与粒子化的物质区分为二的观点并不正确，物质其实是同时具有波动与粒子两种特性。而量子力学的几率特性也否定了古典观点确定性的因果律，粒子在受到观测之前并没有客观而确定的存在，也就是说，透过观测者的眼睛，才会出现有形的形式。

科学家的主动观测行为，是确定粒子存在与运动状态的必要条件，这里面就同时有主观与客观的成分，而这一点也促使一些知名物理学家如惠勒（John A. Wheeler）、玻姆（David Bohm）、韦格纳（Eugene Wigner）及心理学家韦伯等，将"讯息"或甚至"意识"引进其关于物质存在的理论中。

　　另一方面，爱因斯坦的狭义与广义相对论也否定了古典绝对的时空观。在分析物体的运动时，三维的空间与第四维的时间不可分开来看，没有绝对的惯性坐标系统，光速对所有运动参考坐标系都是相同的数值。爱因斯坦也在相对论里进一步确立了物质与能量的关系（$E = mc^2$）。物质和能量其实是同样东西的两个面向，在特定条件下两者可以互相转换，第二次世界大战曼哈顿计划所制造的原子弹及现代的核能发电都印证了这个理论，物质和能量只是以不同的频率振动着，而我们感官所觉知的物质，只是在极小空间中高度浓缩的能量。

　　尽管量子力学在技术应用上极为成功，但其本质的物理诠释至今仍未定论；而量子领域的贝尔定理（Bell's Theorem）也预测对两个相隔遥远的粒子其中之一观测后，讯息会实时传递给另一粒子，以物理学术语来说就是"非地域性的实时作用"（non-localized instant action），这点也与相对论所要求的"任何作用不能超过光速传递"的结论矛盾。

　　到底量子力学的本质是什么？现在仍居于物理学主流地位，由波尔（Neil Bohr）、海森堡（Werner Heissenberg）及波恩（Max Born）所提出来的几率性诠释（即所谓哥本哈根诠释）是否并不完整？例如爱因斯坦及创立量子波动力学的瑞士物理学家薛定谔（E. Schroedinger）等就无法认同哥本哈根诠释，认为量子的本质不应是全然的随机性（或无秩序性），必定有一些隐藏变量决定其量子态。

　　针对这点，美国量子物理学家玻姆曾经提出高维的"隐秩序"（implicate order）次元及类似于全息摄影（holographic）的整体理论（Theory of Wholeness），作为量子力学的物理诠释，说明量子如何从所有隐藏的可能态表现出外现的随机事件，也成功地解决贝尔定理与相对论的矛盾。

在玻姆的隐秩序理论中，高次元的隐秩序层级是具有所有可能量子态的"能量海"，而我们的三维空间只不过是从隐秩序中特定量子事件所投射或绽放出来的一种呈现（玻姆称为显秩序层级）。玻姆认为隐秩序层级的能量海，由包含所有电磁波频谱的广义的"光"所构成，光在显秩序层级的来回卷缩与绽放（folding and unfolding）中被凝聚或冻结（condensed or frozen），而形成我们三维空间中物质的稳定存在。也就是说：万物皆由能量形成，物质是浓缩凝结的光（光是振动频率极高的能量，我们的灵体即是光）。总而言之，许多量子物理学家将物质分析到最后都发现，物质其实是没有任何形状的，有的只是一些能量的振动。

撇开高能物理学及粒子物理学不谈，就从与我们日常生活关系密切的量子化学角度来看，我们所看到及摸到的物质，分析到底层，可说都是由原子组成，原子是由原子核及其外带负电的电子构成，而原子核则由带正电的质子与中性的中子组成，电子在外，围绕着原子核旋转。而原子的质子数不同，组成不同原子序的元素，也就是我们在中学时所学的周期表的一百多种元素，这些元素构成大部分固态物理、凝态科学及分子物理学的素材。由于不同元素其电子波函数各有不同的波长和频率，形成不同的电子能态（energy states），而造就其不同的化学性质，所以我们也可以说各个元素皆以其特定的振动频率保持活动，从而产生不同的能量。再进一步将原子、原子核及电子三者的大小作比较。我们可以打个比方：假设原子是一座足球场，那原子核只不过是一颗棒球大小，而电子是几乎看不到的一个小黑点。由于质子的质量是电子的数千倍，原子的质量几乎集中在原子核内，换言之，整个足球场其实是空荡荡的，除了一颗棒球以及一些神出鬼没的电子云外，几乎没有什么实体，这就是微观的物质基础。从原子结构可以了解宏观物质的基础是多么的"空"。

不仅对次原子领域的研究有这些结论，就是关于宇宙起源的大爆炸理论（Big Bang），也发现我们的宇宙时空是始于太初约一个质子那么大空间的剧烈波动而迅速膨胀冷却所产生的，而在大爆炸初期（即宇宙太初的 $10^{-41} \sim 10^{-33}$ 秒），由于时间之短与空间之小，能量密度非常高，像个大火球，空间中只有稠密的能量、光子及电磁力，随着之后宇宙不断扩张、温度不断下降，质能也不断产生相变（phase transformation），才渐次产生夸克、质子与中子，并进而与电子稳定结合而成为稳定的氦及氢原子，进而形成我们所谓的物质。从宇宙太初浓密的能量火球，到衍生出现的丰富的宇宙万物，也再一次验证：能量与物质不过是在不同条件下同一本质的不同面向罢了。

我们之所以认为"物质和能量"或"肉体和灵体"截然不同，是因为我们人类有着二元（两极）化思考模式。我们所知道的事物，几乎都是来自知识和逻辑，而知识和逻辑形成了思想，思想就成为语言的基础，这种模式使得人类变成二元化的产物，有着二元化的思考方式。因此，在人的世界里有"善"就有"恶"，有"对"自然有"错"，有"好"更是有

"坏",有"快乐"当然也有"痛苦",一切皆有对立面。事实上,善与恶属同一本质,对错是一样的东西,好坏更无差别,快乐即是痛苦。

打个比方,物质和能量像是处于一渐层连续体(continuum)的两极,一极为黑,一极为白,介于两极之间是灰色,而这具有黑白两极特色的灰色,包含着从偏白的灰色渐次发展到偏黑的灰色,这现象正如"秘传哲理"中"两极原理"(Principle of Polarity)所说的:"一切成双,一切皆有两极,一切皆有对立面,相似和相异是一样的,相反的东西其本质也是一样的,只是在程度上有所不同,极端的状况会彼此相遇,所有真理不过是半真理,所有的矛盾也许互相调和。"因此,人的灵体和肉体是同一件事,同属一渐层连续体的两端,正如是与非、善与恶、快乐与痛苦本质并无不同,分别只在于能量振动有所差异。如果以灵学和疗愈学来说,能量振动频率高而且精细的能量,是属于高层次的自性本体,当振动频率降低时,产生的物质就愈粗重(比如人的肉体),肉体在人类的四个次元中是频率最低的。

为什么人的肉眼看不见灵体?

也许有人要问,既然有灵体的存在,为什么人的肉眼看不见,听不到,摸不着?

一般而言,人类生存的世界是一个物质世界,位于前面所谈的连续体的末端,和另一端无形灵性世界相较,这个物质世界比重大、振动低,因此肉体的察觉力非常有限。

人类经由眼、耳、鼻、舌、身来感觉。每一种感官，都可以察觉到高高低低不同的频率。例如人的耳朵可听到的频率范围，最高可达到每秒20000赫兹、最低可听到每秒16赫兹。人的眼睛，可以看到某一个范围内的频率，例如当振动频率在500~536兆赫之间时，眼睛就会看到黄色。人的肉眼可以分辨红橙黄绿蓝靛紫，紫色是人类肉眼可以看到颜色的极限。其实，在紫色之上还有振动频率更高的紫外线，在红色之下也有振动频率更低的红外线，但因为振动频率过高或过低，超过人类肉眼可以看到的范围，所以我们看不见。电磁波频谱从交流电的几十赫兹到伽马射线的大于3×10^{19}赫兹，范围非常之大，而人眼可见的光波只是其中很小很小的一段。

我们察觉不到的事物，难道就表示它不存在吗？事实上它一直都存在，而且一直存在我们的四周。上面所谈的紫外线或红外线，它不但存在，而且还渗透到人类的肉体之中。在肉体或物质世界之外，存在着振动频率更高的广大世界。如果我们调整自己的能量振动频率，就可以突破限制，接受到广大世界中的信息，而不再只是限制在肉体或物质世界的层次中。

世上所有的东西，不论是固体、气体或是液体，不论是有形或无形，都是一种能量的表现。而能量是不灭的，既不能被创造也无法被销毁，这也是经过科学家如爱因斯坦等人所印证过的事实。然而，科学家还印证了另一事实，那就是"能量是可以转换的"，可以从振频低的一极转换成连续体上振频高的另一极，这一事实对人类来说可是个大好消息，这表示我们是可以经由一些方法来调高我们自己的能量。也就是说，我们可以把粗糙笨重、密度大的能量，升华成精细轻快、密度小的能量。

共振能使低频变高频

为了说明能量是如何从低振频转换到高振频，必须提到 1665 年荷兰科学家贺金斯（Christian Huygens）所发现的"共振原理"（entrainment）：当两种有着不同周期的物质能量相遇时，振动韵律强大的物质会使较弱的一方以同样的速率振动，而形成同步共振现象。也就是说，强大韵律的振动投射到另一有相对应频率的物体上，而此振动韵律弱的物体由于受到相对应频率之周期性的刺激，因而与较强的物体产生共鸣而振动。

贺金斯曾在房间里的墙上并排放置不同速率的老爷钟，然后走出房间，第二天再回来时发现老爷钟的钟锤皆以同速率同步摆动，其后许多人相继重复此钟锤实验，屡试不爽。事实上，"共振"可以说是一种共鸣现象，在我们日常生活中到处可见，比如琴弦，未振动的琴弦会受强烈振动琴弦的影响而一起共振；再举个女高音震破玻璃杯的例子，女高音高频的歌声（无形）能提高玻璃杯（有形）的振动速率，当振动高到某一程度，玻璃杯无法再维持玻璃的形状因而破碎。当你和人谈话很投机产生共鸣时，或课堂上老师的谈话很吸引你而你猛点头时，你的脑波可能正在共振；有时与人相处，彼此虽无言语却灵犀相通，也是共振的现象。这也是为什么许多人愿意花钱买机票，千里迢迢去参加某法师或牧师主持的法会或布道大会，你若坐在他们的振频范围之内，你的能量也会随之提高。

你可能会问，能量的"高"和"低"是怎么定的？到底能量"高"或"低"意所何指？我们常听人用"能量"来形容人、物或地理环境，"此人很有能量"或"这地方能量很强,风水不错"。可惜的是,目前为止,科学界还没有任何"绝对"的科学标准或仪器能精确测量世上所有的能量。因此,在疗愈学或灵学上,要测量能量的高或低,传统上都是靠测量者的超感能力(超视觉、超听觉、超嗅觉、超味觉、超触觉或动觉)。由于每一种能量皆有特定的脉动(亦即其振动频率),可以用超感官去测量,举个用超触觉或肌肉动觉测能量的例子:如到市场买水果,我伸手去感觉来自两个不同农场的苹果,A苹果感觉上脉动慢些,B苹果感觉上脉动快些、振动的"质"也精细些,我当然会选择能量较"高"的B苹果。

除了靠超感能力外,各文化也有特定的方法测量能量,如西方用占卜杖或占卜枝来测地下水或矿脉,这古老的方法即使是在科学发达的今天仍被广泛使用。安慈的大哥10多年前退休后想离世独居,在加州的天使营山区买下20多英亩的地,这大片荒地当时没路、没电、没水,要在其上建屋子居住,当务之急自然是找水源凿井,他请的便是当地的"导者"(Dowser)为他找水。安慈的养父生前在加州的莫得斯朵(Modesto)拥有大片农场,农场上10多幢房子是安慈小时候跟着他合建的,他告诉我,他找水源从不假他人,也是用柳枝占卜找水源。本书在"气轮"一章所谈的摆锤测量也是相同的原理。

近代一位法国物理学家宝维斯(Antoine Bovis)用钟锤原理发展出"宝维斯尺度"(Bovis Scale),有系统地用数据来测量并记录物质的能量,任何东西都可测量出用数字代表的值。对生物体来说,6500单位以下是负值,对健康有害;6500为中性,不好不坏,若是对健康有益,必须至少在

8000 以上。比如说，如果将之用来测量地理，所得之值若是低于 6500 则不适合人居住，可能是地下水脉流经之处或正好是地球辐射线较强之处。另外，教堂钟声为 11000，宗教庙宇为 14000。

若用"宝维斯尺度"来测量人体，在细胞层次上，癌细胞都低于 6500，正常细胞的 DNA 高于 6500，至于全身的能量，有病的人测出的数字低于 6500，感觉疲倦的正常人为 6500，身体健康的人为 7500，精力充沛的人为 8500，有能力疗愈别人的人至少是 8500，有灵媒能力之人至少 9000，不少长期修行者所测出的能量值远超过 10000。

疗愈就是透过共振，把低频能量提升成高频能量

所谓的"疗愈"，其实就是透过"共振"来转换人的电磁场中低频能量状态，这表示我们是可以经由一些方法来调高我们自己的能量，把粗糙笨重、密度大的能量，转化升华成精细轻快、密度小、振频高的能量。共振可应用在人体的各个层次上，在细胞层次上来说，我们可以将人体内堆积过多的自由基转换成为阴离子；在肉体上，可以将高度浓缩的肿瘤转换成密度较小的健康肌肉；在情绪上，我们可以将比重大的痛苦升华成比重小的快乐；在认知上，可以将负面的批判转换成正面的欣赏，将悲观的看法转为乐观的态度；在灵性上，可以将人的意识从原本只认同有形的肉体，提高到也能感觉无形灵体的状态，从而唤醒我们的灵性意识，重新和自性本体联结，最后达到和宇宙合为一体的状态。

本书从物理学的角度出发，却准备带各位走一趟心灵之旅，心物本来

就是相互融合的，在本章中我们发现许多西方近代伟大的心灵，越深入其物质科学研究领域，就越能体会心灵与物质的相通之处。例如从玻姆的全息宇宙观中，我们依稀可以看到一多相融溶的"华严世界"——整体包含个体，而个体也包含整体的讯息，每一个体都是本自俱足的。

在接下来的章节，我们会从"自性本体"、"高层自我"逐步认识到"低层自我"，在生命蓝图的暗示下，我们会体会到所谓"疗愈"，其实就是回归自性本体的"觉悟"过程，这过程始于"创伤"、终于疗愈，却从不曾离开创伤，以较时尚的科学术语来说，就是创伤本来就具有疗愈的所有密码，只等着我们去解码，创伤与疗愈本来就是同个本质的两个面向，看似二元对峙，实则本自如一。就像华严世界一般，从高层自我到低层自我，从物质的肉身到高次元的能量体，所有的空间都是互相融合、互相渗透，自性本体从未远离。请读者不要把高层与低层看做一个直线的两极，否则就堕入了二元化的思考模式，使得创伤与疗愈反而变成互相否定对峙的客体。

依循本章所提的许多伟大学者从物质过渡到心灵的足迹，我们建议读者在往下的身心探险旅程中，带着三个宝贵的心灵钥匙：

开放的视野：惊奇的喜悦往往隐藏在别无去路的困顿之后，所以别忙着否定任何与我们刻板经验不同之处。

跨越二元对立的平等心：莫要去区分好坏、善恶、高低，只要区分就有界限，就砌了一道阻碍悟道的高墙。

用心去体会的直觉：碰到难解迷惑之处，与其用脑思考，不如用心去导航。

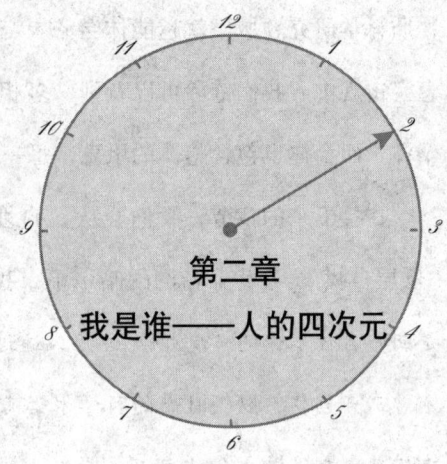

第二章
我是谁——人的四次元

我们的一生,透过意识、心智、情绪和肉身不断在进行创造。事实上,创造的冲动显现在宇宙间所有的面向和各种能量形式之中,从高振动频率到低振动频率,自纯粹的光到有形的物体,大至银河系中所有星系及宇宙的形成,小至量子物理学家无法触及的最微小原子世界,都能见到这种创造的冲动;可以说,从巨观到微观的所有存在体,无一不是创造冲动的产物。

身为人类的我们自然也不例外,无论是自觉或不自觉中,我们都会表现出这种创造的冲动用来创造一切实相。诚如"秘传哲理"中的"对应法则"所说:"在上的,也在下;在下的,也在上。"同样的道理,我们也创造了很多对自己而言似乎很真实的事物,包括生活中的种种烦恼及疾病。

人类创造的冲动始自何时?当本体(essence)衍生出人类的四次元空

间时，我们这个化身就开始拥有了创造的冲动。就物质层面来说，这种创造的冲动使得我们的"灵"（spirit）衍生出存在的基本物质结构，譬如肉体生命的细胞，进而形成各种器官、肌肉组织、神经及循环调节系统等功能复杂的肉身。同样的，透过这种创造冲动，本体也衍生出远比肉体更为精细微妙的几种次元，而每种次元都各有不同的振动频率。

因此，这多次元的"自我"可以说是由不同的振动能量所构成，形成粗细不一的形式，从振频最高、密度最小的纯粹光，到振频最低、密度最大的肉体，都是我们的"自我"。在这两种极端的形式之间，存在着不同振动频率的实相，使"我"有着各种不同的形式。这其中还包括一些属于高振频、微妙精细的感觉，比如有时我们直觉地了解到我的人生似乎有着某种目的，又譬如我们还有各种不同振频和密度的能量体，支撑着密度更大、振频更低的肉体。

这些振频和密度不同的能量体用各种不同的结构呈现自己：有些我们确实知道它们的存在，因为我们能透过五官感知到；然而，有一些能量形式和存在体，我们却无法透过感官直接感知。譬如，我们知道自己有一种"想法"，这种想法既看不见也摸不着。我们也能感受到一些"情绪"，却无法用身体感官去看、去听、去闻、去尝、去触摸。我们能做的是，比方说，透过语言、艺术、行动和音乐，去表达这些微妙精细的存在形式。不过，这些表达形式也只是原本微妙经验的部分代表而已。

除了肉身，人还有三个存在次元

我们都拥有一个肉身，大家也都能同意物质层面的存在，然而，我们的物质次元（也就是我们的肉体）并不是"我"的全部，还有其他三个存在次元构成一个整体的"我"。换句话说，"我"不只是肉体次元的我，真正的"我"比肉体的"我"大很多，只不过这另外三个次元无法用一般的五官去感知。这三个次元的振频都比肉身次元高得多，这三个次元的存在也不是物质性的。每种次元都各自独立存在，各次元之间会相互影响，而且全都会影响到肉体、情绪、思想和行为。这四个次元分别是：

第一，自性本体次元：这是个人化的神圣本体（divine self），以纯粹光的形式出现；有人称之为"本质"或"精华本质"，有人称"本我"或"真我"。布兰能称之为"核星次元"（core star dimension）。

第二，愿力意念体次元：以下简称意念体次元，这是意念（intentionality）的次元，包含着"我"这人生的神圣目的、我对达成神圣目的的渴求和热情，以及与大地的联结。布兰能称之为"赫拉次元"（hara dimension）。

第三，能量体次元：此次元承载着我们前世遗留的业力、遗传祖先的特质，也显现出我们的人格、思想、情绪和感受，亦左右着我们肉体的成长变化。

第四，肉体次元：这个次元密度最大、振频最低，也是最物质化、最符合我们的感知能力、最为我们所熟悉的次元，也就是我们的躯体。（见图2-1）

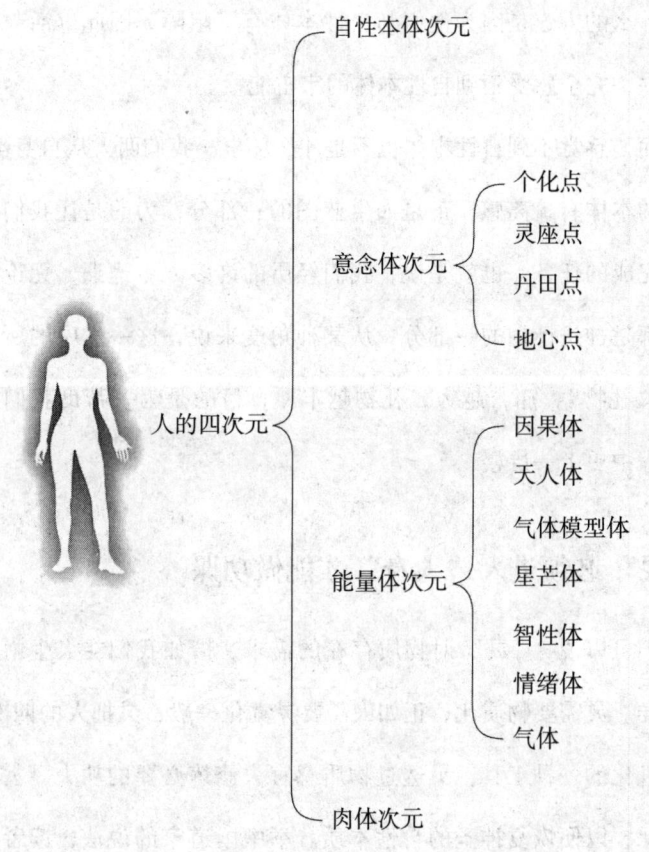

图 2-1 人的四次元
（依照振动频率从高到低排列）

很多人不知道或不相信自己还有其他次元的存在，然而，我们两人在多年自我疗愈和疗愈他人的过程中，已经见证并感知到其他三个次元。我们这两个平常人既然感知得到，你也一样能做到。一旦察觉到人的本性是多次元的，我们就能了解并克服前世今生所造成的各种灵性上、心智上、情绪上甚或肉体上的扭曲或痛苦。那些不相信生命除了今生物质世界之外还有些什么的人，是因为他们与自性本体有了阻隔，因此生活起来觉得疏离、孤立，完全感受不到自性本体的宇宙能量。

然而，感觉不到自性本体也不是什么坏事。我们两人从自身经历发现，与自己的本体有疏离感，正是人生蓝图的一部分，为的是让我们能达成此生所要完成的任务。也就是说，我们经历的许多人生遭遇，无论是快乐或痛苦，都是神圣计划的一部分。从某种角度来说，这一生中的所有痛苦遭遇都是"礼物"，痛苦越大，礼物越丰厚，目的是为了帮助我们能在灵性进化过程中更上一层楼。

"灵"必须进入"人身"才能做功课

我们可以说，"灵"对物质存在的需求，恰如我们在人生中对灵性的需求一样。灵需要物质化，正如人需要灵觉化一般，灵把人的四次元居所，当做它进化的一种工具，灵透过物质感官去修炼必要的功夫，去做必要的人生功课，以便恢复神圣的自性本质。举中国道家的说法，读者也许就明白了。道家讲"藉假修真"，借着"假"的肉体来修炼，最终能重返"真"的自性本体，就是同样的道理。

至于"灵"为什么要借"人身"来修行？因为灵本身不具备肉体，要修行必须借助有着五官肉欲、有思考能感觉的人身才行，这也是为什么佛家讲"人身难得"，要珍惜做"人"的机会，把握短暂的一生好好修行。我们的"灵"在"人"的四次元居所进进出出的轮回，每进来一次就带来这一世的任务或功课，每出去一次也带走了这一世所学到的经验与智慧，借由一世又一世累积的智慧，我们的灵性一次又一次提升，这是"灵性进化"的程序。

不过，有时人生功课不是一世就能修完的，可能需要经历好几世。这种情形通常是因为在这一世未能察觉自己此生的目的，不了解人生经验的意义，更具体地说，是因为不了解个人的烦恼和疾病是如何与人生的使命息息相关。如果不能欣然接受这些人生经验，不能把它们视为人生功课的一部分，那么就无法全心投入回归自性本体的修炼过程，最后我们的"灵"将会再度转化为物质形式（用佛家的话来说就是再度轮回），再回来补做没做完的功课。很多人无法察觉到这种灵魂净化的轮回过程，但若能静下心来回顾自己的人生，必然有许多事件是一而再，再而三地发生，应可隐约看出这个净化过程的脉络。

话说回来，如果切身经历了人生重大事件，比如生了重病、所爱的人死亡等，却可能直接导致灵性的觉醒和蜕变，使人豁然开朗，进而积极面对人生，这类遭遇对这些人来说，正是迈向新生且脱胎换骨的第一步，丹·米尔曼（Dan Millman）说得好："悲剧是通往灵性的直达电梯。"先置死地而后生，前面无路可走，只好返求诸己走回头路，却绝处逢生而搭上灵性成长的直达电梯，加速灵性净化的过程。如果身处危机却没有将危机视为转机，那么这些遭遇也可能使人忧郁沮丧，在灵性道路上停滞不前。

在此，我们希望正在阅读本书的读者，如果你曾经罹患重病、痛失所爱，或遭受其他的人生重创，无论是肉体上、情感上或精神上的打击，请你仔细阅读，因为本书将特别谈到创伤是如何发生在你身上，为什么会发生在你身上，同时提供如何看待及处理自己或别人的病痛的方法。

当下的痛苦毫无新意，是很久以前的老痛苦

通常，经历人生动乱、疾病或失落的痛苦时，灵性可以发挥很大的作用，甚至可以引导、协助找到人生的目的。当人处在极端痛苦时常常会问这样的问题："为什么这种事会发生在我身上？""我又没做什么坏事，为什么遭受这种惩罚？"若是所爱的人罹患重病，也一样会问："为什么这种事会发生在他身上？"其实，如果能深入观察痛苦，就会领悟到这痛苦毫无新意，这痛苦是很久以前就深切感受到的老旧痛苦。自己的病痛或所爱之人的病痛，其实是提醒尚未完成治愈旧创的任务。

危机是危险也是机会，如果不能发展出自觉，去洞察到眼前所受的苦其实是一个能彻底痊愈的机会，那么就会错失良机，错失一个跨进门槛的机会。只要一跨过这道大门，便是柳暗花明又一村，就能展开此生灵性进化的工作。

这种充满转机的时刻，正如索甲仁波切在《西藏生死书》里所谓的转化之前的"中阴"（inbetween，藏文为 bardo）阶段。一般人对"中阴"一词的了解大都源自于 1000 年前莲花生大士教导弟子、最后辑结为书的《西藏度亡经》，这本书将人在死后的中阴阶段里的 49 天每天所遇到的情形解释得一清二楚，并教导人如何去转化危机、认识光明。以这个观点来看，死亡正是个大好机会，死亡的当时我们摆脱了肉体的牵绊，光亮洁美的本体自然显现，如果能在这死亡的紧要关头，认得出自性本体的光明，许多

累世牵绊的业力，都可轻而易举地转化。

事实上，正如中阴法指出，也正如索甲仁波切强调，中阴不只是指从死亡到再度投胎之间的过渡阶段，中阴泛指从一个情境的完成，到另一个情境开始两者之间的过渡阶段，此时也是极端混乱且不稳定的时刻。我们的人生不就是如此吗？我们的心不是一直处在悬而未决的阶段吗？我们的生活不就是由许多"生灭轮回"所组成的？而我们不正是时时刻刻都在经历中阴吗？任何强大变化的中阴皆是机会，分分秒秒皆有转机，能将黑暗转化为光明，我们若能把握这机会，将能轻而易举地将意识提升到更高的层次。

我们并不是要求大家都变成受虐狂，但如果能保持开放的态度，把不幸视为教训，甚至是上天赐福，那么受苦的经验就能转换成激励的力量，最后导向真正的疗愈。在英文里有一个新词叫"福训"（blesson），就是将"赐福"（blessing）和"教训"（lesson）两词合铸而成"blesson"（福训）。当然，这种做法需要我们转向更高次元的意识状态，才能从疾病或痛苦中"看见"其中的讯息，就好比我们走在地面上是看不见整个城市的全貌，但若坐上飞机从高处往下看，城市的全貌历历如绘尽收眼底。因此，要自我疗愈，也必须将意识提升到更高次元的层次，才能"看见"这一生的痛苦的意义。我们诚心祈求每个人都能触及这个意识层面。

遗憾的是，在我们两人因疗愈工作而接触的成千上万人中，大多数人在面对苦难时，无论是痛失亲人、身染重病或碰到个人危机，常常马上把自己和不幸、疾病等事件划清界限，要不然就是把不幸归咎到别人或外在处境上。这种划清界限或怪罪于人的反应，虽然也是一种自卫机制，衍生自年幼时避免一再受伤的经验,但事实上这种自卫只会带来更多苦难,使悲剧不断重演,直到愿意面对与接受苦难,踏上重新发掘自性本体的心路历程为止。

特别是面对身体上的疾病,很多人不愿意诚心接受疾病,不想深入探究为什么这些病痛会找上门,也不肯倾听疾病捎来的讯息,反而心生恨意,要把这些病痛快速"切除",欲去之而后快。至于个人的烦恼、危机或人生动乱,我们也目睹很多人无法将之视为激励成长的人生教训或功课,而不能从这些不受欢迎的人生风浪中治愈心疾。

只照顾肉体层面,病痛可能卷土重来

我们这么说,并不是教大家有了毛病(比如说恶性肿瘤)不去找医生动手术"切除",相反的,我们认为找医生是疗愈的一个重要且必要的步骤,毕竟医生是医疗肉体的专家,能帮助当事人在肉体层次上更了解自己的病痛。然而,找医生动手术并不是疗愈的全部,因为真正的痊愈并不是目前的医疗系统所能做到的。这就是为什么疾病或痛苦的人生遭遇会重复上演。对那些只选择做手术的人来说,虽然生命某个层面的疾病治好了,但那只是肉体的层面,而肉体次元只是四个次元中的一个次元而已,有任何的风吹草动,疾病又卷土重来,除非其他三个次元的存在都能治愈,否则就不能得到彻底的痊愈。

事实上,四个次元中有任何一个产生扭曲或失衡,都会影响到其他三个次元。不过,通常都是从振动频率较高(密度较小)的次元影响到振频较低（密度较大）的次元。因此，源头通常都是从最微细的次元开始，亦即从我们的自性本体开始。这四个次元依序排列，一个是另一个的基础，也就是说，振动频率最高的自性本体次元衍生意念体次元，意念体次元衍生能量体次元，能量体次元衍生肉体次元。

因此，若要永久改变肉体次元的某种情况，必须先改变肉体次元的基础——能量体次元；要改变能量体次元，就必须改变意念体次元。举个例子说明，若我的肝脏出了毛病，为了永久性地把不健康的肝转为健康的肝，我必须先着手改变能量体次元，如此层层类推，经过所有次元最后回到源头的自性本体次元，才能真正有一个健康的肝脏。

下面几节将谈谈大家不熟悉的非肉体次元，亦即"自性本体"、"意念体"、"能量体"三个次元，以及每个次元因为障蔽或扭曲而显现出来的一些问题。至于振动频率最低的肉体大家最为熟悉，因此不在讨论之列。

第一节　自性本体次元

宇宙创造的冲动降临在我们其中一个次元，成为我们的生命原创力，这就是"自性本体"。自性本体的振动频率比宇宙本体要低，在人的存有中以神圣之光的形式呈现。只有具有超感能力的人能看见自性本体次元，它的位置就在我们肚脐上方的体内。如果自性本体次元没有被高密度低振频的能量（例如我们今生的创伤经验或尚未清除的宿业等）所障蔽，那么它就会从我们体内以三百六十度的角度散发出辐射光。它光芒四射，把光的意识（light consciousness）穿透我们的意念体、能量体及肉体次元，无边无际地扩散出去，扩展到宇宙和虚空中与宇宙合而为一，成为"万有"（All）的一部分。也许我们的学员在疗愈集训的一场呼吸课程的体验，能够说明这种无限扩展与宇宙合一的状态：

"我一开始呼吸，就立刻进入非常深沉的扩展状态，随着每次呼吸而越加深入。我觉得自己的身体好像正被注入沸腾的气泡，就像充满泡沫的水一般，而我也看得到这种冒泡的情形。我的整个身体激动不已。我看到光芒到处闪耀，觉得在细胞的层面上与自己相通相契。事实上，我真的看得到自己的细胞，而且自然而然就知道内心深处的创伤终将获得解脱。"

自性本体次元不是我们用一般身体感官所能感知到的层次。我们无法看见它、触摸它、尝到它、听到它，甚至无法想象它。话虽如此，我们其实还是有方法去找它或了解它，当然，这要看你是否能毫无条件及毫无防卫地表达自己到何种程度而定，也有赖于你感知生命所蕴涵的欢愉到何种程度而定。因此，请静下心来问问自己："我的人生中有喜悦、幸福和快乐吗？或者，我的生命充满着黑暗、哀伤，是一种感觉不满足、不快乐、沉重的状态吗？"如果你不能感受到内心的轻快、喜悦、欢乐，那么，很可能你的创造冲动和生命力有了障碍。

自性本体能无边无际地散发光亮，一旦我们明了自己的人生目的，对自己所做的事情充满热情，稳固地植根于自己的存有之中，这四散的光芒就会产生一种愉悦和狂喜之感，这在我们的意念体次元、能量体次元及肉体次元上，甚至我们的存在之外，都感受得到。这时我们会了解自己是个怎样的人，以及为什么有此生、此时、此地，由于没有恐惧，所以也没有任何自我防御心态，这时我们就像小孩子，能够自在地表达惊人的自我，把我们的伟大呈现给世界，随时尽情地放光。这是我们真正体验到与万有一体的时刻，也能感受到本体的灵性能量就在我们里面。

不过，我们的自性本体辐射出来的光，会被我们今生心路历程所产生较高密度的能量形式障蔽，譬如我们扭曲的思想，或一些粗重的情绪，包括羞愧、负面或杂乱的意念，以及自我防御的性格等等。当这种光被遮蔽时，我们会觉得自己渺小、恐惧、羞愧，当我们不满足时，我们就知道自己的生命力减弱了，变得无法享受展现眼前的每一刻，不能"活在当下"，因而错失了很多当下的人生——不是沉溺在过去的痛苦回忆，就是沉湎于保障未来的计划中。

要怎样才能再度绽放光芒？要怎样才能无惧地享受当下？我们能从狭隘的自我展现方式中释放自己吗？如果我们任光芒绽放，果真仍能安全无虞吗？这是在迈向疗愈的旅程中可能面对的一些问题。当然，想踏上这个旅程，需要重新发掘自我，而且是坦诚地探索自我，才能接受那些我们可能不想面对的部分。我们也必须坦然接受自己拥有神圣本质的可能性，了解自己的个性之中有个"高层自我"。这也许表示我们必须放弃扭曲的人生目标，以及过去一直误以为真的人生需求。

自性本体遮蔽之处，就是我们不快乐或出现疾病的地方

我们能测定自己对"自性本体"体验到什么程度吗？当然可能，因为

从自性本体流出的生命力显现在我们人生的所有层面上。自性本体透过意念体次元所传达的与我们的意念有关，在能量体方面则关系到我们的思想、情感和人格，在我们健康时则显现在肉体上。

虽然自性本体不会生病也不扭曲，但是从里面流出的生命力，却会在依次通过意念体次元、能量体次元而进入肉体次元的过程中扭曲。人的四个次元虽然各以不同的方式处理从创造冲动中流出的生命力，但各次元之间却又息息相关、相互影响。每个次元都以不同的振动频率呈现，每个次元都有自己的意识，但都和其他三次元的意识相关。如果四次元中相互间失去联系或产生疏离，那么在四个次元之间以各种形式穿梭的生命力，就会产生扭曲的情况。在自性本体层次，如果出现功能不彰的情形，几乎总是因为我们远离了高层自我（高层自我和自性本体两者的关系，本书第三章第六节有较详尽的说明）。自性本体显现得最少或以扭曲方式显现之处，就是我们觉得不快乐、骚动不安、痛苦折磨，或出现身体疾病的地方。

想观觉自己是否疏离了自性本体次元并不难，只要检查一下自己能否感觉到内在的创造力、内在的神圣本性？换句话说，是否能感受到自己是神圣万有、更大之统一体的一部分，并且感受到一种目的感，或被高层灵性引导的力量，驱使我们迈向万有一体、天地合一的境界？在肉体方面，当我们生病时，能知道自己与自性本体次元有了阻隔吗？在意识方面，我们能认出别人的自性本体，同时也感受到自己的吗？我们能感觉到自己这个存有一张一缩的脉搏吗？我们能以毫无自我防御的方式表达自己吗？我们知道自己其实比可见的形体要大得多吗？我们能无条件地爱人吗？如果我们能有以上这些感觉或能做到这些事情，就是与自性本体次元紧密相通的。

由于一般人很难触及振动频率极高的自性本体次元，想恢复我们在自性本体次元的本体之光，可以透过下一次元"意念体"做到这一点，方法就是要有"正面的意念"（positive intention）。我们可以用持有正面意念的方法来疗愈自己，经由正念通往意念体次元，我们就能与此生神圣的目的重新联结，并且清除障碍，让更高次元的本体光芒散放出来。

为什么发正念能清除障碍？因为自性本体的障碍均属低频率高密度的能量，而正面意念本身就是极高振频的能量，具有强大的威力，能以共振的方式带起低频率的负能量，使负念变成正念、使黑暗成为光明。比方说，你很怕黑，却在一个漆黑的屋子里，于是你开始挥舞手臂想驱走黑暗，然而你越是拼命不要黑暗，黑暗越是不走，屋内似乎变得越黑，你就越来越焦虑，怎么办呢？如果轻轻地划根火柴点根蜡烛，正如"慧日破诸暗"，黑暗立时变为光明。就这么简单。

再举一个有关生气的例子。如果我们不希望自己生气，就会对生气产生嫌恶感，会试着用意志力推开怒气，如果怒气没有像期望的那么快就消除的话，我们就会变得刚愎起来，甚至到后来会对我们的怒气生气，而变得越加刚愎。因为"不要生气"就如同上例的"赶走黑暗"，我们越嫌恶的东西对我们的反弹也越大，因而"生气"和"不要生气"两者在意念上并无分别，皆产生负面的能量，都让我们在低频率的层次里越陷越深，若要改变"不要生气"的状态，唯有引进高频率的意识，才能使一切完全改观。正面的意念即是高频率的意识，我们可以问自己："如果我不生气，会有什么感觉?"也许是喜悦的情绪,也许是平和的心境,只要专注于想象喜悦或平和的感觉,你就会发现怒气已转化成了轻松情绪,整个人不再是那么硬邦邦了。

最近韦恩·戴尔(Wayne Dyer)出版的一本书中说,任何烦恼都有一种灵性的对治之道。他的意思是说,灵性是一种较高频率的振动本体,可以把光带进烦恼中。如果能了解人生烦恼的振频较低,而且是由负面意念创造出来的,常以扭曲的想法、痛苦的情绪或身体上的疾病等形式呈现,就知道他的说法真实不虚。

为什么说人生烦恼是由负面意念创造出来的呢?之前提过,我们的四个次元都以不同的振动频率呈现,通常都是从振动频率较高的次元影响振动频率较低的次元。这四个次元依序排列,一个是另一个的基础,也就是说,振频高的意念体次元衍生能量体次元,能量体次元衍生肉体次元。负面的能量从意念体次元流到能量体次元,就是以防御的人格、扭曲的想法、痛苦的情绪呈现,再往下流到肉体次元则以疾病的方式呈现。可以说,你的人格就是意念的投射,你所经验的实相正是潜意识里的意念创造出来的,简单地说,你生活的世界便是由意念创造的。

你也许要问,负面意念到底是什么?举几个本书第四章所谈的人格防御结构为例,来说明负面意念和它对人格的影响。

分裂型人格的人,由于对人的世界和自己的肉体感觉不安全:"我要逃跑,我要分裂,不要和人有接触。"这种意念到了能量体次元,使得此人在想法上会误认为别人随时随地都要攻击他,自己是千夫所指,是别人批判的焦点，在情绪上表现出来的则是恐惧、紧张，甚至仇视，这样的态度自然使别人对他敬而远之，不想和他有接触。这种种结果就是负面意念创造出来的。

口腔型人格的人，由于小时候得到的不够，他的负面意念便是"我要你照顾，我会让你给出来"，因此在能量体次元上的想法就是认为别人有而我没有，理所当然地别人应给我，而我是不会无条件地"给"出去的，在情绪上则是失望、绝望，也不相信自己值得人爱；口腔型的人格也是他的负面意念创造出来的。

正负意念都有心想事成的奇迹效果

每一个意念，不论是正是负，不管自觉或不自觉，都会启动能量，特别是正面意念一经启动，常有心想事成的奇迹效果。你可能要问，奇迹是什么？奇迹难道不是从来没发生也不可能发生而现在却发生的事吗？我们的答案是："不是的。"

"奇迹是种意念，意念可以呈现较低的或是身体层次的经验，也可以呈现较高的或灵性层次的经验，前者构成物质世界，后者则创造了灵性世界。"以上这些话来自《奇迹课程》（*A Course in Miracles*，1976）。《奇迹课程》则是透过当年在美国纽约哥伦比亚大学任教的海伦·舒曼（Helen Schucman）"听到内在的声音"，她一字一句笔录下来，隔天念给另一位也在哥大任教的威廉·赛佛（William Thetford）听，由他打字成稿。长达7年的笔录过程于1970年代公之于世，出版后成了一些宗教团体采用的灵修教材。《奇迹课程》虽是以基督教的词汇写成，但内容却超乎宗教范畴，其中对灵性的解说、疗愈的方法和奇迹的诠释更是精辟无比。它还说："奇迹本是每个人的权利……""奇迹是最自然不过的事……"

意念创造奇迹，本是最自然不过的事，就以我自己（至青）做个例子。8年前有一次在电视上看到"厌食症"病人的报道，他们瘦骨嶙峋举步艰难，我心中特别难受，想到佛经里常描述的饥饿众生：咽喉细小吃不下食物，得了厌食症的病人不就如此？当时领悟到所谓六道中的饿鬼道，不一定指人死后投生某个地方。厌食症患者该吃却吃不到，求生不能，求死不得，虽然实质上未到任何地方，他的存在本身即为地狱，而一旁照顾他的家人更是何其痛苦！我边看电视边生出了个意念："要是我能帮助他们脱离地狱，减轻家人的痛苦，该有多好。"

当时的我并没有正经八百地发重愿，这"意念"只是轻轻闪过，节目看完了也把这愿望给忘了。然而，就在短短的两个星期之内，我接到四个由各处转介来的"婴儿厌食症"个案。

治疗婴儿厌食症对我来说是破天荒的创举，虽然多年来我一直也治疗"喂食障碍"，但人数并不多。喂食障碍是个广泛的名词，泛指一切在喂食上出现问题的病症，而婴儿厌食症症状独特，病情严重，也是喂食障碍的一种。以我个人过去所接的个案来计，喂食障碍只占我接下的病例十五分之一，婴儿厌食症更是从来没有，但就在我发了意念的短短两个星期之内，却出现4个病例，年纪从9个月到两岁半不等。这4个小朋友，由于长期不肯进食（超过一个月以上才可被诊断为得此病症），体重都很轻。该喂奶时，有的推开妈妈的奶头把脸别向一边，有的看到奶瓶就大哭，若强塞奶头，才轻轻碰到嘴唇就呕吐；年纪最大的是个两岁半的小男孩，只要一看到大人拿着食物向他走来，他马上逃到角落，紧抿双唇，一副忠烈之士宁死不屈的模样。

说也奇怪，这4个小病人的病情，都在很短期间内有很大的改善，当然，从那时起，我的婴儿厌食症病人就开始多起来了。

我相信是我的正念创造了治疗厌食症的机会，也是我的意念帮助这4个小病人改善病情，减轻父母的痛苦。事实上，我的生活充满着各种心想事成的例子，奇迹像是家常便饭，一点都不稀奇。我个人的经验是，只要正念对应上意念体导管上的三重点：其一明了我来人间的目的，其二对自己所做的事充满热情，其三我有精力去做此事，那么，这正念启动的能量几乎是无敌不克，无坚不摧，无事不成。

第二节 意念体次元

在我们的存有之中，有一条冲击力极大的导管，能把自性本体里的创造冲动表达出来，这条导管就是我们的"意念体次元"。意念体次元将我们的创造冲动转化并显现为人生的意念。它是一种生命力，可以帮助我们了解自己的潜能，达成我们来人间的神圣目的。

意念体次元是比能量体次元更深、更高层的次元，只有透过极高强的超感能力才能察觉到。不过，后面我们将提到，如果能仔细观察自己在人生中所创造的事物，即使没有超感能力，也能够了解自己意念体次元的状态。因为只要观察我们在人生中创造的一切事物与作为，就知道自己到底是处于正面还是负面的意念中。

意念体次元中的能量意识就是"意念"（intention），在这个次元中，我们或许有或许没有透过意念和行动在人生功课上显现我们的神圣目的。如果我们一直与自性本体的灵性相契相通，就能显现出我们的正面意念。不妨听听疗愈课程里的雪莉体验到意念和灵性是一体的经验：

"最棒的事情就是我体验到自己在开放的状态中，接收到灵性体的爱与支持。我最深刻的灵性体验发生在第二次上呼吸课的时候。那是我第一次体验到意念的力量。我在心里秉持着一个意念：'我的意志就是神的意志。'然后就经历到不可思议、强烈的切身感受，感觉到爱、平静和喜悦。我是一个由神圣的光构成的振动体，与神本为一体。这种神性的领悟开启了我的意识，使我了解与神圣灵性结合的可能性。这是我过去从来没有察觉到。这个经验开启了我的灵性觉醒之路。这是我独处或静思时始终抱持的强烈信念。"

上面这段话清楚显示了自性本体和正面意念之间的关联。透过正面的意念，雪莉能够向上进入她的自性本体次元，最后与万有合为一体。如果自性本体之光没有被遮蔽，正面意念也会向下透过能量场流入各层能量体和肉体。

意念体导管联结灵性界和物质界

意念体次元是沿着我们体内一条能量导管而存在的次元，可以把我们的灵性界和物质界联结起来。透过这道垂直的动力流，意念体次元的意识从能量频率极高、密度较小的灵性，流向能量频率较低、密度较大的物质次元，导管的作用一方面是使我们与更高的灵性本体相通，另一方面则是让我们深植于物质界的现实中。为了拥抱完整的自我，我们需要从灵性天界及物质大地两方汲取能量。我们的灵性需要物质经验才能做进化的工作。因此，我们必须使灵性及物质两种世界处于相连相通的状态，也就是说，我们必须头上顶着灵性界，双脚踏在物质界。如果我们不能透过联结两者的意念体导管去汲取能量，那么就算我们明白自己的神圣目的也没有意义，因为我们缺乏物质基地，就没有能力利用此生在此星球上完成神圣使命。

几乎所有的宗教，都认识意念的重要性和它强大的疗愈效果，因此世界上有关意念的典故或谈论意念的书籍比比皆是，却很少有人能为意念定位，或解释意念从哪里来或到何处去，布兰能在《光之生现》（*Light Emerging*，1993）一书中，对意念体次元有精辟独到且详尽的叙述，她称此次元为"赫拉次元"（Hara Dimension），其间的导管为"赫拉线"（Hara Line，见图2-2）。

沿着意念体导管有三个重点：其一为头顶的"个化点"，其二为胸腔上部的

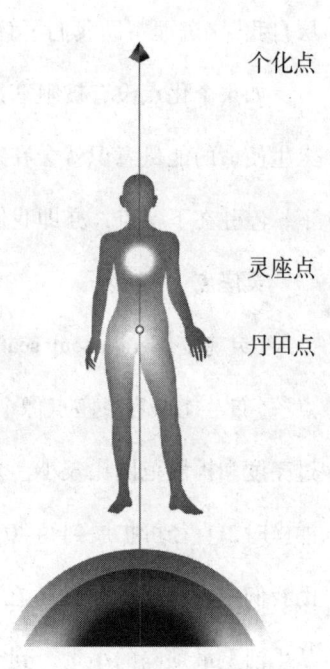

图2-2 意念体次元

"灵座点",其三为下腹部的"丹田点"。

个化点

意念体导管的起点位于我们头上100厘米处。布兰能称此点为"个人化起点"(point of individuation),简称"个化点"。个化点是从虚空或看不见的神圣本体转化为个人的起点,也是灵性衍生为肉体之初,向下开始其振动旅程的起步,这是化身为人的初步过程。在图2-2里,我们看到个化点像个非常小的倒置漏斗,漏斗的直径稍小于一厘米。这个倒置的漏斗是能量和意识的转化器,把本体的无形能量转化成较低的频率,成为我们的层次所能接收的意识。个化点接收"神圣计划"的意识,并向下碰触"高层自我",进而帮助我们了解此生的使命。

如果个化点没有被阻塞或扭曲,而与意念体导管稳定相通,那么有关人生使命的能量意识就会在通过个化点之后,转化成不同的形式再顺流而下,停驻在下一点,亦即我们的"灵魂宝座"。

灵座点

"灵魂宝座"(soul seat)位于我们胸口上方的一个点,简称"灵座点"。布兰能形容灵座点像个光源,它正如自性本体次元,光芒四射,只不过亮度和扩散范围比较小,光圈直径为2.5~5厘米。然而,当我们专注或禅坐时,直径可扩展到约40厘米。灵座点是贮藏我们灵性渴求的地方,帮助我们完成此生的目的。在灵座点里,我们感受到追求一切事物的热情,从生活上最琐碎的小事,到宇宙间最伟大的事物都包括在内。这种从灵座点以高振频能量形式带来的讯息,可下传到肉体次元,使我们的肉体感官有时可以隐隐约约地感觉到心中有一种渴望，虽难以言传，隐藏在背后的热情却是如此强烈，使我们心中常有一种痛楚或燃烧之感，仿佛人生中有某件非做不可的事情，却说不出也想不起究竟是什么事。

如果灵座点处于清净状态，意念体导管也很稳固地与它相通，那么导管里的能量流就会下通导管的第三个点：丹田。丹田本身也是一种能量源，位于其上的灵座点由此汲取能量，点燃热情之火，实现完成使命的渴望。

丹田点

丹田一向被东方武术认为是人体内"气"和"力"的源头。它汲取大地的能量，以备我们完成使命之用。丹田本身并没有灵性讯息或更大的目标，但它拥有强大的潜力，亦即当它与灵座点相通时，能为灵魂的渴望服务。丹田的位置大约在我们下腹肚脐下方约三指之处，位于下腹部的中心，是个直径1.5英寸的圆点，大小不会改变。当能量灌注时，它会发出红色的光，光的范围也不像灵座点的光会扩散。

意念体导管从丹田继续向下走，穿过熔岩到达大地核心，地心能量被输送到我们的丹田内，然后丹田使这种能量产生一种电磁场，使各种形式的能量进入我们的能量体次元和肉体次元。

如果我们透过意念体导管使丹田与地心相通时（换句话说，如果丹田吸足了来自地心的"地气"），我们就会觉得身心稳定，能掌握现在，充满威力，脚踏实地，准备在这个物质星球上全心投入生活，也因此我们能享受当下，无忧无惧地充分感受到自己活在这个肉身躯体之中。所以说，丹田不仅是实现灵性渴望的动力之源，本身也是物质世界的枢纽。

在意念体层面，能量和意识是分不开的。沿着意念体导管的三重点都有独特的意识，各以不同的能量表现形式，掌握着一致的人生目的。如果我们与神圣灵性相通，明了我们此生的目的，能感觉到自己的热情，也能汲取大地的能量，就表示我们处于意念体之中。图2-2显示的是一个与天地相通之人所拥有的通畅无阻的意念体次元；此人的意念体导管没有任何的障蔽或扭曲，而导管上所有点都相通相连。

我们的意念体次元和意念之间会以特定方式作实时沟通，正如我们的能量体会以特定方式与我们的思想感觉作立即沟通一样。我们的意念有任何改变，都会立即影响到意念体导管。同样的，意念体次元有任何变化，也会影响到能量体和肉体，也都会显现在我们的思想、感受和健康上。接下来我们将讨论意念体导管的扭曲及各点之间的阻断所引发的问题。很少人能持久处于畅通的意念体次元。事实上，能让意念体导管保持极短时间畅通无阻的人，都可说凤毛麟角。

发生在意念体次元的问题

意念体次元能在我们化身为人时，把宇宙的创造冲动带进来，并深植在我们的生命之中。如果导管畅通，我们的一生不但有清晰的目标，也会拥有热情和力量来完成这个目标，导管的能量再向下个次元走，我们也因而可以透过自己的人格及此生的作为，把人生目的显现出来。不过，如果意念体导管不畅通，或显现神圣计划的三个重点不相通，那么，创造冲动也会扭曲或堵塞，导致各种不同的问题，影响到我们持正面意念的能力。

我们就会感到非常困惑，有许多冲突欲望、杂乱的意念，不论是内在及外在都表现出目标不一致的现象。（见图 2-3）

比如说，导管上的第一、第二点（个化点和灵座点）发展良好，使我们拥有清晰的人生目的和满腔的热情，但是第三点（丹田点）只要有一点小缺口，我们就无法从大地获取精力，因而无法完成此生的使命。同样的，即使我们拥有满腔的热情和精力（第二、三点），但若个化

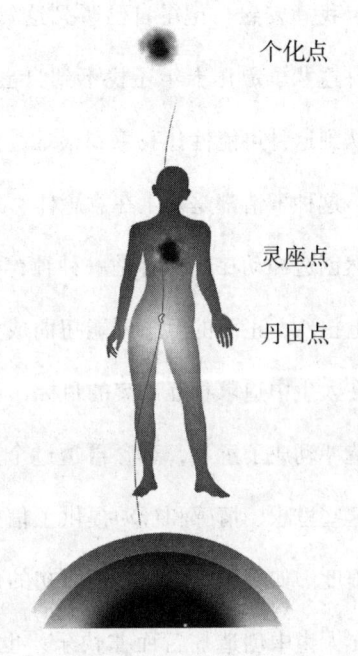

图 2-3　意念体导管三重点皆出问题且互不相通

点（第一点）不通，就无法得知此生有何目的，换句话说，就算我们通过了各种阻碍或考验，但若无法与神圣目的相通，那么无论人生多么有成就，都会产生未能实现自我的不满足与失落感。

写到这里，让我（安慈）想起《黑客帝国》这部电影。男主角尼尔被大家认为是能把人类从幻境中拯救出来的救世主，他有一次去拜访一位预言家，想请她帮自己找到人生使命。然而在两人会面时，尼尔却因心生怀疑而未能领悟到自己的使命，所以预言者告诉他，他不是救世主。她说："对不起，尼尔，也许等来世吧。"意指尼尔本身没有与自己的使命感应相

通。我（安慈）记得自己听到这句话时有着很切身的感觉，我心中暗想，也许这辈子走几十年还找不到自己的使命，就别提在这一世能完成它了，体认到这种可能性让我感到很难过。

这种事情都是发生在意念体。意念是创造冲动的一种比较低频的呈现。虽然创造冲动在原初时是一种纯粹的正面意念，但到达意念体次元却可能歪七扭八，正面的意念可能扭曲成负面的意念或正负混杂的意念，使得我们在人生中追求相互冲突的目标，也导致人生的各种冲突局面。简单地说，创造冲动成了意念，意念再透过个人的思想、情感和行动进行创造，而正是这些思想、情感和行动提供了信息，反过来让我们了解意念体导管畅通的程度。如果导管不畅通，原初的创造力就会变成负面意念，于是我们就会在人生中创造痛苦而非快乐；也就是说，我们是透过扭曲的人生目标，而创造出扭曲的现实人生。

所有个人及人际之间的问题，都出自于负面或正负混杂的意念。意念混杂时，经常不知道自己要什么；或者，就算知道自己要什么，也无法完成它。更糟的是，负面和混杂的意念使我们无法了解自己真正是怎样的人，而且我们还会创造出一大堆无法带给我们教训的苦难折磨。

意念体次元扭曲后悲惨结果之一，可能是我们永远不知道自己是谁，以及此生为何而来；或许更坏的状况是，痛苦可能来自我们明知此生的目的，却从来没有全力以赴去圆满完成；还有一种悲惨结局是，很多人从来没有领悟到，他们惨痛的人生遭遇其实都是自己的负面或混杂意念造成的，他们受苦却不知道为什么，于是他们责怪别人或责怪命运。这种情况会让他们一再受苦，直到他们看出人生遭遇都是自己创造的，目的是为了学习如何与真正的自我重新联结。

个化点出问题

漏斗状的个化点可能堵塞、扭曲，或与导管上的其他意识点失联，看起来像被一层乌云遮盖（见图2-4），这么一来，本体向下降的能量无法流过个化点，结果我们就不会知道自己是谁或为什么在这里。障蔽个化点会导致对人生抱持嘲讽的态度，也不相信世上有神或比人更大的本体存在，和自己及别人的神性疏离了。这种障蔽现象可能是我们前世带来的业，或今生创伤的浓密能量造成的。比如说，也许是我们在小时候被大人强迫相信某种神或某宗教，但在我们软弱时却发觉它不太管用，既不和善也遥不可及，我们有求于它时，它并未响应，于是我们就认为它不存在。

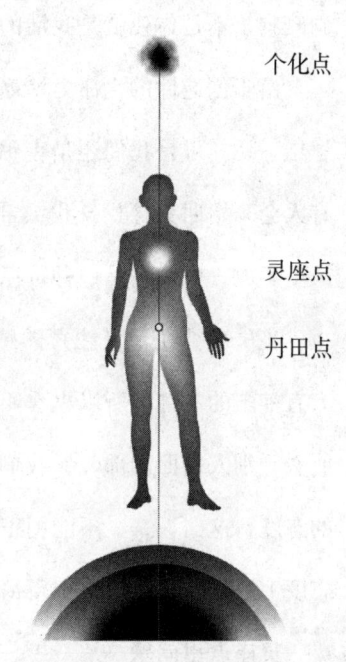

图2-4 个化点出问题，看起来像被乌云遮盖

当我们关闭了与神圣灵性相通的大门后，也等于同时赶走了我们自己的神圣部分。我们对自己和宇宙的神性产生了很多怀疑，最后终于走到了对神性或灵性没有感觉、了解或信仰的地步。我们相信只有肉体、现世和物质世界的存在，相信人死了就一了百了。只要个化点不清朗通畅，我们

就无法接收、接纳或与能量体次元的"高层自我"沟通。我们不再祈求人生的指引，甚至可能怀有负面的形象或信念，比方说，认为这个世界就是狗咬狗、不是你死就是我活的世界。

由于创造性的生命力堵塞了，于是我们浑浑噩噩地活着，等待死亡来了结一切。可是我们还是害怕死亡，因为那表示我们不再存在了。这时候有人会开始回头寻找自我，希望在死亡中找到平静，另一些人则紧紧抓住人生不放，就像它是一种可抓得住的实体。

丧失对神性（灵性）的感觉力会导致另一个严重后果，就是不相信他人有神圣的本性，所以也看不见别人的"自性本体"或"高层自我"，只能看到别人负面的部分，我们无法摆脱防卫的心态，自然就很难保持正面的态度。这么一来，不能用正面意念的清流去净化自己浓密而沉重的生命，态度上自然冷嘲热讽，变得愤世嫉俗了。

灵座点出问题

灵座点是让我们终身保有一股渴望之情的所在地，随时提醒我们，人生不只是度过这个肉体的生命周期而已，人生还有更大的目的。灵座点有一股微妙、持续又热烈的冲动，促使我们非常热情地奉献自己以完成人生的目的。灵座点的意识像是"激情"的状态，推动我们去创造、去体验和拥抱人生，快乐地迎接人生所带来的一切。

然而，在真实的人生过程中，灵座点可能会出现什么问题？首先，联结上面个化点的导管可能被阻断，导致我们无法醒觉自己有神圣的本性和人生目的，此时，如果丹田和大地仍有强烈的联结，我们很有热力也很务实地过日子，但是却缺乏清晰的人生目标的指引；不能与个化点相通，就等于切断与自性本体的联结，不知自己内在的灵性，结果，灵座点那股追求灵性生活的热情驱使我们整天向外求法、向外寻求灵性觉醒，我们不断去找灵性导师，参加各种灵性活动，却不知踏破铁鞋无觅处，"蓦然回首，那人却在灯火阑珊处"。

灵座点另一个问题，是因为某些人生经验障蔽了光芒（见图2－5）。我们都曾被人指出"没有充分发挥潜能"，这句话真正的意义是，我们从创伤和负面的自我形象中发展出自己的个性，相信自己并非光芒四射的人，甚至还披上了幻想的自卫盔甲，种种的负面能量（如忧郁、羞愧或自尊低落等）遮蔽了灵魂宝座，使得本来想透过我们的人格、思想、情感而绽放的光芒黯淡下来，于是失去了看见希望的能力，并且放弃找出自己是谁，因此"没有充分发挥潜能"。如果此时和个化点的导管被阻断，

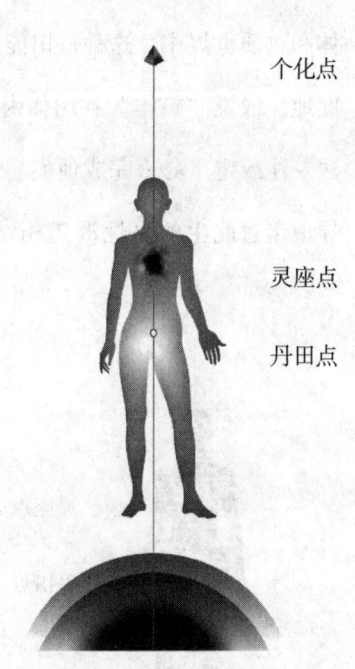

图2－5　灵座点出问题，光芒被遮蔽，显得凝重昏暗

使得我们无法接收从神圣本体流出的高频能量，那么灵座点的障蔽情形就更严重了，最后也无法把来自丹田的生命力转化到行动之中。

另一个情况也可能是，我们的个化点和灵座点虽然畅通无阻，但丹田

处却阻塞不通。这时问题不再是不知人生目的，或是感受不到完成人生目的的热情，而是我们无法凝聚精力（能量）去实现人生目的，因为我们的生命力被阻断了！这种情形可以在灵性很强、也很有热情的人身上看到，他们就是无法把这些与生俱来的天赋实践出来。如果丹田不通，那么上升的地气就一定受阻，地心能量的作用就是要帮助我们脚踏实地地生存于肉体和物质世界中。这种丹田能量不通的人，很难把天赋的灵性固着在此时此地，或说"钉牢"在肉体内。他们优柔寡断，对许多事延宕不决，也无法专注或定下心来完成他们想做的事。这种人的肉体无法与本来设计好引导他走过此生的灵性渴望相结合，导致他的存在与人生目的产生了分裂状况。

丹田点出问题

丹田贮存大地能量以供我们运用，使我们能以行动献身使命，把体内的热情发挥出来。然而丹田也可能变得扭曲、错置或受伤（见图2-6），导致我们在汲取生命能量时产生严重的紊乱现象，对自己的肉体也没有安全感。如果丹田在意念体导管上受伤或受阻，我们几乎做什么事都提不起劲，既缺乏生命力也缺体力。通常也会发现个性中有多种自我防御倾向，一旦有自卫性格，现实就

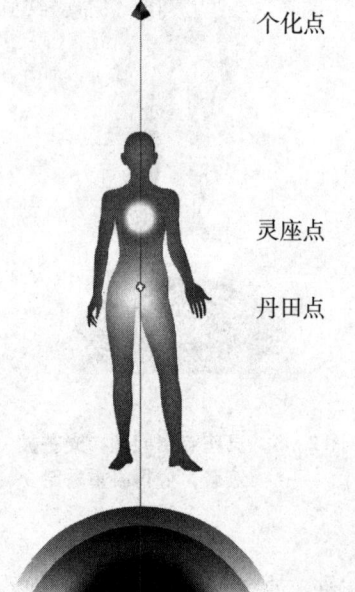

个化点

灵座点

丹田点

图2-6 丹田点出问题，丹田变得扭曲、错置或受伤

会被扭曲，我们就得与扭曲现象而产生的幻象奋战。

丹田有任何损伤或堵塞都得花很长时间才能复原。过去几年来，参加疗愈集训课程的学员中就有许多人有着这种丹田紊乱的现象，我们通常建议他们做些加强下盘的练习，在课堂上可做"落地生根""安住当下"（grounding）练习或做深沉呼吸，自己在家则可练太极拳或气功等武术，用沉稳的肢体运动或升华呼吸法把能量由地心引进丹田，让人觉得在自己的体内很安稳。

丹田除了本身受伤或堵塞之外，也可能与垂直的意念体导管产生偏离现象。这时丹田的位置就不在身体的正中央，而可能偏左或右或前或后。这种偏离的现象显现在肉体次元上就是背痛。如果丹田的位置太偏前方，骨盆就会后倾，我们会发现自己冲得太过头了。如果丹田的位置太偏后方，骨盆就会往前倾，呈现一种太过自我抑制的偏离状态，表示此人有所保留，或不愿把完成人生任务所必需的热情和行动付诸实践。如果丹田位置太偏向右边，就会太过激进，因为身体的右边属于雄性、表现、积极进取的能量。如果丹田太偏左，我们就会倾向只做个承受者，因为身体的左边属于雌性、包容、退缩或接受的能量，此人的表现能力会受到很大的限制。

丹田也可能与地心隔绝。当然这会导致肉体很不稳定，不能安住在地球上。如果脚下没了来自大地的力量，由于无坚实稳固的基础，行动起来若不是毫无实力就是会连栽跟斗，这就像我们脚下踏着一块会移动的地板，连站都站不稳，想在其上载歌载舞自然会出问题，本书第四章人格结构学中所提到的好几型人格都是这类型的例子，比如控制型人格，丹田和地心可能断了线，他们出于自卫而对别人的攻击行为几乎都没有根据，完全出于不实的幻想，因此产生很多人际关系的问题。

日常生活中显现的意念问题

当我们活在畅通的意念体之中，意指我们的个化点、灵座点、丹田点都在一条垂直导管上联结，并且也与地心相连，是处于正面意念的状态。如果这些点没有一个是相通的，通常就表示自己处于自卫心态中，被低层自我掌控，戴着自欺欺人的面具自我，这时候，会体验到自己所作所为的负面效应。如果有些点相通，有些点不相通，我们与他人之间会有许多争执，而这些争执是从自己内在相互矛盾的目标衍生出来的。如果我们有相互冲突或正负混杂的意念，就会发现自己创造不出自己想要的事物，要不然就是无力完成它，内心中或工作上和家事上，都有遇事拖延或不尽全力的现象。

在团体里工作时，也常有人际关系的困扰或部门之间的冲突，这都是因为大家在工作时采取互相矛盾的态度，以致引起误会、困扰、竞争、毁约等情况。每个人都有一个意念体次元，如果彼此的意念体次元能和谐一致到相当的程度，那么无论是神圣的目的或只是平凡的目标，我们就都能达成。如果彼此的目的不一致，当然无法达成任务。

过去这十多年来，帮助大家了解意念的重要性，一直是我们两人主持的疗愈训练课程的重点。很多人都不了解意念对人生有重大的影响，同样的，很多人也不了解意念体次元，以及畅通的意念体次元具有多劲爆的力量，它让我们有能力了解并选择自己的职业，创造并展现梦想，因为这与我们终极渴望所揭示的人生真正目的是一致的。

从图2－2可见，一条健康的意念体导管是位于我们身体的正中央。这条垂直完整的导管，充满活力，并且深植地心。导管上的三个重点都很平稳，沿着导管彼此相连。如果所有的点都相连无阻，那么这个人就在生命之流中，并且活在当下。此人会对每件人生琐事与背后隐藏的更高意义之间的关联了然于胸，毫无困惑；也能与宇宙目的连成一气，一贯相通。反之，导管不和谐到什么程度，就表示负面意念严重到什么程度，在人生中创造的痛苦也到那个程度。

也许有人会问，有没有方法去了解意念体导管是否畅通？做法很简单，试问自己：我是不是常在争辩？这不仅是指与他人争辩，也包括在内心与自己争辩。如果你真的如此，那么你的意念体导管就不畅通。这不是说我们不该有不同的意见，重点不在争论，而在自卫的心态。要记得会顶嘴回骂的人，他的意念体导管也同样不畅通。

意念体次元能让能量意识了解并完成我们今生来此的任务。这需要我们抱持正面清净的意念，才能让原初创造的冲动流动无碍，这点对我们是否有自我成就感是个关键。清净的正念让我们清楚人生目的和应有的行动，没有了它，不但产生很多困惑，也不能确定人生各层面应有的作为。此外，意念不清净也会影响到我们的能量体次元，而损及思想上、情感上以及肉体上的福气。

拥有清净的正念并不是说我们就永远处于高层自我的状态，但表示我们能接收到更高振频的本质和能量，以共振的方式来解决一些低振频的问题，就像前述的点烛光便无须费劲去驱逐黑暗的例子，把高层次的灵性之光（光属高频能量）带进较低层次的思想、情感和肉体内，就能轻而易举地化解难题或予以疗愈。如果我们用正面意念替代负面意念，就能把负面意念释放出来，并永久地转化它，我们便可放心、不设防地在人生道路上迈进。但如果我们只一味释出低层自我的负面意念，结果很可能是毁了别人也毁了自己，或引起病痛。

如果发现自己不知该走什么路，那么很可能是因为正负意念混杂不一，抵触了人生真正的目的。这种情形会妨碍创造力的自然发展，使我们无法创造渴望的事物。所以如果想顺心遂愿地发挥创造力，必须找出自己混杂的意念，并且用正面的意念把杂念驱除。如果我们没有稳固地扎根于地球的现实世界，并且活在当下，譬如陷入负面的自卫心态，那么我们就无法直接接收从自性本体流出的创造能量，意念体次元与能量体次元都会出现扭曲的现象。如果我们选择以自卫的心态来保护自己，那么我们就会创造出需要防卫的现象，这么一来，就不可能坦然地活在当下，接受一切新的可能性。正如同创伤经验一样，自卫心态也会冻结我们的创造力。自卫心态是出于负面意念，只因为我们唯恐伤口会暴露在外。就是因为这种负面意念反映在意念体次元，使得我们无法自在地做真正的自己。

不过，话又说回来，我们在人生中所创造的困难也是神圣计划的一部分。要不是我们把烦恼带进了生活中，我们可能永远都不知道该怎么做才能帮助灵性的进化。我们存在于一个可由失败走向安全的系统中，这个系统透过我们所有的次元，不断提供一些实实在在的东西，让我们能赖以回归本体，这不是极其美妙的事吗？也许有些人还是不以为然。要记住，如今我们人生中正在出现各种事情，这些事情被创造出来，我们自己也有份。

第三节　能量体次元

能量体是什么？看得见摸得着吗？

对一般人来说，能量场是看不见摸不着的，在你的身体外面100厘米左右，有一个椭圆形体把你罩住，你若张开手臂前后绕个圈子，大约就是你的能量场范围了。能量体像个发光的彩色大蛋，在肉体的外缘发光。蛋的外壳闪着金色的光波，你的肉体就被这样一个大金蛋包着。每个人都有这样一个蛋形体，没有人例外。

其实，不只是你我有这样一个能量场，世界上所有的东西——不管是生命体还是无生命体——都有能量场。虽说能量体看不见摸不着，但若稍加训练，一般人可以看得见或摸得着在肉体之外浅浅的气体外缘。在我们训练的学生之中，经过两三小时的训练，再加点耐心，约有八成的学生可以感觉到能量体的第一层气体，而这八成中的三成学生，可以看得见离肉体两三厘米的气体。

除了有超感能力的人可以感觉到或看得到能量体之外，现代的克瑞安照相技术（Kirlian Photography）也可以照得到人体或物体的能量场。我们的能量场收藏着大批信息，所有你过去的历史（包括你个人的前世和祖先传下来的正负面能量的记忆档案)、你的个性(人格)、你早年的欢乐和现在的痛苦,丝毫不差地烙印在能量场里。你的身体健康状况、情绪和心理状态,也都能在能量体中显现出来。

能量场的近代科学研究

各国历史上有超感能力的人或疗愈师对能量场都有留下记录;近代科学发达,不少科学家或医师也加入这个行列。就拿近代 20 世纪初的欧洲来说,英国的克尔纳医师(Walter John Kilner, 1911)用 X 光技术研究至少 60 位病人的能量场,他观察到病人在生气或情绪高涨时,能量场会扩张,而情绪低潮或忧郁时能量场会缩小,身体不健康时能量场也缩小,此外,重病人的能量场会出现一块块的深颜色。法国爱弥儿·波拉克(Emile Boirac)和奥古斯都·李耶比尔特(Auguste Liebeault)则发现:即使隔着远距离,有互动之人的能量场仍会交流。英国的赖得彼特(C. W. Leadbeater, 1927)也在他的书中详细描述了人的能量场。

美国近代也有不少学者研究能量体,比如耶鲁大学医学院的哈罗得·勃尔(Harold Saxton Burr)早在 1930 年代就谈到"生命之场"(field of life)。又如第四章将谈到的"人格结构学之父"威廉·赖克(Wilhelm Reich, 1897~1957),这位生于德国却在 1940 年代活跃于美国的精神科医师,把能量场称为"奥尔冈"(orgone),他早期观察到所有有生命的有机体都被能量场包围,但后来又发现,不只是有机体,连无生命的物体也有能量场。在加州大学洛杉矶分校(UCLA)教书的维乐莉·亨特(Valerie

Hunt），在1977年进行人的能量场研究，她用科学仪器测量正进行罗芬按摩（Rolfing）的按摩师和病人所发出的微小毫伏特电压。除了科学仪器，她前后请八位有超感能力的疗愈师，当场同步描述他们所看到的两人（按摩师和病人）能量体中的各种情形，描述者包括当时有名的疗愈师罗萨琳·布鲁耶（Rosalyn Bruyere，《光之轮》〔Wheels of Light〕一书作者；为教会牧师，至今仍从事讲道讲学及疗愈工作）。有趣的是，机器测出的能量体各种颜色之频率，竟然和肉眼观察出的能量场大致雷同。布兰能和皮拉卡斯在1978年也对能量场做了不少研究。

多拉·昆丝（Dora Van Gelder Kunz）是另一位致力于将超感能力应用在医学研究的疗愈师，在1950至1970年代的20年间，她和纽约大学医学院的脑神经专科的卡拉古拉女医师（Shafica Karagulla）合作，在卡拉古拉看病时，多拉坐在离病人几米处观察病人的能量体，她花了很多时间和精力，详尽描述病人的能量体和气轮，研究的病症包括和荷尔蒙或脑部神经有关的病，如阅读困难症、自闭症、唐氏症、强迫症、躁郁症及精神分裂症。她们发现气体（最靠近身体的一层能量体，离皮肤约几厘米）上的气轮是最准确的诊断工具，也发现早在病人的症状出现之前，能量场里第一层的气体已出现异常，而这异常又可追溯到更深层的能量体，举个例说，甲状腺有问题的病人，早在肿瘤形成之前，病人的第一层气体的喉轮早已出现异常，但最早显出异常的却是病人更深层的情绪体。

本书沿用七层能量体的观点

能量场是个总称，至于到底有多少层的能量体，由于英雄所见略有不同，古今中外有超感能力的人或疗愈师的叙述也有所不同。有的人把它分成三层（如 John Pierrakos），有的分成四层（如 Richard Gerber、Rudolf Steiner）或五层，有的分成七层以上（如 Jack Schwarz），本书采用布鲁耶和布兰能的系统，将人的能量体分成七个层级。

一般来说，能量越靠近肉体，密度越大（高），频率也越低；越向外走，密度越低（稀薄），频率越高。正像地球表面的大气层一样，越靠近地球表面密度越高，越往高空走空气越稀薄。本书一开始就谈到振动就是能量，振动频率越高，能量也就越灵性超然，振动频率越低，能量也就越沉重且物质化。所以在人的能量场里，最里层、最沉重的能量最物质化，逐渐向外上升到最轻快、最飘忽的灵性力量。

气轮衍生能量场

布鲁耶的说法是，能量场是气轮创造衍生出来的，在第五章我们将会详述什么是气轮。当气轮快速旋转时形成自己的能量体，而此能量体跟其他气轮产生的能量体相结合，因而产生能量场。就像透过呼吸，我们和周围环境交换能量，我们能量体的每一个气轮也都和周围环境交换能量。这些能量经由气轮进入能量体的经脉，再进入肉体的神经系统，然后进入内分泌系统，最后进入血液，滋养我们的肉体。

每一层能量体通常对应一个气轮。能量场中的第一层能量体（气体）

最靠近肉体，所对应的气轮是位于脊椎骨底部的第一气轮，和肉体的安全、功用及感官有关系。（见彩图 2-1）

第二层能量体（情绪体）则与第二气轮相对应，与情绪和感觉有关。（见彩图 2-2）

第三层能量体（智性体）与第三气轮相对应，和理性分析、逻辑观念、思考能力有关。（见彩图 2-3）

第四层能量体（星芒体）与第四气轮相对应，能反映此人如何付出或接受爱意。（见彩图 2-4）

第五层能量体（气体模型体）与第五气轮相对应，与使用语言文字与外界沟通有关，也和人是否接受神性意志、放下个人意志有关。（见彩图 2-5）

第六层能量体（天人体）与第六气轮相对应，与人类如何看待自己和万物的关系有关。（见彩图 2-6）

第七层能量体（因果体）则与第七气轮相对应，和我们如何与最高源头的灵性能量的联结有关。（见彩图 2-7）

从第一层到第七层，是沿着人类成长的脉络发展的，其意识从求生的本能到发展性的能力、拥有个人力量、泛爱世人、能表达、有体会真理的能力，直到与宇宙合而为一。

彩图 2-1　气体

彩图 2-2　情绪体

彩图 2-3　智性体

彩图 2-4　星芒体

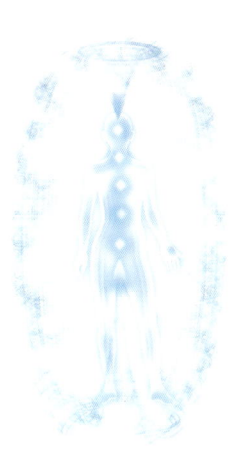  

彩图 2-5　气体模型体　　　　彩图 2-6　天人体　　　　彩图 2-7　因果体

小孩子的能量场不能过滤外来能量

婴儿或儿童的能量场是完全开放的，因此很容易受外界影响；外在的能量他照单全收，毫无选择余地。父母对他的态度或父母之间的关系，不管是语言或非语言、有意或无意、开放或暗地里进行，他都可以感觉得到，都会深深影响他的一生。比如说，母亲生气的情绪，即使不是因为孩子而起，也不是对着孩子发泄，但孩子的能量体可以感受这股愤怒的能量，孩子肉体的血液循环系统及新陈代谢系统也会依据这种发怒的讯息去发展。

七层能量体互相渗透

我们虽然把七个能量体叫成七"层"，这七层并不是像千层蛋糕一层层往外叠，而是像俄罗斯套娃般，打开大的娃娃，里面是个小的，打开小的，里面有个更小的，这样一层包覆一层。然而能量场也不同于俄罗斯套娃，在能量场中所有的外层不但包覆内层，而且渗透至里层的能量体，或说两者互相渗透。

就结构上来看这七层能量体，其奇数层，即第一、三、五、七层的结构严密有规律，由一条条绵绵密密的线条组成，至于偶数层，即第二、四、六层的结构却截然不同，说不上任何实在的结构或组织，感觉上像行云流水，无相无貌，或像棉花松松软软的。

以下将一一详述这七层能量体，而能量体的解剖图是以布兰能的解剖图为模型。布兰能是个具有高度超感能力的疗愈师，也是致力疗愈的教育家，1982 年首创 BBSH 疗愈学院，教育了无数疗愈英才，我们两人都曾在她的引导下受教 4 年。这学院后来成为美国政府立案的疗愈大学，并在德国和日本成立分校。布兰能出身物理科学家（1962 年在维斯康辛大学取得物理学学士，1964 年取得大气物理硕士学位），硕士班毕业后曾任职于美国太空总署的哥达德太空飞行中心，但始终不能忘情自己天生具有的超感能力，两年后辞去这份人人称羡的工作，从此外出旅行，向各疗愈大师学习如何开发超感能力和疗愈能力。她的第一本著作《光之手》（*Hands of Light*）可以说是世界公认的疗愈经典之作，尤其是书中解说气轮、能量场和人与人之间能量磁场互动的图片，是经过她的天眼透视人体再画出来的，准确而生动，许多研究能量之人或疗愈师均将之列为"不可不看"之图。

在讲解各层能量体之前必须强调，我们真正见到的能量体并不完全像图样上的能量体，原因是本章所呈现的均为一层一层解剖开来的能量体，这么做是为了解释上的方便。日常生活上见到的活生生的人，是各层能量体的综合体而非解剖体，因此在颜色上、形状上、大小尺寸上，可能大不相同。

第一层能量体：气体

气体（etheric body）紧靠肉体，比肉体要大，离肉体1~5厘米，厚薄因人而异，其结构紧密，由蓝色的线条组成。气体的结构类似肉体，具有肉体各个器官和各个部位。我们的肉体是根据气体打造的，也就是说，气体是肉体的蓝图，它的存在早于肉体。我们的肉体细胞每几个月要重新更换，就是根据气体这个蓝图打造的，如果肉体生了病，气体将起建筑师的作用，提供蓝图来帮助修复肉体。两者关系密切，气体发展得越好，肉体也越健康；反之亦然，你若照顾自己的肉体，吃得好、营养够、运动多，你的气体也强壮些，其上的线条也相对地比较粗，且更具弹性。

若单独看气体，像极了蓝色的蜘蛛人。一般人稍加训练，可以在人体周围看到一层蓝色或灰色、如云雾般的光圈，仔细观察，可能还可以看到这个光圈不断地向外扩张及向内收缩，一分钟搏动15~20次。

有不少关于气体的发展早于肉体的研究。比如说，在杰弗里·郝德森（Jeffery Hudson）的书里，他谈到在受孕之后不久，一个状似婴儿的气体就出现了，而此婴儿气体是由线条组成。他还观察到，这些线条的反射或投射影响小婴儿的肉体发展。1960年代早期，在韩国的一位研究者发现，受孕15个小时的小鸡，早在它肉体器官形成之前，其气体的经脉就已经具体可查了。更早期的1940年代，耶鲁大学医学院的哈罗得·勃尔也观察到如肿瘤之类的疾病，早在肉体形成疾病之前，其能量就已存在。他用白鼠做实验，证明白鼠在还未有肿瘤前，那部位的能量体已测出有大量异常的毫伏特电流，一直到60年后的21世纪，在医学上才见有人用皮肤电测量法去预测乳癌的出现。

佛家的经典也谈到气体的发展，虽然没有特别说明气体和肉体的关系，但谈到胎儿的气轮及全身经络系统的形成。释迦牟尼佛在为难陀讲经时，提到大约是受孕第13周开始，胚胎内的气机开始孕育出最初步的气轮，到了第14周，经络网络逐渐形成。经脉系统看不见摸不着，即存在于最靠近肉体的第一层能量体。

第二层能量体：情绪体

情绪体（emotional body）渗透且大过气体和肉体，离肉体皮肤大约3.8厘米，其结构不如气体紧密扎实，而是像棉花般柔软，或像行云般飘浮不定，颜色如彩云般有着七彩。

情绪体呈现的全是你对自己的感觉。如果你对自己的感觉很好，或说你挺喜欢自己也爱惜自己，那么你的情绪体通常较强壮、能量多且充满活力。反之，如果你的情绪体衰弱或像是充电不足，通常表示你对自己没什么感觉，或你不让自己去感觉。我们对自己的感受和情绪所形成的能量，在情绪体中一览无遗，当你有着强烈而清晰的感受时，比如极端兴奋、非常快乐或很愤怒，情绪体是明亮的；情绪低落时颜色偏暗，感觉上像泥土般又黏又重。

情绪体若呈现深颜色的污点或许多块状的乌云，可能表示你对自己的感觉不好，比如看不起自己、讨厌自己或背负着许多自责的情绪。必须注意的是，负面情绪造成的污迹或乌云，会直接影响邻近的第一层和第三层能量体，这第二层的乌云阻挡阳光，使第一层气体的生命力无法顺利流向肉体。至于对第三层智性体的影响呢？负面情绪的意识到了第三层，将转化成自我批判，而自我批判的结果往往又反过头来影响你对自己的感觉，这一来一往形成恶性循环，情绪就越陷越低落。

当然，一般的肉眼或感官是无法察觉情绪体显现的"形式"（form）的，只有具备超感能力的人或非人类的"灵"才能捕捉到，伊娃在谈"高层自我""低层自我"及"面具自我"的分别时曾说："并非所有的'灵'都有能力看见你们的微细能量体，只有那些灵性已发展到某些程度的'灵'才能看得见，我们'灵'类不但能解读你们人类的'低层自我'，也能穿透'低层自我'去直视'高层自我'……当来自高层自我的讯息被低层自我的动机污染时，此人将产生情绪上的病变，所有的情绪倾向皆有不同的颜色、不同的调子或味道……我们看得清清楚楚……"

在谈到情绪体的颜色时，伊娃有一段话极富趣味："当一个人情绪出了毛病，通常表示他的'面具自我'早已存在，只是他对自己活在谎言中毫无自觉……它（面具自我）不像'低层自我'的黑色或阴暗……面具的颜色是病态的甜美，如果你是艺术家你就知道，真正的颜色和甜美得病态的人造色之分别……我们'灵'类还是比较喜欢'低层自我'，虽然它并不令人心旷神怡，但至少它是诚实的……"

第三层能量体：智性体

智性体（mental body）渗透且大过前述几个能量体，离肉体 8～20 厘米，颜色是黄色，这第三层的结构正如第一层能量体，都是由线条组成。如果说第一层能量体是蓝色蜘蛛人，那么这第三层的智性体就成了黄色蜘蛛人，只不过此处振动的频率更高，因此线条本身更微细而不易察觉，而黄色线条交织出来的能量体，比起第一层能量体更精致。

就如同我们的感受记录在第二层情绪体一般，我们的心念和想法所形成的能量也储存在第三层智性体，这些想法和心念在智性体里具体可察，有颜色、可发光、有着不同的密度，心念越强、想法越明确，出现在智性体的强度也越大。思考清明、思路清晰的人，智性体可能又亮又大。不过，我们见过许多智性体又亮又大，但前面两层（第一、二层）却显得充电不足的人，这样的人通常只重"理"而不重"感"，爱用脑袋把事情"想"清楚，做决定时偏重道理，而不考虑自己的感觉。如果智性体衰弱或像是充电不足，此人可能对知识性的事物毫无兴趣，绝不是知识分子。不好的心念则可能使智性体线条破碎、扭曲，或出现纠缠不清、打了结的线团。

人的许多心念想法是由情绪体衍生出来的，因此虽然第三智性体主要是黄色，但真正显现在智性体的可能是除了黄色之外又掺杂了与情绪有关的颜色，这种情况反之亦然，两个能量体的关系极其密切。伊娃把人的感受和情绪称为"未想的想法"——未意识化的想法。感受和情绪影响心念和想法，反之，情绪也同样会受到心念和想法的影响。

人的想法或心念像块磁铁,会吸引相同的能量。喜欢负面思考的人,会吸引另一个有着负面信念的人,两个爱抱怨的人碰到一起,互相强化对人生的负面观点,这就是我们所谓的"物以类聚"。所谓的"祸不单行"也是如此,我们的负面信念创造灾祸,而此负面意念会再吸引另一个负面信念,因而灾祸连连。比如说一个常常担心孩子被人欺负的母亲,有着"我的孩子整天被人欺负"的想法,如果她想得越多且越经常,所赋予这个想法的能量就越大,这一句话付诸实现的几率也越大。"境由心造"这句话是有道理的。

能量体说明到这里,进入了一个新的阶段。最靠近肉体的三个能量体(包括肉体模型的气体、情绪体、智性体)是属于人间的、俗世的或所谓"入世"的;包覆在外面的三个能量体则属于超个人的、非俗世的、出世的灵性世界。介于其中的第四层能量体(星芒体)则位居要津,是一个重要关口,所有属灵的高频率能量要降到低频的人世间,和所有低频率要升高到灵性的高频率世界,都必须经过这一个关口。

正如之前"秘传哲理"提到的对应原理"在上的,也在下;在下的,也在上",在低层次的意志(第一层主管存在的意志)、情绪(第二层主管我们的感受和情绪)和理智(第三层主管人的心念和想法)也同样显现在高频率的灵性世界。因此,高频率的灵性层也依照意志、情绪、智性等功用面可分为:第五层气体模型体(意志面向,放下个人意志接受神的意志)、第六层天人体(情绪面向,感受神性之爱)、第七层因果体(智性面向,理解世事之完美性)。

布兰能在她的《光之手》中强调，一旦你开启了第三层以上的超感能力，你将会看到一些驻守在第四层以上能量体里的"非人类"。第四层以上的每一层都是一个完整的世界，都住着非人类，而我们有着肉体的人类也住在其中。我们在静坐冥想、入定或睡觉时，"意识"（consciousness）得以伸展提高，便会进入这些属灵的高频率世界。

第四层能量体：星芒体

星芒体（astral body）离肉体15~30厘米，若单独看星芒体，像是柔和的粉红色光彩透进第二层能量体的彩云间，颜色美极了。第二层情绪体和第四层星芒体皆和感觉有关，但第二层情绪体呈现的主要是你对自己的感觉，而此第四层星芒体呈现的主要是我们对其他人类、其他生物（动物、植物、矿物），乃至于对宇宙星球的感受。

如果你在各方面（如家庭、工作、朋友等）的人际关系良好，通常你的第四层星芒体健康且电力充足；反之，若第四层充电不足且衰弱，你可能不注重人际关系，和你有亲密关系的人并不多，即使有，关系也可能不太好。星芒体若充电不足或振频太低，会出现很多感觉上像是痰或鼻涕般的东西，布兰能称之为"能量痰"（auric mucus）。

在我们两人的经验里，能量痰很普遍，我们在对个案做疗愈时，常在个案的第四层星芒体碰触到这些"有重量"的东西，黏嗒嗒地黏在手掌心，特别是有慢性病痛（如慢性疲劳）的个案更是如此。我们的做法是，将手指调到和能量痰一样的频率，伸长手指刮下能量痰，以一手盛托，小心翼翼地离开个案的能量体——有时稍不小心能量痰像条橡皮筋般又弹回去——然后高举盛痰的手,以意念让它迎向光,它便会自动向天空飘散。

在这第四层的星芒体,人与人之间存在大量的互动,因此也包含着所有人际关系上所发展的情绪,互动的方式不外乎三种。第一种即本书第一章"万物皆为振动"所谈到的"共振",当两人不同振频的能量体相遇时,强大振动的一方会使另一方的速率提高。这种沟通方式较不易察觉,但接下来的两种却可透过超感能力"看"到或感觉到。第二种为像浆液的细长光线在两人间流动,两人只要开始有互动,两人之间就有这种液态光投向对方。布兰能记录了人际关系和液态光的颜色与形状的关系,比如两人之间若有爱,液态光出现甜美的玫瑰色;若含着嫉妒,液态光呈深色,软趴趴且黏嗒嗒的;愤怒的情绪颜色深红,形状尖锐,像一支箭似的射向对方。

以我(至青)举个例子,记得多年前参加一个晚宴,当我一进入纽约一家豪华酒店的大堂,突然心中升起了一股委屈酸楚感,像被人在心上刺了一刀,心绞痛的感觉,那感觉是每当我想起一个曾经在工作上,以各种方式打击我的同行所特有的感觉。当时我的直觉告诉我,这位同行也在这里,但我四处张望却见不到她的人影,直到我进入另外一个房间,果然见到她背对着我跟一群人在谈话。她可能不知道我在场,但我们两人的星芒体早在肉眼看到对方之前就已经开始互动了。当然,人与人之间的互动不单是这么酸楚锥心的,还可以是非常愉快的。布兰能在描述两个情人之间的互动时说,当坠入爱河时,两人的心轮之间有一道粉红色玫瑰光彩的曲桥连接,真是名副其实的心心相印。

第三种互动方式为气轮带。如果两人之间建立了关系，在两人的第一气轮处生出带子与对方连结起来，两人的第二气轮之间也有带子连接，其他的气轮之间也同样有关系带连接。关系越亲密，关系带的数目就越多。关系良好，带子也明亮有弹性，关系不佳，带子僵硬且暗淡无光。

事实上，第四层星芒体呈现的关系不仅是人际关系，也包括和宇宙间其他存有的关系，因此，黑元把第四层星芒体的气轮带分成五类，除了与其他人互动的气轮"关系带"（以下简称"气关带"），还有与养育父母间的"父母带"、与亲生父母间的"基因带"（遗传自祖先的特质即透过此基因带传递），以及与前世联结的"前世带"、与最原始的神性联结的"原神带"。我们两人对病人进行"手触疗愈"时，也常会碰到各种带子，有的纠缠打结、有的撕裂破损、有的飘浮空中孤苦无依、有的缩成一堆像团线球。我们处理最多的是飘在空中或损伤惨重的带子，通常发生在离婚、一方不愿分手而另一方强行离开或至爱的人死亡的个案，疗愈的方法第一步就是先为他清洗、整理、修补关系带，并得另一方的允许（能量上），再把关系带与对方联结起来，或是将关系带种回病人的气轮根部，或甚至往下更深一层经过意念体次元，直接种植在病人的自性本体次元。

第五层能量体：气体模型体

气体模型体（etheric template level）离开肉身体45~60厘米，它是第一层气体的基本蓝图，气体拥有的所有东西在这层都可以找到踪迹。如果说气体是照片，气体模型体就是胶卷底片。前面说过肉体的蓝图是第一层气体，而第一层气体的蓝图就是这第五层气体模型体。如果气体生了病而变形，气体模型体将起作用，提供原始蓝图帮助修复气体。总而言之，这第五层的能量体是你生命最原始的蓝图，充满着神性意志。

所谓"神性意志"，简单地说，类似中国人所说的"天意"或"天理"，也是基督宗教所谓"神的旨意"或"上帝的旨意"。方才谈到在第一、二、三低层次的意识，依次为"意志""情绪"和"智性"，也同样显现在五、六、七高频率的灵性世界。因此，这第五层的意识也是意志，但不同于第一层"人"的意志，而是"神"性意志，或称神圣意志或属灵的意志。

如果你向"神性意志"对齐，你的第五层能量体健康、强固，且能量充足，事实上，这健康强固的基础来自意念体次元，你带着目的来到人间，你知道你有个生命蓝图，生命中所发生的事，都是神圣蓝图设计的一部分，也都是针对你的人生任务应运而生的，因此都有深层的意义。你甚至也知道，自己当初曾参与这"人生蓝图"的设计，拟定"人生契约书"你也有份，换句话说，你即是自己人生的共同创造者。就这样，你怀着人生目的，安安稳稳地在你个人的位子上，你也知道世界上每个人都如你一般，各在其位各得其所，因此你不会多管闲事，强将个人意志加到别人身上，因为你不在其位不谋其政。因为你知道，每个人都在自己的位子即是宇宙的秩序，维持宇宙间自然的秩序就是"神性意志"。因此，你生活上自然也有次序不出乱子，比如说房子维持干净整洁，生活有规律，做事有条理，约会很守时，做人讲信用。

如果你与神性意志不对齐,第五层能量体扭曲了,你不知人生目的,不知自己的位子在何处,也不知别人也有别人的位子,你感觉不到"次序"的重要性,你甚至害怕也不遵守"秩序"。在日常生活层次上,你可能很难保持干净整洁,生活没有规律,做事也无条理,说得好听是不拘小节,不好听就是杂乱无章。你感觉不到自己的威力,也不能与高层次能量联结,这辈子浑浑噩噩就过去了。

第五层气体模型体还有个特质,就是声音能在此物质化,因此"音声疗法"（sound therapy）在这一层效果最大。我们两人对病人进行"手触疗愈"时,有时必须调整自己的频率进入病人的第五层能量体,如何调频?最快速的方法就是发个单音,威力十足的单音震动全身经脉,我们能立即进入病人的第五层能量体,打通他淤塞的能量结,达到疗愈的效果。

第六层能量体:天人体

天人体（celestial body）离开肉身体60~80厘米。单看天人体,像是夜晚的天空点燃的七彩烟花,光芒四射。第六层天人体正如第二、四层,都充满着感受或情绪,但不同于第二层对自己的感受或第四层对其他存有的感受,第六层则是对神性或灵性的感受。

怎样是"神性感受"或"灵性感受"?当你静下心来,能感觉到宇宙间的神性时,就是神性感受。当你面对美丽的夕阳,当你听见庙堂的钟声,当你沉醉在温柔美妙的音乐,当你盘腿静坐,当你仰望夜晚的星空,当你聆听牧师讲道心起共鸣,就在那既是短暂亦是永恒的一刹那,你心有所感,感受到神性之爱，心有所悟，悟到灵性之美，就是"灵性感受"。至于为什么要静下心来？当你静下来时，你的心不再向外奔驰，不再对外界的事物反应，此时才能转而向内，感觉到内在的自己，内在的自己与宇宙的神性是相通的，也就是说，你内在就有神性，神性就在你的里面。

第六层天人体振动的频率相当高，在其中，我们体会到自我跟最高能量（神、上帝、佛）不可分割的道理，不仅自己内心充满着神性的感受，也在别人身上看到了神性。你若处在天人体时，看所有的东西都有光，每样东西都是爱，许多学生向我们叙述他们在借由呼吸调高频率后的经验，"我觉得我的身体不见了"，"我看到很多光，每一样东西都是光，我觉得老师你们和我是一体"，"你就是我，我就是你，毫无分别"，"我只觉得自己变得无限大，充塞宇宙"，有的学生报告了他们有着无限的满足感，"不是狂喜，但觉得幸福"。

灵性经验对于第六层能量体，正如同食物对我们的肉体一般，供给我们养分，如果你常有灵性经验和感受，你的第六层天人体可能丰满、亮眼，并向外射出强光。反之，如果你的灵性经验不多，日常生活中也缺乏灵性的滋润，这种情况就像一个人若缺少营养，身体单薄瘦弱，皮肤不会有光泽，不可能容光焕发，因此，你的第六层天人体必然单薄、颜色黯淡，不会光芒四射。

你若有个健康的第六层天人体，如果再加上开启了的第四气轮（心轮），两者的结合往往创造出所谓的"无条件的爱"，不求回报的大爱将源源涌出，你对人没有批判，也不认为别人需要改变或修正，你能完全接受、欣赏并原谅在地球上行走的每个人和他们所做的每件事。

第七层能量体：因果体

因果体（causal body）振动频率最高，离人体80～100厘米。当人的意识到达这第七因果层时，等于进入了无限，我们已经和万物合为一体了，是真正的"天人合一"。因果层外形像个蛋，正如一、三、五层，这因果层组织密实，是由美丽的金银线编织起来，支撑所有其内的能量体。蛋形大小因人而异，一般来说是上宽下尖。外壳的厚度半厘米到一厘米，这金色的蛋壳非常坚固，将其中所有的能量体牢牢罩着，不让外力入侵，可以说因果体在能量场中是最牢固的一层。

第七层因果体正如第三层智性体，其意识都和智能有关，所不同的，第三层为"人"的智能，而这第七层是"灵性"的智慧。灵性智慧是什么？是你的自由意志去迎接由旧时业力加上新环境的挑战，三者交互作用之后所产生的结果。因此，你在人生过程中增长了灵性智慧，意味着你提高了这第七层能量体容纳高灵的能力，亦即你更具备让更高频率能量进入你身体的能力。

如果你具备着许多灵性的智慧，你必然有个健康牢固且光亮美丽的第七层能量体，你对科学、神学、哲学、疗愈学等各种解释存在本质的学问都有广泛的了解，你知道"人"和"灵"其实是分不开的，灵到人间来实习获取经验就变成人，在人间取够经验做完功课后又回去做灵，你了解做人只能从第三度空间两极化的观点来生活，因此许多事、许多现象人类无从解释也不能了解，你知道世上没有"巧合"这事，任何事情发生都有原因，不管好事坏事从无例外。即使坏事发生不见得是因为我过去很坏，今天才接受处罚得此恶报，许多事发生的原因不是我们人类能了解的。由于你有了超越人间三度空间两极化的智慧，也就是属灵的智慧，所以你知道在神或灵的层次里没有好坏是非对错，神只有无条件的爱，绝不处罚人类的，坏事之所以发生于每个人，有它极正面的原因，而且都是从神性的爱出发。因此你能接受并欣赏人间的各种不完美，且认为这不完美的本身就是最完美，因为所有不完美的发生都有其必要性，它们也是组成生命蓝图的重要拼图。

当第七层能量体不健康时又如何呢？从外表上看，能量体单薄无力，撑不住其他能量体，有的地方薄到出现破洞，能量由此漏出或入侵，其上的金线不光鲜、不强固或不密实。在意识上来说，由于第七层的智慧是了解"人"存在的理由，能量体若不健康，你自然缺乏这层智慧，不知道自己来投生做"人"，是自己的"灵"要"进化"的必要过程；不了解人生所发生的事背后都有原因，都是要让我们学习爱自己也爱人，疗愈自己也疗愈别人。

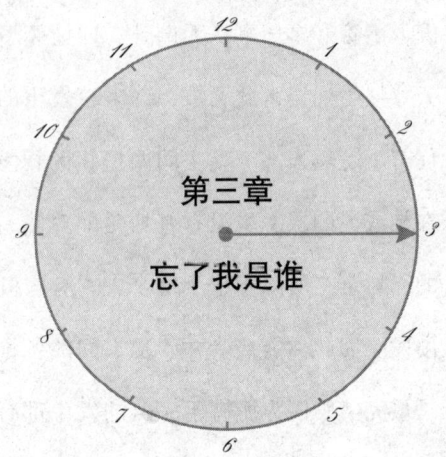

第三章
忘了我是谁

许多疗愈前辈都谈到人类"忘记我是谁"和神圣的"人生蓝图",虽然各家说法大同小异,但所用的名词和方法却各不相同。本书以伊娃·皮拉卡斯(Eva Pierrakos,也是"道路工作坊"[Pathwork]创始者)的学说做基础,同时综合了其他疗愈大师的说法,再加入我们两人多年在这个题目上的体验和印证,向各位解释,人们是怎样一步步逐渐"忘了我是谁"。

伊娃(1915~1979)是个极富传奇性的人物,出身于奥国的文学世家,小时立志做个舞蹈家,却没想到在她24岁从维也纳移居纽约后不久,就发现自己有特异的能力,她的手会自动书写传达给她的讯息。此后,借着改变饮食以及长期的内省,伊娃成为当时极受欢迎的灵性导师。她每月一次公开演讲并回答问题,教导世人如何与自我和别人做深度联结的修行法门。

伊娃20多年的演讲,留下了258篇记录,在她因癌症去世后结集成《道路工作坊演讲集》(*The Pathwork Guide Lectures*)。

伊娃在1972年于纽约创立"道路工作坊"组织,在伊娃身后,"道路工作灵修法"一度沉寂,但近20多年重新逐渐发展其影响力,许多世界有名的疗愈师对此法门也都赞扬备至,更成为"新世纪运动"(New Age Movement)的里程碑,其训练营、读书会、研习营遍布美国和世界各地,多年来,我们两人也从中学习并受益良多。

回头来谈神圣的"人生蓝图"是怎么来的?伊娃和其他的疗愈大师都不约而同地强调,我们每个人绝非空手而来,你我都带着一张神圣的蓝图投生人间。这蓝图记录着几个重大课题,其一,为了帮助你的灵性成长,你这一生需要什么考验?其二,你这一生需要处理的业力是什么?其三,你有哪些负面信念(形象)需要在这一世清除?这几个大课题就形成了你的"人生功课"或"人生目的"。

不过,凡此种种有关人生蓝图的记忆,都在我们的灵进入母体时,或说意识投生于受精卵或胎儿肉体时消失殆尽,即使有一些残留的记忆,也会在意识发展到第三气轮时丧失,乃至完全遗忘。当然,"遗忘"并不代表消失,正如电脑中被压缩的档案仍完整如初地存在记忆中,等候着主人开启,而我们记录在神圣蓝图里的课题,会因人生中遭逢的挫折、磨难和人生经验,一点一滴逐渐被唤醒,这些挫折、磨难和人生经验统称为"创伤"。当然,大多数人对"创伤"背后所代表的意义是毫无知觉。

前面谈到，以皮肤、汗毛为界的肉身，并不是"我"的全部，真正的我比肉体的我大很多，除了肉身之外，还有其他三个存在次元构成一个"完整的大我"。只不过这另外三个次元的振动频率一个比一个高，为了来人间做人，"灵"不断降低振动频率，并把密度加大，使自己能适应而最后进入粗重的肉体，这个过程我们称为灵的物质化、肉体化或具体化（involution）。

灵大幅度降低高频振动的同时，无边无际的"高层意识"也必须大幅度收缩，为的是能适应这一世的生存，而原始意识残留的痕迹也在我们出生后，透过肉体的五种感官觉知而重新组合，最后完全看不出原始的风貌。

用个浅显的比喻来说明：我们将很大的档案压缩存储在计算机硬盘里。计算机好比人的肉体，而大我的其他三个次元就像是必须压缩的巨大档案，任何一个记录了我们所有的过去世及其累积的业力指令的能量体次元，其档案之大不是人类所能想象的。这三个高次元的大我若不经压缩，肉体小我有限的感官意识怎可兼容？然而，正如同计算机里压缩的档案处于冬眠或被遗忘状态，除非主人有了需要，记起这档案的存在，才会将之取出应用；同样的道理，大我一经压缩，小我的意识就把大我给忘记了，这就是人类"忘了我是谁"的原因。

以下将从创伤开始，逐步说明我们是怎么在出生后，一点一滴地"忘了我是谁"。（见图3-1）

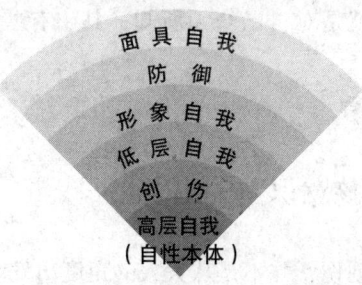

图 3-1　从真我到假我的六段人生历程

第一节　创伤是福分

谈到创伤，我们的印象里多半是血淋淋的痛楚或锥心刺骨的伤痛，创伤所呈现的都是负面的感觉。我们从小到大都受过创伤，这些创伤被我们埋藏在身体的深层意识中，不见天日。很多创伤，也许我们根本没有记忆，但它们确实存在，不但如此，这些创伤还深深影响我们成年的生活。就如农夫春天播种，也许忘记在田里播下多少种子，但只要因缘条件俱足，到了秋天，每颗种子都会发芽成长。创伤也正如此，我们每个人的一生都会遇到许多的痛苦、障碍和困境，绝大多数都是因为我们在孩童时播下创伤的种子。除非我们能关怀、拥抱并疗愈这些创伤，否则就无法解决我们不断面临的痛苦、障碍和困境。

在过去许多演讲和研习营中，我们两人一再强调，每一个人从小到大都受过创伤，有些人会很不以为然地反驳说："我从小到大，父母亲非常疼我，大家对我呵护备至，生活环境也很优渥，我怎么会有创伤？"他们若不是否认自己有创伤，就是对自己毫无所知；其中有些人对于拥抱创伤的说法，更是嗤之以鼻。

创伤是以"小孩意识"为出发点

我们这里所说的创伤，并不是从大人的角度出发。以大人的角度来看，创伤可能是在肉体上被人实实在在地砍一刀或是遭到别人的毒打，也可能是在心理上因另一半感情的背叛，或是心爱的人遭逢变故身亡。诸如此类的经验，才被大人称为创伤。

以小孩的意识来看，创伤可不是大人想的那回事，小孩以为的创伤可能是微不足道，甚至不值一提的小事。例如：母亲只是因为忙碌无暇照顾哭闹的孩子，母亲转过身去的这个动作，都可能让孩子觉得自己对母亲的爱遭到拒绝而受到创伤。

我自己（至青）本身，就是个很容易受伤的孩子。记得我母亲曾告诉我，在我很小的时候，有一次，父亲拿了一杯水给我，喝完了水，我把水杯交还给父亲，原本我希望父亲把水杯放回水壶的旁边，但父亲并没有这么做，他只是随手将杯子放在一旁，这个动作让我觉得很受伤。小时候我可能很渴望父亲的爱，希望能得到父亲的注意力，父亲当时的举动，让我觉得他心不在焉，没有重视我的需要。为了水杯放置的位子，母亲说我整整哭了三个小时。同样的情形换到其他孩子身上，可能根本不会在意。

为什么我会在这样的情况下受到伤害？当时的我又怎么会因为自己没有受到重视而觉得受创伤？这就和我们每个人来到这个世界的目的有关。

我们来到这个世界，其实是为了我们生生世世所累积的"课题"而来，这是我们的任务。所谓的课题是指我们这一生必须学习的功课，只有生而为人才有机会和福气来面对并解决这些课题。

要解决这些课题，我们必须摊开来面对它。而这些课题都变成了我们生活中的痛苦、困境和障碍，不断提醒我们来这个世界的目的。用什么方法来提醒我们呢？就是用创伤的方式重复地制造路标和路障，让我们意识到这是一条错误的道路，提醒我们不要盲目地继续向前，要及时回头，回到我们的自性本体，重新找回自我。

当然，创伤有轻有重，早期出现的通常是小创伤，若不加理会，时日一久，正如银行贷款的利息会越加越多，小创伤也会像滚雪球般地变成大创伤。小创伤像高速公路上出现的路标和警语，让我们自觉身处异地而能及早回头，然而，我们若不理会路标的指引而继续往前开，用来提醒我们走回头路的不再是不痛不痒的路标，而是实实在在的路障，让我们非将车头转个方向不可，这路障往往就是令人痛苦万分的大创伤了。

创伤是量身定做的

我们每个人来到这世界的课题不同，所以每个人所受的大大小小创伤也不尽相同，这些创伤，都像是高级的订制服，专为个人量身定做。以我个人来说，我清楚自己前世的种种，及这一世必须经历学习的课题，在众多课题中包括被遗弃和自我价值低落。所以，我这一世投生在中国男尊女卑的传统社会中，同时还以女性的身份出生，这一切都不是偶然形成，而是有脉络可寻，也有其特殊的意义。我出生的时代背景，出生的身份和家庭，甚至我的父母亲，都是为我个人的课题而量身打造的，而我的父母亲爱我的方式，就是用不断制造遗弃的方式来让我受到创伤，时刻提醒我来到这世界的目的。

以我的母亲来说，我的母亲是全天下最慈爱的人，并不是因为我是她的女儿才这么说，而是所有认识我母亲的人都会认同这个说法，但这并不表示我完全得到她的慈爱。

在我小的时候，我从不记得母亲抱过我，她并非从未抱过我，我有很多母亲抱着我的合影，但印象中我却不曾有过这样的记忆。母亲在1949年和身为新闻记者的父亲从广州来到台湾，离开了她深爱的母亲和一大家子的兄弟姐妹，只身来到陌生的地方，本以为只是短暂的分离，未料战争爆发，返乡之日遥遥无期，我母亲当时住在高雄，她每天就望着大海，盼着早日回家和亲爱的家人团聚。

母亲在晚年曾告诉我，她当年常有跳海游回家的冲动，但日复一日年复一年，当她察觉回家的不可能时，游回家的冲动就成了跳海自杀的念头。我就是在这样的环境下出生、长大，打从娘胎在羊水里呼吸的就是母亲浓浓的乡愁。在我成年之后，几次经历人生重大挫折时，多次萌生自杀的念头，想必是遗传自我的母亲。

家中的孩子就在母亲浓浓的哀愁中陆续出生，在这种气氛围绕下，母亲当然没有太多的心思照顾孩子。我的母亲容貌十分美丽动人，但大家都叫她"冰山美人"，在我的印象中，我不曾看见母亲笑过，也不记得她曾抱过我；在很小的时候，我从不曾感受到母亲的温暖。

我的父亲，又是如何以不断制造遗弃的方式来爱我？在我五岁的时候，有一天，我在门缝里看见父亲在床上用手和脚勾抱我的母亲，我不记得接下来我看到什么，但这个景象让我受到很大的伤害，在我内心深处，我非常渴望父亲的爱，我顿时觉得自己被父亲遗弃和背叛。

水杯事件和门缝景象，只不过是众多算是较"大"的自认为被遗弃事件中的一两件，后来我的生活中继续出现更多的被遗弃事件。

在我小时候，父亲在台北松山地区开铁工厂，但后来因为经营不善而倒闭。父亲在香港的朋友，建议他到香港担任电池厂的工程师，于是父亲离家到香港工作，每年只有农历过年回台湾和家人团聚。父亲并非存心抛弃我们，但当时的我内心却有很强烈的失落感，觉得自己被遗弃。自然，父亲离家也只是我童年期较"大"的遗弃事件，在我童年的日常生活里更常常发生"小小"的遗弃事件，使我强化"被遗弃"的感觉。

创伤有明显主题，有脉络可寻

我们每个人所受的创伤，都是专为我们量身定做的订制服，全世界只有一个人可以穿得下，它是依我们每一个人这一世的课题而设计。因此创伤自成系统，创伤绝不是偶然，有着明显的主题，更是有脉络可寻，这一世的创伤有一个源头，尔后因时间而发展成个别的系统，而绕着这个源头和课题逐渐成为复合体。

关于创伤，伊娃和布兰能传授了许多宝贵的经验给大家。伊娃就曾经教我们，要疗愈自己的第一步，是找出目前现实生活中所面临的痛苦，不论是肉体的病痛、生活的困境，任何事情都可以，然后依着这些事，回头去找创伤的源头，也就是去找生活中最原始的痛。

现实生活中出现困境或病痛，正代表我们有着想要回头疗愈童年时代创伤的念头，而这念头往往是当事人意识不到的。正因为有了这个念头，现实生活中才有许多不顺心或障碍出现，换句话说，我们目前生活中的痛苦，其实就是我们创造出来的，目的就是让我们恢复觉知，回溯源头来解决自己孩提时候的创伤。

要解决孩童时期的创伤，我们就必须再次经验那个创伤，要把自己敞开来彻底去体会创伤的痛苦，才有办法真正解决痛苦。伊娃也说，我们今天的创伤就是孩童时代的创伤，它们是同出一个源头。她同时也建议，当我们找出那个伤时，要再度以大人的眼光去对待那个伤，这种以"大人意识"去经验从前因用"小孩意识"去经验而受的创伤，是极佳的自我疗愈方法。

布兰能更进一步说，如果我们能找到原始的创伤，我们就能知道自己来到这个世界上的目的，同时也能回到我们的"自性本体"。她让我们回到童年找创伤，如此一来，我们就会找到内心深处的渴望，同时也会明白我们的人生课题，和来到这一世投生为人的任务。

我们可试着问自己，当我小的时候，我们的梦想是什么？回想自己孩童时候玩的游戏，我们常对未来的角色有许多幻想，有些人想做一位出生入死的大英雄，有些人希望自己是位美丽又高贵的公主。于是，布兰能问我们：你，现在这个长大成人的你，成为什么样的人？现在这个人和小时候的梦想角色是否相同？如果你成年后的角色和小时候的梦想不同时，这个不同和你最大的痛苦之间又有着什么关联？

当我们寻着脉络追溯创伤的源头，当我们找到这个创伤时，布兰能要我们去真切且实在地体会这个苦，并去寻找这个伤对我们有什么影响？造成怎样的疼痛？当我们找到这个疼痛时，就用手去感觉，去感觉分离意识造成我们离开自性本体的痛苦，找到这个痛苦之后，我们就可以找到最深的渴望，接下来，我们就可以为自己进行疗愈。

布兰能说：我们本来就是来到这个世界寻找痛苦，然后净化升华它。为了让痛苦能升华，我们必须给自己充分的时间整合我们体内的痛苦，最后能回归成一个完整的个体，也就是我们的自性本体。

否认创伤反而消耗更多能量

我们两人从事疗愈工作的这些年，发现很多人对于创伤是浑然不觉；有的人知道有创伤的存在，但因为创伤太痛而极力否认，他们认为只要忽视这些创伤，创伤就会消失。但事实上，伤痛就像其他任何能量，一旦生成即永远存在，它可转换存在的形式，但不会被销毁，创伤是永远也不会消失的。

其实，否认创伤反而要消耗更多的能量，不论是孩提时代的伤或是现在的痛，否认是需要在创伤上覆盖更多负面的能量。这就好像一张长满青春痘的脸，为了遮掩脸上的瑕疵，用更多的粉妆遮盖，青春痘还是存在，而且还会因为遮盖过多的粉而恶化。

如果我们不去疗愈创伤，创伤就会像磁铁一样，不断吸引更多的创伤能量、更多的人来伤害你，用来提醒你走回头路去治疗，这也就是为什么类似的创伤会一而再，再而三地发生。

除非我们指认并承认创伤的存在，否则我们就必须不断地经历它。创伤虽然在我们身体都会留下疤痕，但以另一个角度来看，创伤其实不过是一个空空如也的假象，当我们确实看清幻象的本质时，创伤当下就会化解。创伤其实是我们自己创造的，为的是提醒我们来到这个世界的目的和任务。每个人在遇到创伤时，都会产生许多负面情绪，要认清创伤是假象，我们就必须穿过这些负面情绪所衍生的防御系统，才能感受到藏在里面的创伤。这个创伤的中心就是我们的精华本质、我们的自性本体，本质是一块瑰宝，寻找创伤的过程，就如同一个寻宝的游戏，我们扮演的就是寻宝的探险家。

有人觉得我们不需要经过寻宝的过程，宝藏就会自己出现，以我们两人及许多人的经验来说，这是极端错误的想法，如果我们不经过挖疮疤的过程，我们是无法寻到我们自性本体的精华，而这本书，就是带领各位进入宝山的藏宝图。

第二节　低层自我

一般人会认为,"低层自我"是我们每个人人性中的黑暗面,丑陋不堪而且不值一提,这样来定义低层自我不但笼统而且过于武断,对于一直守护我们的低层自我来说也有欠公平。

低层自我的形成,要从我们小时候说起。我们从小到大都有许多不愉快的经验,在我们孩提时代,面对这些痛苦和创伤,通常都是束手无策,只能一并承受。小时候对于痛苦的概念还很模糊,面对生活中的不愉快,多半反应很直接。我们可能生气大哭,或是抡起小拳头想捶人,痛苦的情绪在这时候虽然还没有完全发展成低层自我,但已经开始崭露头角了。

低层自我是本能的防御机制

不管是生气、报复、嫉妒或悲伤,这些因受了创伤而衍生的负面情绪都是不被父母、大人或整个社会所接受的。以小孩的眼光来看,这些负面情绪就是坏成分,如果我有生气或报复的念头,我就是坏的、邪恶的、不好的。

想想我们小时候,有多少次母亲对我们说:"不许哭,再哭妈妈就不喜

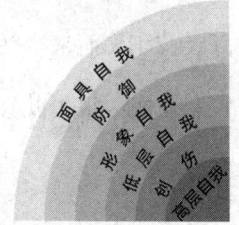

欢你。"或是爸爸语带威胁地说："不可以生气！有什么气好生？小孩子不许生气。"要是有人抢了我们的玩具，父母还要求我们要大方，似乎我们没有一丝一毫自私的权利。如果我们嘴里含了一颗糖，也不允许再多要一颗，因为再多要一颗就表示我很贪心，贪心也是个坏成分，当然我们也不能有这成分。

身为小孩，每天要听多少个"不能""不行""不可以"，而这每一个"不"都在提醒我们自己有多坏。孩子必须靠父母的爱以生存，如果不照做，父母就不爱我们了，为了得到父母的爱，我们必须镇压这些成分，这些成分全是一些痛苦的情绪和冲动。我们把这些坏成分全扫进了潜意识层，于是低层自我就开始逐渐发展。在荣格（Carl Jung）的心理学中通称这种现象为"阴影"（shadow）。

身为孩子的我们没办法合理化这些痛苦，也没有能力去想清楚这些创伤是怎么回事，更无法逃离出生的家庭环境。为了生存，我们本能地保护自己不要受到痛苦的伤害，于是我们用"分离"的方式，把原本的自己和创伤所带来的痛苦分开。而这股保护自己的防御力量，久而久之就物化成了低层自我，低层自我说穿了是一种本能的防御机制，一种保护自我的力量。

低层自我和之后会提到的"面具自我"，都是为了逃避创伤带来的痛苦而形成的保护机制。但我们都忘了，我们来到这个世界的目的，就是为了治疗创伤而来，也是早在我们出生之前就计划好了的。

从很久很久以前开始，我们人类的低层自我都是由负面经验启动。什么是负面经验？负面经验有的是来自前世的创伤，有的是和父母之间相处时的创伤以及生活上种种的挫折、困境和不如意。

低层自我就好像一个大仓库，我们把所有见不得光的成分，全扫进了这个黑暗的大仓库。一开始，我们把父母不能接受的部分扫进去，慢慢的，我们扫进的是兄弟姐妹不能接受的成分。接下去是恋人、上司、同事和权威人士所不能接受的东西，全被我们扫进了仓库，越埋越深。年纪越长，扫进的东西就越多。和大部分人一样，我们会尽量表现好的一面，所有的缺点和不好的一面都要想办法隐藏起来。随着时间，这些不好的部分就越埋越深，甚至我们忘了它的存在。被埋在深处的部分就形成了低层自我。

低层自我是个令人惊艳的大宝库

我们每个人都有低层自我，有些人并不知道有低层自我的存在，有些人虽然知道却一味地否定。否定它是因为我们以为低层自我表现出的是生命的黑暗面。

我们都错了，低层自我其实并不是个见不得人的垃圾桶，而是个令人惊艳的大宝库，这其中藏有很多宝贝而我们却不自知。如果我们认真地往下挖，我们会发现：如果我们曾经埋下恨，在恨的下面，我们会发现爱；如果我们埋下的是小气，在小气的下面，我们会发现大方。（还记得第一章"秘传哲理"所说的，相反的其实是相似的，极端的状况会彼此相遇。）

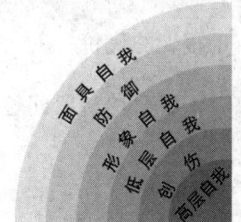

这是一种弥补的心态在起作用，也和下面的章节要讲的面具自我关系重大，因为我们常会把认为是坏的成分埋起来，例如：当我们害怕别人指责我们小气的时候，我们就会表现出很大方，发展出一种和别人指责的完全相反的成分。我们会变成另一个人，用来弥补别人对我们的坏印象，以这种方式不断地向别人和自己肯定，我们不是有那种坏成分的人。对于这些坏成分，我们如果压抑得越厉害，就越会发展更多完全不同于这些坏成分的好成分。

我曾有一个来求诊的个案帕特罗（Petro），他说他不知道这一辈子为什么这么大方，他非常努力工作，但对于薪资和金钱却毫不计较，他常买一些超过自己能力负担的礼物给朋友，他很想知道为什么。于是我们请他回想小时候，他忆起了自己的贫穷家庭和一大家子的兄弟姐妹，排行老五的他，只要食物一上桌，他一定一马当先尽可能抢取面包和奶油，只要慢一步，他就有可能饿上大半天。

他不会和兄弟姐妹分享战利品，小气成了他个性上的坏成分。出身贫穷是他长大后一直引以为耻的事，所以长大之后他就很努力想去除别人对他贫穷和小气的印象，为了摆脱这些坏成分，他发展出慷慨大方的个性。

最后他终于明白他为什么这么大方，帕特罗说他这一生就像是钱的奴隶，他花了很多时间去证明自己是个不小气的人，也花了很多能量去遮掩贫穷和小气的坏成分，他虽然证明自己不是个小气的人，但他同时也付出了很大的代价。

我要帕特罗回忆小气的好处，他沉思了一会，回答说：小时候，小气确实发挥了保护他的作用，小气让他得以温饱，在一大家子的兄弟姐妹中免于饥饿。小气让很早就进入社会工作的他，省吃俭用半工半读完成学业，在那之后更建立自己的事业。回头想想，小气也未尝全都一无是处。

于是我们反问他：如果小气曾带给他这么多好处，难道不该感谢它，甚至抱抱它或亲亲它吗？低层自我在我们小时候，就像只忠心耿耿的狗，时时捍卫着小主人，免于受到伤害。我笑着告诉帕特罗说，这有些像是中国的陈世美和秦香莲的故事。陈世美在功成名就之后，就觉得有这黄脸婆是件丢脸的事，想把陪他苦半辈子的糟糠妻给一脚踢开，欲去之而后快。

问题是我们除得掉她吗？只要一有机会，她就跑来找你，时时提醒你她的存在。这个黄脸婆就像我们的低层自我，她要从我们这里得到一点爱、一丝感激之情。

我们可以坦然面对低层自我，承认它、接受它，甚至拥抱它、感谢它，并且告诉它，它可以不要再像小时候那样守护你，因为你已经长大了，需要一点空间，同时也请低层自我给你一些自由。很重要的一点是，低层自我非常爱护我们，它并不想伤害我们，在外人看来，低层自我可能是缺点，但它完全是站在保护我们的立场。我们甚至可把低层自我纳入生命蓝图或整体自我的一部分，而不是一味地压抑它。

我们否认低层自我，那是因为我们有幻觉，误以为我们有很多坏成分，误以为只要我们承认有低层自我的存在，就意味着我们同时向别人和自己承认"我是个坏人"。如果我们能了解，低层自我是建立在保护我们的基础之上，同时低层自我是为了帮我争取别人的爱，努力隐藏"坏成分"而形成的，我们就会接受，甚至爱上这个低层自我，也就不会否定它的存在。

再从另一个角度来看低层自我。我们因创伤所衍生的痛苦，和为了避免受伤而生出的低层自我，是多生多世以来负面经验的累积。我们的意识中保存着业力的能量，而这中间的低层自我只不过是把由业力累积的原始材料，赤裸裸展现在我们的面前，好让我们趁此良机消除所造作的业。

因此，以这个角度来看，我们所投生的家庭环境和父母，以及我们所受到的创伤，其实都是早就安排计划好的，为的就是能让创伤展现在我们的面前，活化我们的低层自我，用来提醒我们来到这个世界所要面对和解决的课题，不要将这些课题继续带到下一世。

这世的创伤或是为了避免创伤所衍生出的低层自我，对于你我这些不断在轮回中浮浮沉沉的古老灵魂都不陌生，不论是创伤带来的痛苦，或是低层自我抗拒的事情，都包含在我们来到这个世界的目的之中，这两者都是我们创造出来的，而每个人创造的都不相同。也就是说，这两者是专为你一人打造的，这是为什么同一个家庭中的孩子，同样的父母，同样的教育方式，在面对同一件事情时却有着完全不同的反应。

当我们了解到低层自我其实是源自于过去世的经验，而且还根深蒂固地种植在我们灵魂深处时，我们就能够用一个比较宽容的态度来看我们的今生今世，同时也会明白，我们来到这个世界，为的就是净化我们的灵魂。

指认低层自我绝非易事

然而,说了这许多低层自我的好处,要真心迎接低层自我这个陌生人并不容易,这就好比你正在吃晚餐时突然有人敲门,这时你打开门一看,一个脸色阴沉、穿着黑衣的陌生人站在门口,你会如何反应?欢迎他进屋和你共进晚餐,还是立刻关上门,请对方吃一碗闭门羹?你的反应正代表你对低层自我的态度,门外站的人,其实就是我们的低层自我,除非你有能力指认他,否则你一定以为他是陌生人。

因此,我们在 BBSH 疗愈大学四年的学习时间,每一个学生都至少花上一整年甚至更长的时间,来指认自己的低层自我。若指认不出或指认错误,会被留级或重修一年,若四年后仍不能在当下就指认并处理妥当,当然是毕不了业。BBSH 疗愈大学可以说网罗了世界各地的精英,许多人在来之前就已经是颇有成就的疗愈师或功夫已达某一程度的修行人,他们尚且无能在当下指认低层自我,就更不用说普通的一般人。在我们愈疗工作中经验到的一般人,绝大多数都不知道、甚至不承认自己有低层自我的存在。

那么我们要如何才能知道,自己正处在低层自我中?伊娃告诉我们,要知道答案,可以从生活中各个面向中去寻找,因为低层自我有很多面向,而且还同时出现在意识的各层面中。

在我们意识层中,存有许多我们个性上的缺点,譬如,我们看到别人

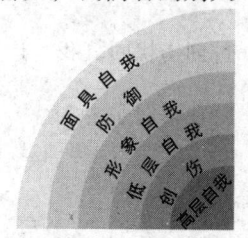

好，激起内心要比别人更好的竞争心或妒嫉心。有时候，我们听到别人的八卦，也有忍不住想加入说人长短道人是非的倾向，我们甚至有莫名其妙地自觉高人一等的优越感，这些都是显现在我们意识层上的低层自我。

低层自我还存在于更深一层的童年意识中，在童年意识中存在许多我们在孩提时代对事情的误解，或为了保护自己免于五种痛苦（恐惧、遗弃、入侵、背叛、不能感受，请参阅第四章五种人格结构）所生的防御机制。因为低层自我觉得有责任要保护我们，不再受痛苦的伤害，因此低层自我就站出来控制大局，将我们和痛苦（创伤）分离。

例如有人指着我们的鼻子，指出我们的缺点时，防御机制可能立刻启动。每种人格（请参阅第四章）的防御机制都不相同，有人只想逃跑，有人更加看不起自己，有人把怒气塞回喉咙里，有人反驳指责我们的人，有人自觉高人一等而否定对方所说的话。然而，别人指出我们的缺点，就好比放了一面镜子在我们的前面，希望我们能往镜子里看一看。但低层自我通常都不让我们照镜子，它认为有责任保护我们免于痛苦，如果我们回应了别人的指责，我们内心就会产生痛苦。低层自我有先见之明，知道镜子的后面潜伏着一个很深很深的伤痛，伺机想要伤害我们，一旦唤醒伤痛，我们将会受到极大的痛苦。

但我们今天就必须唤醒创伤，必须穿越创伤，才能找到自性本体，如果一昧地逃避创伤，我们将永远也无法找到自性本体。试问我们是希望穿过创伤找回真我，还是受低层自我生生世世的控制？这问题的决定权其实就在我们手上。

低层自我的三个面向：我慢、自我意志、恐惧

在谈论低层自我时，伊娃指出低层自我包含三个面向：傲慢（pride）、自我意志（self will）和恐惧（fear）。这三者都是低层自我的基础，很少有人会说自己不曾拥有这三种特质。

我慢使你以为你优于你所看不起的人

首先谈谈傲慢，在这里我喜欢翻译成"我慢"，它是一种情绪，同时也是一种防御机制。如果以情绪来说，它可能是你成就某件好事之后沾沾自喜洋洋得意的感受，但如果变成一种防御机制时，它就变成一种面具，这层面具可以保护我们免于受到和别人比较之后所产生不足或不如人的痛苦，我慢在这时候变成一种优越感。

一般来说，我们很容易就会看到别人的低层自我，也就是说我们很容易就看到别人的缺点。当我们看到别人身上有一些我们不喜欢或不能接受的特质时，我们心里同时会想："如果换成是我，我一定不会这样。"

比如说，我们看到一个胖子，内心可能有个声音告诉自己，我才不会像他这么不节制，让自己变得这么胖。我们知道有人得了性病，我们马上会下批判：这个人不知是不是做了什么见不得人的事。我们甚至会想，这个人活该，恶有恶报，我洁身自爱，才不会得这种病呢！

这都是低层自我的我慢正冒出头，而它正想控制你，它完全是站在

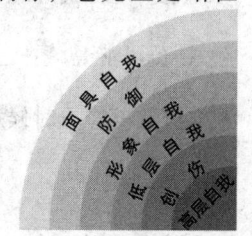

"分离"的角度去看事情，让你误以为你和这些事情完全没有关系，事实上，你和那个得性病的人是一样的，他有的特质你也有，你和他并无不同，只不过他在某种特定的情况下表现出这些特质罢了，而你尚未表现出这种特质并不代表你就没有。

我慢是低层自我非常主要的部分，它相信，为了生存；"我"必须让自己变得很特殊，而且还要凌驾在别人之上，更要优于其他人，如果不优于其他人，我们就会感受到被自己或别人认为是一文不值的痛苦。

自我意志使你毫无耐性、不肯妥协

低层自我的第二个面向是"自我意志"（或称个人意志或私我意志）。自我意志的形成，最早始于孩童时期我们还没学习到如何等待和自我满足时的贻害，"我要我所要的，而且我现在就要"，在小时候当我们要求一件事或一样东西，常常是一有要求就要立刻得到满意的响应，想想你小时候是否如此？想不起来，也可从观察小孩的行为去了解这低层自我的意志面向，育有子女的家长或任教于小学的老师对这种私我意志的原始面貌应不陌生。比如你正忙的时候，像正打电话或和别人谈话时，孩子是不是不断地吵或不断地拉你的衣服，不让你"等一下"？

在我们长大之后，要如何得知个人意志冒出头了？我们可以观察自己，当我们将意志力强加到别人身上，不肯妥协，不愿让步，同时压迫性提高时，这就是自我意志出现的时候。自我意志可能是有意识的（我们能自觉），也可能是藏在潜意识之中（我们无法自觉的），当我们长大时，自我意志自然不像小时候那样外显，但常常还是会冒出来，甚至会无理取闹。

我们只要抚摸自己的身体就可以知道了，在第五章解释"气轮"时提到背后的气轮是表达意志力的气轮，喜欢强迫自己去达成目的或喜欢将意志力强加到别人身上的人，不仅从气轮的大小和运转的方向可看得出来，肉身上也会遗留能量淤塞的痕迹，终至背后肌肉硬邦邦。肌肉之所以僵硬，乃因为受了意志力的压缩，密度因此变得极高，于是肩膀、脖子之后以及上背部或腰部，就形成许多硬块，甚至感觉酸痛，一般人的解决之道是做些休闲活动如缓和运动、瑜伽、按摩或泡三温暖，通常做过之后觉得身心放松，但过几天那种僵硬的感觉又会回来。

除了背部之外，从第三气轮即太阳神经丛部位也可感知意志力是否运用过度，这个部位较不如背部肌肉那样容易用手测知，但从一个人的呼吸模式可以看得出来。在我们两人主持的呼吸疗愈研习会上，照例做一次"呼吸解析"的示范讲解，我们会问前来参加集体疗愈的学员中，是否有人志愿躺下来，让我们从呼吸模式来分析其创伤和痛苦。通常我们将人的躯干分成三部分来分析：胸部、中广区（即太阳神经丛部位，肋骨之下及上腹部）及下腹部，我们发现，在台湾有许多人的呼吸皆由中广区开始但却到达不了胸部，换句话说，许多人中广区的肌肉起起伏伏，但胸部或下腹部却毫无动静，由于中广区也是个人意志力掌控地带，这表示此人的私我意志可能过度发展，但心轮部位无法接收或表达外界及自己的爱。

再往下分析，他的童年时期可能是在一个严苛或令人产生压抑感受的

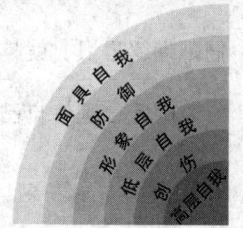

家庭或社会下成长，孩子的主要"感性区"的心轮本是开放的，可感受喜悦、表达爱意，可接收丰足、释放快乐，但在一个受压抑而严苛的环境下，心胸太过开放的结果通常是受伤惨重而徒增痛苦，孩子为了保护自己，不得不紧闭心房并设下防御工事，而全力发展其个人意志力以求生存。因此，在我们要求被分析者开始照指示呼吸之后，这一大块位于太阳神经丛的肌肉在呼吸"启动"（身上有痒麻冷热酸痛感）之后，会变得极其僵硬。

恐惧使你不能信任

低层自我的三个基础之中，最后一个就是恐惧。人人皆有恐惧，有的人怕上台，有的人怕高，有的人怕电梯，有的人怕老鼠，有的人有旷野恐惧症而怕出门，有的人怕听或看到任何跟"死亡"有关的事或字眼。意识层的恐惧我们可以自觉，比如说：一朝被蛇咬，千日见蛇惊。然而，有些恐惧深植于潜意识，我们不得而知。事实上，只要一旦曾经验过恐惧，我们的身体（包括肉体和能量体）就永远忘不了，即使意识上不记得了，肉体的细胞和记录恐惧的杏仁核（amygdala，位于太阳穴附近）已经记录下来了；至于能量体，则记录在第二层的情绪体中，因此，恐惧永远如影随形地跟着我们，影响我们的行为模式。

虽然我们对潜意识层的恐惧不得而知，却又摆脱不了它的阴影，总觉得好像有什么恐怖的事情要发生，因此对于许多事情或许多人都不信任，但若追问为何有恐惧？恐惧从哪儿来？却又说不出个所以然，也正因为我们不理解恐惧，就越觉得无助绝望，因而就越不信任世界，越不信任生命。

因此，理解自己为何恐惧变得非常重要，正如同夜晚时分我们躺在床上，突然听见房间里有奇怪的声音而心生恐惧，我们若不理会而继续躺在床上，可能因自己丰富的想象力——可能是鬼怪——而越来越恐惧，终致不能成眠，但此时若能鼓起勇气爬起来，甚至开灯查看，可能发现，那作怪的声音不过是自己随手放置的购物袋经微风吹过发出声响罢了，有了这层理解，恐惧自然化解，而我们也能安然入眠。

这么说，恐惧是能理解的吗？是能化解的吗？我们能找出恐惧吗？答案是肯定的。之前曾提过，低层自我的出现是为了保护我们不受因创伤带来的痛苦，它的作用像是夹心饼干中间那层奶油，用来离间"我"和"创伤"，因此，循着找创伤的路走就可找到恐惧。恐惧不但因此生的创伤所产生，往往也可追溯到过去世的创伤经历。由于每个人经历的创伤皆不同，因之体验到的恐惧也都不同。

人类的恐惧五花八门，但若仔细观察分析，其中还是有些固定的变量可以让我们将之分门别类，本书第四章将谈到防御机制的五种人格结构，每一种人格结构都有特定的恐惧，比如第一型的分裂型人格有着强烈的"生存恐惧"，更具体地说，是害怕被拒绝或不受欢迎的恐惧；第二型的口腔型人格有着强烈的"被遗弃和匮乏的恐惧"；第三型的忍吞型人格有着"被侵略的恐惧"；第四型的控制型人格有着"怕背叛的恐惧"，第五型的刻板型人格有着"不完美的恐惧"。

我慢、自我意志、恐惧这三个基础是一家人，而且牢牢地绑在一起，

我们也紧抓着这三者不放，低层自我渐渐形成。我们误解了宇宙万物所给予的，便以为我们和自性本体是分离的；误以为要在这世界生存，必须在自性本体之上创造一个活生生的低层自我，才能保护我们自己免于因创伤而引发痛苦。

因为我们一直受着低层自我的控制，所以接受低层自我变得非常重要，如果一味抗拒低层自我，不愿接受它，就永远无法知道我们投生的目的，如此浑浑噩噩、糊里糊涂过一生，那可能真是浪费大好光阴，枉走一遭。如果我们能指认低层自我、面对它，甚至邀请它走出黑暗，我们就可以转化它、净化它、升华它，将这股混沌的能量，转换成光华的本质。

透过别人指认低层自我

谈到如何指认低层自我，除了之前我们提到从生活中的各个层面去寻找之外，还有一个快速的方法，就是透过别人去找。我们两人在疗愈研习课程时，常会要求学员去列出低层自我的一些特质。

当我们进行这个项目时，常会听到学员说："老师，不是我自夸，但我真的找不出任何缺点或任何成分。"听到学员这样说，我会回答："没关系，找不到自己的缺点，就找别人的缺点。"要怎么找呢？你就想，哪一个人让你觉得不舒服，哪一个人让你觉得恶心讨厌，又有什么人惹到你，就把他们身上令你反感的特质列出来，然后换上你的名字就对了。

我们看不惯别人，或是别人让我心烦、气愤、讨厌，这些在别人身上看到的坏成分，往往就是我们还没解决的问题；我们对别人的审判或批评，常常是我们自己低层自我的投射。对于低层自我的投射，肯·韦尔伯曾说："如果对于环境的人或事，我们只感觉他们的存在，那可能不是投射，但如果这些人或事影响到我们，那我们可能就是投射的受害者。"

什么是"投射"？在什么样的情况下会影响到我们？那就是当这些人、事、物，让我们觉得讨厌或反感的时候，就是我们受到影响了，但这同时，我们也正投射自己的意识到别人身上。

在无意识的情形下，我们把自己认为是坏的或自己也不愿碰触的部分打到潜意识层。我们以为压住了，其实不然，低层自我被我们打到潜意识层，但这些特质却是时时刻刻都蠢蠢欲动。当我们看到别人身上有这些特质时，我们身上的特质就以防御机制的方式，转到别人身上，我们以这种方式让自己以为自己身上没有这种特质，**其实，正是因为我们有，才会看到别人身上有**。投射作用其实是以防御性的自我或是以错我来看世界，虽然如此，这却是转化自我的大好机会。

在过去十多年，我们主持愈疗研习会时，有时会用到拜伦·凯蒂（Byron Katie）的"一念之转"（The Work），用这种方法来帮助学员转化负面能量。我们要求学员选定一个对象，这个对象可能是你平常憎恨或让你不安的人，以小孩子的心情来回答四个简单的问题，每一题都只用一个句子。例如：（一）你不喜欢谁或你恨谁，为什么？（二）你希望他做什么改变？（三）他不应该如何？（四）你认为这个人是怎样的人？

在一次研习会上,参加的学员中有个美丽的琳,四十出头,来参加研习会前诊断出罹患乳癌,这件事情令她又惊慌又愤怒。参加研习会,许多学员志愿开诚布公让我们公开讨论自己的问题,我们征得琳的同意,请她念出写在纸上的问题和答案。她说:"第一题,我恨我的母亲,因为她不照顾我,只照顾我的继父。第二题,我要我的母亲向我道歉,还要和我说她爱我,我要她拥抱我,同时我还要她为我的乳癌负责。第三题,她不应该只注重浮华的外表,一心一意只想讨男人的欢心……第四题,我认为我母亲是个不要脸、虚伪、无耻的贱女人……"当她念完她写下的答案,早已泪流满面,全身颤抖不已。

等她情绪平抚之后,我们将句子逐一讨论,讨论完之后,我们就将句子大反转,我们把所有的第三人称都转为第一人称,如果用这个方法,句子就会变成"我是个不要脸、虚伪、无耻的贱女人,我不应该只注重浮华的外表,一心一意只想讨男人的欢心……"琳听到之后睁大眼睛,露出一副不可置信的表情告诉我们"做不到"。

于是我们告诉她:"如果你不喜欢某一种特质,但这种特质偏偏就会出现在你周遭人的身上,特别是你的双亲,因为,这是你人生蓝图的一部分。"听完我们的话,她还是无法接受。

接下去的课程,是一场集体呼吸疗愈,如果说拜伦·凯蒂的"纸上作业"是着眼在**意识层**,帮助我们清理低层自我,那呼吸疗愈就可以深达**潜意识**的深处做一个大扫除。琳在这场疗愈中大哭大叫,还不时用手捶打地板,她抒发了心中许多情绪和愤怒。因为情绪起伏太大,课程结束之后,她无法立刻和我们分享心得。

第二天，琳带着红肿的双眼来上课，但脸上满是笑容，她说："昨天的课程教了我许多，我不会再否认我有这些特质，我和母亲的心结打开了，觉得轻松许多。"她终于可以指认她的低层自我，并将低层自我整合到她的整体自我之中，我们都为她的转变感到高兴。

第三节　形象自我

之前曾提到，创伤在我们的灵性发展上，留下许多不可磨灭的痕迹，而且对每一个人来说，创伤是一份珍贵的礼物。因为创伤的产生，让我们知道我们投生的目的和人生的课题。然而，对一个孩子而言，很难去体会创伤是一份礼物，当创伤来临时，第一个念头就是想逃跑，这时候就产生了低层自我。低层自我是个忠心耿耿的卫兵，当创伤找上门时，低层自我就带着我们从创伤中抽离。

创伤和自性本体之间只有一线之隔，当低层自我把我们从创伤中抽离时，同时也把我们从本体和投生目的中抽离。被抽离后的我们一无所有，我们既不知道自己是谁，也不知道为什么要来这个世界。这时的我们，就像活在一个大洞之中，这个空洞的感觉给当时还是孩子的我们提供了养分，也提供了一个庇护所。而"形象"（或称信念）也就在这个时候逐渐形成。

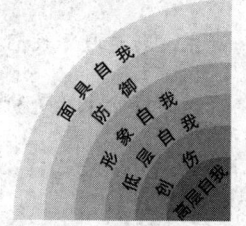

什么是形象？形象是我们扭曲实相之后所得到的结果，这些因扭曲而产生的印象，会随着时间融入我们的生活中，成为我们的一部分。形象在我们受到创伤之后开始形成，而我们最早受创伤的时间都是在小时候，也就是我们在很早的时候就开始压制我们的伤痛。因为我们不能面对痛苦，也不能面对羞辱，所以就埋葬痛苦或选择忘记羞辱。在小时候，"忘记"确实给我们相当程度的安全感和慰藉，但我们相对地也压抑了其他的感受和需要。于是我们发展了形象，用它来让自己相信，我们的需要将不会被满足，我们傻乎乎地以为，借着忽视或忘记我们就不会再有需要，这也成了低层自我发展的基础。

孩子靠有限的经验生出形象

我们对于自我的好坏，对于自我的价值，甚至对于别人的批判，也就在这个时候建立起错误的信念，当时的我们并没知觉，而且越来越麻木，对于自己离开自性本体浑然不知。

离开本体的我们一无所有，我们人人都害怕一无所有，害怕空，更害怕没有东西可以认同。于是我们靠自己有限的经验，去生出一些形象来作为依靠。这有限的经验是什么？就是自出生以后，我们和环境互动（包括和父母或其他亲人）的经验。

前面提过，低层自我的产生是我们避免经历创伤的一种方式，而形象的产生，则是避免我们在心里产生空洞的无依感。形象形成的基础建立在我们有限的经验上，是和父母之间的互动之后所产生的一种以偏概全的结果。

这些错误的结果，在能量上进入我们的生活之中，形成许多不同颜色的镜片，我们就透过这些镜片去看我们自己，也去看发生在我们四周的人、事、物。这些形象是如此深深地烙印在我们内心深处，直至今日仍在我们的潜意识中神气活现。

这些从小就形成的形象，唯有在我们深入探讨之后，才有办法让之现出原形。我们可以从检视自己的想法开始，例如：为什么我们对身边的人有一些先入为主的观念？对于一些不熟的人，为什么看第一眼就觉得讨厌？进而去探讨，自己为什么怕见真我？为什么自己不能卸下武装，毫不设防地过日子？

很可惜的是，大部分的人，并不会去寻找自己的自性本体、去追寻真我，因为我们没榜样，我们没有追寻自性本体的父母可供学习，学校也没有专门的课程教导我们。于是这些狭隘的形象就变成了百叶窗，限制了我们的视线，使我们不能看到世界的全貌，也限制了我们的人生经验。

其实每个人，都是毫不自觉地把狭隘的观点投射到外面的世界，而这些观点的形成，大多视和父母之间的关系而定，在孩童时期，我们没有其他的经验可以比较，我们所有的经验都来自父母和家庭。

我们只知道发生在自己家庭中的事情，这个家庭发生的大小事就是我的实相，也是我们经验的来源。我们武断地认为，别人的家庭一定也和我的一样。久而久之，形象就开始形成。

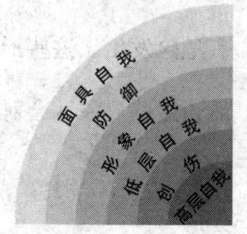

因为形象的形成，使我们产生狭隘的观点，便开始镇压在身体之内别人不接受的部分，同时以小孩的眼光去批判这些不被人接受的部分是令人讨厌而且是不值得人爱的。于是乎也用这些狭隘的观点，去认定身边的人、事、物，非好即坏。这些二元论观点，无意识地存在于我们的潜意识中，威力强大无比。

我们开始养成一种习惯，去筛检身边的事物，凡是和自己认定不符的事物就轻轻略过，和自己信念相近的就收为己有。同时也产生期待，而我们的防御机制会更进一步地拥护我们的期望，保证事情的结果都在意料之中。这也就是说形象产生了，继而有了期待，然后防御机制接着强化，于是乎这三者成了自给自足且生生不息的恶性循环。是什么样的恶性循环？就是我们会期待人生中有些负面的事情产生。

我们依循这种期待行事，如果负面情况果真如预期发生了，那就更加强化了原本错误狭隘的形象。于是这种形象就更加牢不可破，而负面事件就更如预期地发生。

在这里举些例子，让大家更明白。例如：有一个小女孩，在出生时是被医生用钳子夹出母体的，这个痛会留在她的记忆之中。如果出生不久，母亲的疏忽使她从床上摔了下来，形象就逐渐产生。等她稍长，又有一个老是欺负她的哥哥，这个孩子对这个世界或自己的形象就会是"我是个受害者，随时都会被攻击"。对于这个世界，她可能会认为极不安全，随时都有危险发生。这些形象，可能在她小时候起了些保护作用，但等她长大之后，这些形象就会对她产生负面的影响。

以我（至青）个人做个例子，小时候，根据个人的经验，我发展了一个小信念（或称小形象），我总觉得快乐以后痛苦一定紧接着而来，父母师长的训示、古书上的教诲，我们每个人都应该"未雨绸缪"、应该时时刻刻"如临深渊、如履薄冰"等的观念很快就被我收进形象口袋，所以当快乐来的时候，我都没有真正享受过，只是不时地担心痛苦将紧接而来。如果我继续以这样的方式过日子，那我终其一生都要在忧心忡忡中过日子，永远不会快乐。同样的，要是你的信念是"我不配拥有财富"，那么你一辈子也不会有钱。

这样的信念，让我们在快乐来临时不能尽情享受，反而在痛苦未来之前已经预尝痛苦千百回，这不但不值得，而且还会大量消耗我们的能量，实在是个不智之举。

到目前为止，我们一直在探讨在孩童时期那一段比较脆弱的时日中，我们是如何建立起对自己和对别人的错误形象，但我们的形象的形成过程并不只在这一世，形象的建立早在前世就存在了。而孩童时代的经验正好提供机会，让前世经验继续以错误扭曲的形象出现。

形象像个大磁铁，不断吸引负面的经验

我们把错误的形象带入这一世，它就会像一个大磁铁继续吸引负面经验，这些负面经验提供了绝佳的机会让我们解决前世未解决的课题，厘清

前世未厘清的障碍，做完前世未做完的功课。

事实上，我们大多数人的形象多是从前世而来，极少部分是今世所创。也因为这个缘故，当冲突或灾难发生时，某甲会特别激动，某乙却无动于衷。但这不表示某乙完全免疫，某乙也有他自己的痛处。就好像有些孩子面对父母的离异可以泰然自若，但有些则反应激动，是一样的道理。

当形象由前世带到今世，人就会投生在被这些形象引发的环境中。而这环境中的父母和家庭成员，多半都会符合投胎人的形象，我们也可以说，形象带出我们累世的课题。只有当它变成问题时，我们才会开始去注意它。如果我们这一世轻忽它，甚至不去理会，形象就会像滚雪球般越滚越大，最后变成无法忍受的痛苦。

这些年，依着自身修行的经验，和在疗愈时对人的了解，我们发现，由于每个人前世的经验不同，呈现在能量体上的形象也有所不同。形象形成之初，在能量场上会呈现轻柔如云雾状的特质，有时则是凝聚成黑点，渐渐，形象的能量会以稠密的状态显现，接下去在肉体上就会形成阻塞，终至产生病痛。

我们要如何指认自己的形象？首先，我们要去检查每一个尚未达成的愿望和每一个需要，经由这种方式，我们常会找到一些不能释放的能量阻塞，此阶段，我们只能隐约感觉到形象的轮廓，却还没真正经历形象的本身。我们继续向下探索会发现，我们的人生中，好像相同的悲剧不断发生，或总是遇到类似个性的人，这些都让自己觉得不舒服，这其中就内藏玄机，很明显地这其中有形象在作祟。

这些形象常以潜意识或无意识的方式存在，所以我们必须很清楚地将这些形象诉诸语言，将它有意识地表达出来。我个人的做法是，把形象一个个写下来，将之归类、分析，最后列成一张表格。如果不将它从潜意识变成有意识，形象就会继续存在我们的潜意识层中，以强大的力量支配我们。

我们找出自我形象，通常是在重大事件发生之后，例如在经历失恋风暴痛失所爱之后，这些形象可能是"我早知道自己不值得人爱"，或是"没有人是值得信任的"。而当你再次经历类似的情境时，这些讯息就会收入到你原有的形象中，使得你离真我越来越远。

形象有许多的面向，比如爱、友谊、玩乐、性、创造力或工作等。当我们指认出各面向之下的错误形象时会发现，许多不同面向的形象都有共同的分母，而且互有交集。如果我们找出这些共同的分母和交集，就找到"主要印象群"，也就是说，主要印象群就是由许多小印象、小信念所组成的大印象主题，这些印象群决定我们人格中的课题。主要印象群常是我们对于自己或生活所下的错误结论。这些印象群都是从创伤中衍生出来的，而且是以一个小孩子的眼光创造出来的。这些创造出来的结论，常是："生命很不安全"、"人生如战场，我必须随时戒备、反击"、"男人没一个是好的"，或是消极地认为，"生命真是令人失望，我的梦永远也不会实现"。

我们将这些印象概化到我们的生活和灵性层面，这些错误扭曲的形象，

就不断地影响我们这一世，甚至下一世。如果我们有机会能看得出这些主要印象群，就可以进一步探讨，进而了解我们是如何为了自我防御而扭曲自我和对别人及对世界的形象的。当我们意识到将错误的形象误以为是真我时，我们就可以透过疗愈，逐步找回真正属于我们的自性本体。

第四节　防御

你有没有这样的经验？在某种情形下太过激动而反应过度，说了些不该说的话，甚至动了些不该有的念头，而在事后常自责当初怎么会说那些话、做那样的事。我们一生中，多多少少都会有一些过火反应，我们称这些过火反应为"防御"。想想，有多少次当别人说了一些我们不想听的话或是语带威胁时，我们的防御系统就立刻启动。这种反应在当时看来既正当又合理，既自然又不违反人性，它为我们实时挡去威胁，让我们的心理得到片刻的安全。

因假想的恐惧而产生的防御行为也是一种疾病

以印第安人的眼光来看，因生命受到威胁而产生的恐惧，是为了保护自己而有的防御行为，防御是动物性的本能，不但健康而且必要。这里所说的防御并不是指生命受到威胁时的反应，而是指将这种反应发展到一种心理状态。这种心理状态是在面具自我或错我受到挑战时，跳出来捍卫自己的一种行为。因心智扭曲所产生的恐惧而生出的防御行为，不但没有必要,也很不健康。《地球医学》(*Earth Medicine*)一书的作者詹米·山姆斯(Jamie Sams),也有类似的观点,他说:"因扭曲心智产生的恐惧,是一种疾病,因为它是由语言和在当下对未来毫无根据的假想所传播的。"

我们这里所谈的防御,和精神病学或心理学上所谈的防御也有所不同,精神病学或心理学上有许多防御,如镇压、压抑、否认、升华、投射,这些都属于防御。但这里所说的是限制在因创伤而生出的防御上,我们把防御视为来到这个世界需要学习的功课和课题,我们需要防御的帮助,重新和这个世界接轨。因此,当我们谈到防御时,我们所指的是人格上的防御。这种防御行为,对我们并没有太多的好处,但它和创伤一样,在我们的灵性发展上都是一份珍贵的礼物,它就像是为我们开启一扇窗,让我们窥探自己是如何可笑地穷毕生的精力去维护一个错我。

换言之,隔离我们和真我之间的这些障碍,如创伤、防御、面具自我等等,就像是高速公路上的路标,不断提醒你来到这个世界的目的,为你指出真正的方向。防御早在我们出生甚至出生之前就出现,我们已经无意识地在我们人格之中一层又一层地加盖保护层。这就好比女性化妆,化妆水之后上乳液,接着打粉底、扑粉、画眉、上眼线、抹眼影、涂口红,经过这一层层化妆的我,早已失去本来面貌。我们创造了另一个我。我们不知道还有一个真我,而不遗余力地为维护那个创造出来的假我,不时补补粉抹抹口红,为的就是维持一个完美的错我。

很多习惯浓妆艳抹的人是无法不化妆就出门的。对她们而言,不化妆就出门无异是裸体上街,觉得毫无自信而且没有安全感。这种情况和习惯启动人格防御机制的人一样,要他们放弃防御,会让他们觉得掉入万丈深渊,感觉如同死亡。但我们却忘了,只要我们紧抓着错我不放,没有活出真我的一天,我们就是死的,毫无生命可言。如果我们不是踏上灵性的道路,开始自省和修行,我们是不会知道我们还有一个真我。因为我们毫无线索去知道,原来还有一个真我的存在。

如果没有走上修行的道路,我们永远也不会知道,自己所受的苦完全是出于对人生的幻觉和误解。因为我们都害怕空,害怕一无所有,我们把错我当成一切,如果放弃了错我,不也就等于失去一切?要我们立刻放弃错我,谈何容易,也因此使得追寻真我的过程格外艰辛。

我们投资了许多的精力来维护错我,进而发展出防御系统的综合体,这其中包括创伤、低层自我、主要形象和面具自我。防御常以许多不同的面貌呈现,有时十分细微精致,甚至难以察觉。这就好像雾,起雾时无声无息,一开始只是觉得有些模糊,等到大雾弥漫时才发现已经阻挡了前方的视线。

起雾就好比我们的防御,在我们和人互动时,当防御机制冒出头,我们常不自觉,而对方也不察觉,反而和我们同时掉入防御系统之中。想想,你有没有一种经验,想试着和某人沟通,但突然之间,场面变得有些失控,当时没有察觉,总要等到好一阵子之后才发现当时自己好像反应过度。就算事后察觉,但下一回相同情形发生时,我们还是很难第一时间就指认自己冒出头的防御反应，在当下那刻适时地给予纠正，除非我们对自己下过很深的内省工夫，否则我们还是会一而再再而三地掉入防御的深谷而不自知。

要当场知道自己是否正在防御的这种自觉能力，通常是因人而异，防御是一种能量，因此它的密度和振动频率也因时、因地、因人的不同而有所不同。有些人如果一直在运用很强烈的反应时，比如有着火暴脾气的人一发起脾气的当时，自己和外人都可能立刻发觉，但有时候防御反应比较温和、精细或内敛时，外人和自己都感觉不到。

不论防御反应是外显的攻击或内缩的逃避，对我们的伤害和痛苦都是一样。如果在我们觉得受到威胁时，能够客观地在当场察觉到自己的防御反应已启动，就能在第一时间调整自己，这样，我们就能避免自己有过度的反应发生。

防御的面貌：退缩、服从、攻击、冻结

大家或许很好奇，防御有哪些反应，当我们遇到危险时，又是用什么方式来保护自己？防御行为大致上可分为四种：退缩、服从、攻击、冻结。防御如果再加上面具自我和其他自我，就形成了人格结构。

防御因为每个人的创伤和主要形象的不同而有所不同。以退缩而言，有些人觉得活在肉体之中是不安全的，于是他就会用退缩的方式来保护自己。有些人不愿意说真话，因为担心一旦说实话，对方不高兴会引起冲突，

或是把事情弄得一团糟以至于场面乱到不可收拾，于是他就把真话藏心里，而一味地顺从别人的意见。

另一种完全相反的情况则是攻击，这些人不能接受一丝一毫的错，他们认为错就是坏，相信所有的人都是敌人，只要一出错自己就会死，所以他们不断要别人顺从他们。

还有人以冻结能量来自我防御，当他们受到威胁时，把自己从当时的情境中抽离，不向外输送能量，也不往里吸收能量，不让自己去感觉，好像外界的人或事和自己无关。

布兰能用她的超感透视力，去观察每种能量上的防御行为，也发现不同的人格结构会生出不同的能量防御模式，而防御模式在发生那一刹那的能量，常会发出如闪电般炫目的光芒。布兰能将能量上的防御行为细分成十二种不同的防御行为，比如有的人好像全身长满刺，你稍微靠近他，就会被刺得浑身不自在，这种防御的目的就是要你保持距离、别太靠近。其实，每一种人格类型都有惯用的防御行为，下章讨论五种人格的防御行为时将会细讲，此处不再赘述。

防御的行为是在受到威胁时产生的反应，这些反应都会对人格产生不健康的影响，约翰·皮拉卡斯（John Pierrakos）谈到防御的害处，他说：当一个人在防御状态中，他们无法区分真正或假想的威胁，因为防御状态已成了第二本能，它挡住了视线，看不清对自己、对别人或对人生的真相，也让人看不到可以做出正确决定的可能性。这些坏处，全都是因为整个系统（包括灵性、肉体、情绪和能量系统）全部被启动用来挡掉假想的危险。问题是，这面临假想危险的作业程序，和面对真正危险时毫无不同。在真正的危险中，我们的知觉会被凸显，使我们决定要反击、逃跑或躲藏。面对假想敌，防御机制的反应一样是反击、逃跑、顺从、冻结四选一。要不就是选择反击，以作战的方式解决问题，或是从生命中懦弱地逃跑，再不就是虚伪地顺从或冻结自己的感觉。这些防御都起源于对可能暴露在危险之中所升起的恐惧。

当身处防御状态之下，是感受不到爱、慈悲与温情，更遑论体谅或了解别人，也就无法伸出双手真心拥抱实相，无法和真正的自我接轨，也没办法联结其他人（也包括了我们挚爱的人）。

每个人都有恐惧，我们都错误地认为，只要我们暴露缺点，别人就会拒绝，甚至不爱我们，因为我们无法忍受被拒绝，为了去除假想的危险，我们就用防御机制去维护我们的形象和一个错误信念的自我，好让我们变得可爱而且讨人喜欢，于是在防御机制之后再创造出一个面具自我，以下将讨论面具自我。

第五节　面具自我

"当你鼓起所有的勇气，做一个真正的自己，这个真正的自己和理想自我相比，看起来可能略为逊色，但你会发现，真正的自我要比理想自我更多更丰富。"这是伊娃讲话中的一段话。南非的人权领袖曼德拉，在对政治受难者的谈话中谈到恐惧时，也引用玛莉安·威廉森的谈话："我们深沉的恐惧，并不是因为我们有所匮乏，我们最深的恐惧是我们有无限的力量。真正令人胆战的不是黑暗，而是光明，我们自问，我是谁？胆敢如此耀眼、如此聪慧、如此有天赋，事实上，你谁也不是，你是上帝之子。你缩小自己并无益于世界，缩小自己无法令你周遭的人感到安全。我们人生来就是要实践内在的神性，那是上帝的荣耀，这份荣耀不只存在某些人身上，这份荣耀存在每一个人心中。当我们点亮了内心的光芒，我们在无意识中也允许别人内在的光芒。当我们从恐惧中解放出来，别人也会自动解放自己。"

面具就是被美化的理想自我

去寻找藏在面具背后那个美丽又完整的自我，实在需要勇气。我们都忘了我们曾经创造一个理想自我，用来补偿自己不如人、不值得人爱的遗憾。这些遗憾的形成，都是因为对于"我是谁"这个问题，在认知上有所不清而造成。

我们以十分细腻的方式来催眠自己，要自己相信这个戴了面具的人——被美化的自我——就是真正的我。这个被塑造出的理想自我，是一个假人，其目的是用来面对这个世界，为的就是遮盖我们人格中不完美的部分。

我们以为，这个面具自我比真正的我更理想也更令人满意，所以我们依赖它。它位于人格的表层,是用来遮盖我们的创伤、低层自我、主要形象、防御和高层自我的工具,它是我们的表层自我,也是我们用来面对世人的一张脸。面具自我是我们认为自己应该呈现给他人的样子,也是基于理想而去刻意塑造的自我。它包覆了我们脆弱且容易受到外在干扰的一面,也同时是隔离我们和自性本体的最外层,它像一面镜子反射出影像,让我们误以为镜子里有一个真正的我。除了一些走上灵性修行道路的人,一般人很难发现自己戴着面具。

有时候,我们会听到朋友说:"你不要这么做作!"当我们听到别人这么说时,我们不但不承认,甚至会反驳说:"做作?怎么会,我一直都是这样的啊!这就是我呀!"特别是最后这一句话,反映了我们一直戴着面具而不自知。

关于自己戴着面具却毫不自觉这件事,我(安慈)有一个切身的经验。年纪稍长的人对于莎莉·麦克劳这名字可能不陌生,她是电影《爱的故事》的女主角,也是著名影星史蒂夫·麦昆的妻子。莎莉的弟弟是精神分裂症患者,住在纽约市哥伦比亚大学附近,当时我还在哥大念博士班。

我几乎每天都会遇到他,他每天穿着同一件破烂衣服,但把自己打点得还算整齐,称得上是乱中有序。虽然我和他每天见面,他却对我视而不见,但我心里明白,他知道我每天都注意他。

有一天,他终于正眼看着我,我们四目相交,于是我想也没想地问了

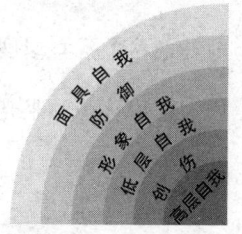

一句:"你好吗?"他眯了眯眼,脚步突然停了下来,然后直挺挺地站在我面前看着我,问我:"你真的想知道我好不好吗?"

我被他这个举动吓了一跳,因为他当场撕下我虚伪的面具。我吓得后退了几步,忙说:"不,我一点都不想知道,抱歉。"他一言不发继续往前走,脸上带着困惑不解的表情,他可能心想:为什么人们总是这么虚假?

他的反应让我意识到"你好吗?"这一句是多么地虚假。我们在说这句稀松平常的问候语时,常是言者无心,原来我们都戴着虚伪的面具去面对人。多年后,我终于明白,莎莉的弟弟是菩萨现前,给了我一个当头棒喝,提醒我一直戴着的虚假面具,但这个领悟已是在多年之后,当时我虽然知道自己虚伪,却不能指认自己戴着面具。

我们都从小就开始戴着面具,为什么会这样?回想我们小时候,我们就被教导要乖、要听话、要有爱心、要勇敢……达不到这样的理想,父母或师长就会收回对我们的爱,甚至处罚我们。

作为孩子,对世界的认知有限,对人类行为的理解有限,对世事的领悟力也仍在发展之中,以小孩的眼光来看,如果我们没有达到父母的要求,父母生气或是责骂我们,就代表我们不再被爱。因为我们害怕不再被爱,于是我们下意识做了一个决定,那就是我必须变成另一个我,一个不同的样子,如果只做我,是不值得人爱的,所以我们创造出一个自以为比较得人爱、讨人喜欢的"理想自我",用来掩盖那个原本不够好、不够完美的我,而这个我看似理想,其实是虚伪、不真实而且是错误的"我"。

但以孩子的眼光,并不能了解这个戴着面具的我并不是真我,因为孩子无法了解这个"假我",是在遗忘了"高层自我"而且是扭曲实相之后所产生的去讨好别人的我。

我们以为我们必须完美

这个面具自我的产生,是因为儿时伤痛的经验,于是,我们将坏的、被处罚和不愉快的经验归类在一起,而好的东西就归在会被人爱、会讨人疼的项目之下。于是我们得到一个错误的结论,以为我们必须完美,但在血液里我们也知道我们并不完美,也不可能完美,因此我们必须把自己不完美的部分扫进低层自我的黑幕里。

我们建立一套美丽的谎言,这一套谎言和别人的期待相符,我们就依着这套谎言加上面具自我,而产生了一个不真的假我,以为只有当我们戴着面具才会讨人喜欢、受人欢迎。

看到这里,大家千万不要自责,更不要讨厌自己为何如此虚伪,因为这副假面具人人都有,而且在我们还是孩子的时候就形成了。以孩子有限的领悟力使他以为,要能得到爱,他就必须隐藏不被接受的不完美的一面。

也许看到前面的叙述,会认为有面具自我是一件很不好的事,因为它让我远离真实的自我。事实上并非如此,面具自我是我们人生蓝图的一部分。我们创造面具自我有其意义和目的,面具自我并不是全然一无是处。

如果我们深入探讨人生和业力的关系就会发现,覆盖在本体之上的如

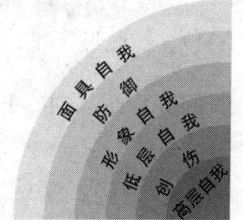

创伤、低层自我、形象自我、面具自我，这些其实都是早就设定好的。如果了解这点就能体会面具有它存在的必要性，而且每个人的面具，都是只为每一个个人量身定做的限量产品。

从本我到假我这一段演化过程，每一个细微的变化都是功课，更是活生生的教材。而这些创伤、低我、形象、面具同时扮演着警语的作用，一再提醒我们投生的目的和今世的功课。

佛家常说"人身难得"，能投胎为人原本就是一份难得的礼物，要生而为人，才有智慧从苦乐参半的人生过程中去体会、修正、圆满一切功课。人之所以会投生，都是因为过去世的业累积的结果。人因为有感官，所以能想、能做、能创造、能做功课。而我们的肉体和灵体，正是依我们在多生多世所累积的业形成的。

我们每个人从小就开始受创伤，也被我们所选择的不完美的父母所伤，也都用面具自我来遮盖我们的伤痛，我们以为这样就能避免受伤、避免痛苦。但事实正好相反，带着面具自我，反而会招致我们原先想要避免的痛苦。一般人无法察觉这一点，除非有长时间内在自省的经验，否则我们永远都不知面具自我是毒药而不是养分。

我们戴着面具的时候，多半忙着应酬别人，它同时也切断了我们和内在精华本体的联结。当我们戴面具和人说话的时候，会不断地去思索接下来该说些什么，这么一来我们就很难"活在当下"，麻木地从这一秒到下一秒，如此过下来，这一生不过是由许多小死亡串成的大死亡，而且，当我们戴着面具时，我们会很习惯将错误推给别人，而不愿对自己的感受负责。

在我们出生之后，在第一次受到创伤之后，我们忘了，我们原本有一个光辉灿烂的自性本体。在历经创伤、低我、形象、防御这一层又一层的覆盖和镇压之后，面具自我距离本体之间已经很远了。不过别担心，本体并没有消失，只要寻着线索往回找，我们还是可以找到自性本体。因为"面具自我"是按照"自性本体"所打造成的理想自我，这个理想自我是个"冒牌货"，其质量和价值当然比不上真货，但若要了解真货，看看这假可乱真的冒牌货也未尝不可。

三种面具：爱心、威力、平静

伊娃指出面具自我有三种，分别是爱心的面具、威力的面具和平静的面具。我们先前提到，面具自我是本体被遮蔽之后形成，所以在被扭曲变形之后原本是极具爱心的就变成了依赖、顺从。本来是极具威力的就变形成了控制和侵略，而平静则成了退缩和退隐。

这三种面具就像是变色龙，会随着环境或不同的需要而变化，如果一个人想要从别人那里得到爱和关怀，这时就可能戴着爱心面具，变得非常关心别人，关心和爱的程度可以像慈父慈母对人嘘寒问暖、无微不至，很愿给也很能给，这么做为的是想要得到别人更多的关怀和赞美，以补偿不足或不如人的感觉。

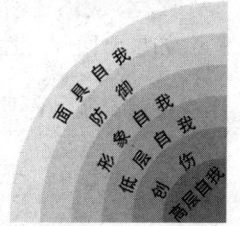

当人戴着威力面具的时候，会看起来独立超然或积极进取，很能干又具魅力，这个面具是很具防御性的，想控制自己也想控制别人。我们认为，为了安全必须保持自尊，必须要赢。这时候人会变得紧绷无法放松，不能接受自己本来的面目。因为不能犯错，所以这时候戴着威力面具的人，会极力地想控制这个难以驾驭的世界，不只是想控制外在的世界，也投入大量的精力去控制内心的世界。

当人戴着平静面具时，会给人一种安宁、祥和、自在、无牵挂的感觉，然而面具之下其实埋藏了恐惧。他们怕别人发现身而为人所拥有的恐惧和冲突，这些恐惧和冲突是低层自我的负面品质，人人都有，只是他们不知道，因此他总担心别人看到自己的缺点。有着平静面具的人要求完美、要求纯洁。他们表现得超然、没有牵挂，比如说在灵修或宗教领域上，有些人会去批判别人修行的功夫，或是想去评判别人开悟了没有，但这并不意味他们拥有和本体一样的高品质。

面具因为是透明的，所以我们很难发现自己到底是真正的平静或是戴着假面具，所以我们必须透过修行的方式来检验自己。但有些灵性修行的人想抄近路，不愿意去碰创伤，也不愿去碰低层自我，想直接跳过一切而和自性本体直接接触，这种现象称为"灵性改道"。事实上，灵性道路没有快捷方式，改了道是不可能到达终点，要直接和自性本体接轨，是不可能不去揭自己身上的烂疮疤的。

如果要回归自性本体，那就要先了解自己是戴着面具的，其次再客观地观察戴着哪种面具？要知道这个面具自我是高层自我扭曲变形之后的产物，是我们心里希望变成的样子，但却不是真我。我们如果一直戴着面具，也就同时表示我们否认我们在小时候受过的创伤，我们每一个人都受过伤，拒绝承认的结果是我们很难走上修行的道路。

如果我们能够深入地发现自己其实并不愿意面对面具之下那个不完美的自我，并反复地去正视自己的逃避，那么，面具自我对我们的伤害就会逐渐减少。这个方式，不但会察觉有面具自我的存在，同时还能在情绪上接受它。这种和自己深层的联结，可能会让创伤不断浮现，但我们同时也会发现，自己是有缺点的，原来自己时而害怕、时而贪心、时而软弱、时而还有些坏心眼、时而麻木不仁冷心肠，即使有这么多缺点，自己还是很可爱也值得人爱，并非一无是处。

进入 BBSH 疗愈大学的第一年，我们两人都自认颇有修行，不必和其他同学一样做一些内省的功课。有时我们甚至对其他同学感到不耐烦，老觉得他们脚步太慢，心里常想，如果他们的脚步快一点，我们也可以进步快些。以我（安慈）举一个例子。在学期第一年的最后一个星期，班上有个小组互动会，在这个互动会上，班上同学会做很深层的内省，由两三个老师带领，然后同学会把自己的创伤或不想让人见到的事情说出来，而其他同学在旁协助把内心负面的情绪发泄出来。

当其中一位同学正在处理他的情绪时，一位老师突然转向我问："安慈，你为什么看起来这么悲伤呢？"我沉默了一下，然后回答："我为这位同学感到悲伤，也为自己感到悲伤。"问话的老师刚读完我的功课，了解我备极艰辛的童年和青少年。

老师说："安慈，请你和同学分享你的童年故事好吗？"

一开始我是以一个第三者理性的态度来说一则好像是别人的故事。但随着我的叙述，童年的情境一一浮现到眼前，我的情绪开始起伏，脸上的肌肉也开始抽动。我马上控制自己，让自己的情绪跳回成一个理性的叙述者。然而我感觉脸上的肌肉再次抽动，而且越来越频繁，我弄不清怎么回事，觉得自己像一座正在崩塌的山，滚下无数大大小小的落石，伴随着大雨，我释放了小时候的伤痛。

这时候几位老师扶着我躺下来，班上的同学围着我、抱着我，这时候我有了一股麻木感，这感觉很熟悉，因为小时候我用这个感觉来保护自己，而我在此时也用这个感觉去抵抗同学和老师的爱。

就在这个时候，其中一位老师，开始吟唱密宗六字大明咒，而同学们也伴随着一起唱诵，就在这瞬间我打开自己，把自己彻底交出去，让同学和老师爱我。我张开眼睛看着他们，我知道，这一刻只有爱没有批判，同时感受到其他同学内心的痛苦，这是我之前所无法感受到的。

我带着威力的面具却栽了一个大跟斗，面具有些部分跌得粉碎，原以为自己控制得宜，却随着外泄的愤怒和眼泪而卸下武装，我深刻感受到卸下面具的自在，也因为卸下面具才能深刻感受到，即使卸下面具之后的我并不完美，周遭的人并没有因为我的不完美而责备我、处罚我、看不起我，他们反而更爱我、更支持我。

第六节　高层自我

你我都是降生在"人"肉身的"灵",我们降生人间是为了能拥有人类的生活经验,也就是说,"人"原本是具有高悟性的灵体,投生人世绝非偶然,是为了求成长而学习,并且能继续之前的灵性旅程。

地球像是一个大的学校,它提供了各种机会,好让我们能完成累世累劫未完成的功课。就像我们在学校念书的情形一样,有各种不同的科目,每个科目有不同的功课。有些人早早就把功课做完,有些人迟迟无法交作业,因为每个人做功课的速度不同,而速度的快慢则和高层自我是否联结,以及联结面积的宽广及深度而定,如果这一世的功课未做完也没关系,下一世还有机会继续。

从灵性的角度来看,我们投生为人是为了得到做功课的机会,做功课是为了要证得我的自性本体,要达成这个目标,唯有身而为人才有机会做功课,因为灵是无法做功课的。

在灵性的旅途上,如果能得到高层自我的协助,把意识提升到某种程度,我们在地球上的体验也因之转化提升,进而能体会到来这个世界的目的。简单地说,我们来这个世界的任务就是能和高层自我联结。当然,它不是唯一的任务,我们还要帮助我们所爱的人,让他们和我们一起成长,除

此之外，我们还要去爱那些前世没被我们爱过，或是与我们缘分未了的人。

我们所称的高层自我就是真我。根据疗愈的传统，用高层自我这一个名词，是为了要和低层自我做区分。低层自我就是人格自我，不是真正的我，所以我们也称之为假我。

低层自我是掺杂了私有欲望的自我，而且永远渴望自己尚未得到的东西，一旦得到了，新的欲望又升起了。到最后，假我成了幻象，让我们误认为那才是真我。如何去除幻象？方法很多，透过意识的提升，如静坐、呼吸等的练习，透过日常生活中的体验和身体力行，我们不但能如抽丝剥茧般地和高层自我相联结，最终能感知自性本体。只要能感知本体，就能超越肉体，而超越肉体，正是我们灵性修持的目的。

高层自我和自性本体有何不同？

也许读者会问，高层自我和自性本体有何不同？高层自我是自性本体经由投生人间而形成的一种精细能量。自性本体是我们投生之前的一种原始自性，是一种宇宙万物合一、没有特定的形状、非个人化的状态。本体是我们存在的本源，在投胎的过程中，原本振动频率极高的自性本体，必须调低频率才能适应人类低频的肉体和能量体，这个过程是绝对必要的，自性本体必须经过这个过程，才能变成"有形实体"。

频率越高的物质就越以无特定形状的状态呈现，而频率越低的就越实体化，所谓实体化就是看得到、摸得着的有形状态。当自性本体变为有形，就越实体化，也因为这样，我们也越容易抓住它。在本体从高频率调到低频率的过程中，其中还有一个玄机，那就是意识层频率随着降低，低到人类感官能力可以感受到的程度。因为这种意识上的转变，使得我们对前世的记忆越来越模糊。相对的，我们对投生到这个世界的目的也越来越不清楚。因为这个原因，我们的人生蓝图也就因应而生，目的是将本体和高层意识转化到人可以触及和感知的程度，让我们开始知道我们投生的目的。

说到这里，我们必须在自性本体和高层自我之间做更详尽的解释。本体是种宇宙现象，我的本体即是宇宙，宇宙即是我的本体，然而当本体投胎来到人间开始更"个人化"时即成高层自我。举个简单的例子说明，假想眼前有一盆水，你用杯子向下罩着，杯子所罩住的水仍然是水，与杯子之外的水毫无分别，所不同的是你用了一个有形的杯子罩住这本是无形的水，当你拿开杯子，杯子里的水即刻失去杯子的形状又成为盆里的水。两者都是水，有何分别？可以说本体即是这盆水，而杯子的水是个人化的高层自我，至于杯子，则正是我们有形的身体。

自性本体和高层自我之间，没有如楚河汉界般的界限，正如高层意识和低层意识也没有清楚的分隔，是一样的。虽然我们常说，我们遗忘了投生的目的和任务，但并不是说我们真正彻底的遗忘，因为我们还是可以从自己的人生渴求中找到线索，借此来唤起我们投生的目的和任务。我们人生的渴求担任了领航的工作，在很多时候都能引领我们去追求真我，去找寻我们投生的目的。

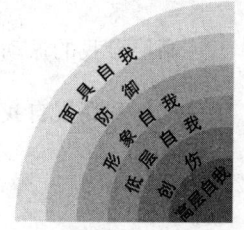

这里所说的高层意识、低层意识、高层自我、低层自我、自性本体，都是如太阳光谱同一连续体上的精细能量。这些精细能量之间没有明显的界限，既非黑白分明也不是互相分离，而且还是有连续性的。正如第一章"万物皆为振动"谈物质和能量时所用黑白"渐层连续体"做例子，连续体黑白两极间包含着各种灰色，我们无法自其中画一条界线，去界定线的一边为黑一边为白。

自性本体正如连续体上偏高的一极，对一般人来说遥不可及，因此它降低振动频率，进入人类所处的空间"个人化"之后就成了高层自我，自性本体没有"我"，也没有形状，但高层自我则不同，高层自我是人类可以感知到的个性上的特质，如慈悲心、创造力、领导力、正直、智慧、毅力、坦诚、热心公益等，我们可以循着高层自我给予的线索，去寻找那个隐约存在的自性本体。换言之，高层自我是依着自性本体去打造的，因此，我们能请高层自我做我们人生和灵性旅程的向导，以这样的方式去唤醒我们投生的目的。

在投胎之前，我们都曾和高层自我和指导灵会面，订下我们此生要完成任务的合约，我们称为神圣蓝图，每个人都是依着这一份神圣蓝图的合约来经验我们这一生一世。合约有效期一直到肉体死亡那一刻，或是当我们实际履行合约上所有项目时终止。高层自我随着我们投胎，帮我们履行神圣蓝图，协助我们和自性本体接轨，也是我们连接自性本体的桥梁。

高层自我的振动频率很高，实际显现在我们身上，就是一种极美的质量。如何和高层自我衔接并且产生互动，是我们灵性发展上很重要的一环，因此我们可以说，高层自我是我们生活中知识的总合，高层自我就是最完美的我。它掌握了我们累世累劫所堆积的智慧，从这个角度来看，高层自我是我们的良师也是益友。

高层自我教我们去爱别人、去心生慈悲、去感受喜悦，去和其他的"存有"共处，它有无条件的爱，不批判我们，对我们全然了解。高层自我依循着宇宙自然的法则，从不强迫或规定我们要去做什么事情，它打心里希望我们成为最好的，它在我们的意识中潜移默化，让我们发出爱、美、慈悲和勇气的特质，来提醒我们还有一个真我。高层自我也会透过预感、巧合、冥想、静坐和直觉、梦或是灵媒，向我们发出讯息，提醒我们投生的目的。当我们本身的觉知能力提高后，不但我们的洞察力会提高，高层自我的特质也会外显。

超越二分法的思考方式

要散发高层自我的特质有个先决条件，那就是我们的意识必须先超越三维空间。本书一开始就提到，我们所处的这个三维空间，是个二元化（两极化）的空间。在这个空间存活的人，都是用二元化或是两极化的观点来看世界。我们把世界上的事情分成这个、那个，黑的、白的，好的、坏的，光明、黑暗，仁慈、邪恶。我们眼睛看的、耳朵听的、所感觉的，都被我们一刀分成两半，并视这些为实相。会造成这样的原因，是因为人的感官是非常粗糙的，因此对于周遭的事物只能做约略的区分，不能精细地分别，更无法看出表面上看似相反事物背后的共同性。

"秘传哲理"集合高灵谈话内容，其中就提到人常在灵性、情感或实体之间，设下一些界限的现象。而肯·韦尔伯在他的著作中也大力阐述这样的论点，他认为没有界限这回事。由于我们习惯用语言、文字这些有形无形的符号来为实相设下限制，最后就养成以二分法的观点来看世界，也用界限分明的分类法，去看精微能量转换的变化。

二分法的好处是帮助我们将整个灵性发展的过程区分成不同的阶段。但它也让我们看不到精微能量变化的过程，这个过程并不是用粗略的分类法所能概括的，也不是如肉眼所看见的静止不动的状态。二分法视所有三维空间的实相都是相对的，当我们说"我信任你"时，背后也相对地藏着"我怀疑你"。为什么人会生出这种实相？因为人把自己看成是分离的，我们和别人分离，我和真我分离，我们和宇宙分离。我们如果继续用二分法将自己和万物分离，自然就无法了解这个多次元的自己拥有一种振动本质，更不能了解自性本体和高层自我，甚至于这两者和创伤、低层自我实出自同一个源头。

有人曾说过这样一段话："到目前为止，有许多关于高层自我的理论，但我感觉只有极少数人了解什么是高层自我，高层自我是一直和我们在一起的，但一般人的认知，却认为高层自我是如此地高高在上遥不可及，人类怎么可能知道它的存在、触到它的光芒？说起高层自我其实很容易，不外乎我们投生的目的包括学习、做人生功课、发展意识、自我疗愈、自我平衡，若再深入地细谈高层自我也不困难，不外乎是哪一门人生功课需要学习，哪一种意识需要发展，我该如何疗愈或平衡自己？我们甚至可以说我们人类'灵性进化'的过程就是回头去找高层自我，说起来都很容易，然而，这个高层自我到底是什么？"

所有需要了解高层自我的字眼都包含在这短短的一段话中，然而，真正的关键却是在"灵性进化"这个词汇，因为灵性进化的过程并不是清楚分段的，而是一个能将人类的物界及灵界两者所呈现的从某现象转换到另一现象的一个有连续性的过程，然而，我们人如何去观察这些现象，而现象又变化到什么程度，都只能靠我们有限的感官去识别、去察觉，因此，我们所察觉的就成了我们的意识，而我能识别多少全看我当时的意识而定。回头再来谈高层自我，事实上，高层自我、面具自我、形象自我也是源出一体，也不能用一刀切两半的分类法去截然划分，但这三者在意识上是有不同程度的分别。高层自我可以在短短的刹那或长时间显现出来，怎么说呢？当我们自觉到自己戴着面具，或察觉到自己的创伤和低层自我，或是察觉自己某一句话的背后是有防御机制做后盾，这种种"觉知"都表示我们在那一刹那，已将意识从较低的层次提升到高层自我的层次。

伊娃曾谈到高层自我，也解释了为什么人类察觉不到自己拥有这最精华的部分，她说："每个人都有一个称为高层自我的神圣光芒，这是能量体中最精细也是最光亮的部分，有着最快最高的振动频率，因为灵性发展越高，振动频率就越快。天使在堕落之后，有一层又一层密度较大的物质逐渐环绕在高层自我的四周，这些层次的密度小于肉体，却大过高层自我，而低层自我就在此刻生成。这些环绕在高层自我四周的层次，是我们肉眼无法观察到的精细能量。"

了解高层自我就是我们真正的身份之后，我们就可重新发展这个具有真善美的人格特质，即使在现有的人格之中，有些部分已经扭曲走样，但这个高层自我却可能在某时某处，穿透这些使我们人格扭曲变形的烟雾，发出耀眼的光芒。此刻我们会体验到宇宙合一和谐平衡的感觉，这可能只有短短的一瞬间，但这一瞬间我们已和高层自我接上头了。

高层自我在肉体上的感觉是能量愉快地流动

高层自我具体落实在肉体上的感觉又是什么？高层自我是一种愉快能量的流动，就像呼吸和血液一般，这个能量是由神灵激发，而且具有宇宙生命的节奏。我们都有触及很深沉实相的时刻，这时候我们的精神很集中，意识清楚，好像自己和一种强大的力量接上线，而自己和这股力量之间界限很模糊，在肉体和灵性上似乎都合而为一。什么情况下我们有这种感觉？当我们打开心房接受爱时，身处大自然中时，在创作、静坐及冥想时，都可能会有上述的感觉。这时，我们有机会去一窥较大的自我，我们展开了自己的意识，就像站在一扇通往宇宙的窗前，深刻感受到宇宙就是我，我就是宇宙，而神性就在我心里。

只可惜，很少人会有这种伟大的感觉。为什么我们会失去这种感觉？

因为很多人拒绝承认自己有高层自我中伟大的成分。近年来，从我们两人为人疗愈的经验中，发现有许多人为有着高层自我的质量而觉得羞耻自卑，他们抵制高层自我，一如他们抵制低层自我，他们不单拒绝黑暗和残酷，也拒绝光明和慈悲。否认高层自我是因为我们对于高层自我的质量引以为耻，当我们是小孩的时候，我们的天赋和高质量都被压抑了，父母师长否定且不许我们在感官上感到快乐，比如他们把孩子纯粹感官上的快乐和"性"联结在一起。身为孩子的我们，自发且丰富的内在冲动一旦被误解，我们开始认为内在冲动是不好的、是坏的、是脏的。我们不但被拒绝、被嘲讽，甚至被处罚。我们被教导自己不够好，不够完美也不如人，这使得我们对于原本具有的高层自我引以为耻，这就像把点燃的仙女棒投入水中，瞬间熄灭。

我们年事稍长，想回头寻找自我时，却被忠心耿耿的低层自我阻挡去路，而我们也对低层自我的存在感到不自在，于是立刻退回去建立一个面具自我，以为那才是我们应该有的样子。然而，我们虽一再地向面具自我认同，内心却有个声音，要我们穿透面具自我，去揭露完整实相的高低两极。如果我们仔细观察，生命其实是有固定脉搏，每件事情也有起有落，事情不论悲喜，本质上是相同的，如钟摆之摆荡，虽然在两极间来回，但始终都在同一个轨道，从来没偏离过。

为了要找回高层自我，我们必须穿过重重障碍，但不要因为有障碍而

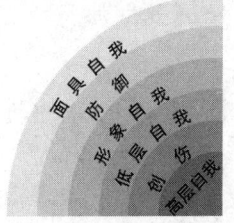

气馁，因为这障碍只是暂时的，只不过是由恐惧和羞愧所形成的纸老虎。

要重新找回高层自我，必须再去感受父母师长当初拒绝或压迫我们时内心所产生的愤怒和痛苦，此时我们会发现，小时候这些拒绝或压迫我们的声音，早已内化成为我的一部分了。因而长大成人之后，我们就用这些声音来压迫自己，成家后再用这些声音压迫我们的子女。

要启动高层自我，首先必须改变我们对人生困境的看法，因为当我们开始做人生功课时，我们会经历比以前更多的创伤，面临更多的困境，忍受更多的痛苦。表面上看，我们好像是被处罚了，事实上，我们是进入了速成班，正以迅雷不及掩耳的方式学习。当我们了解到这一点，才能在灵性的道路上迈进。

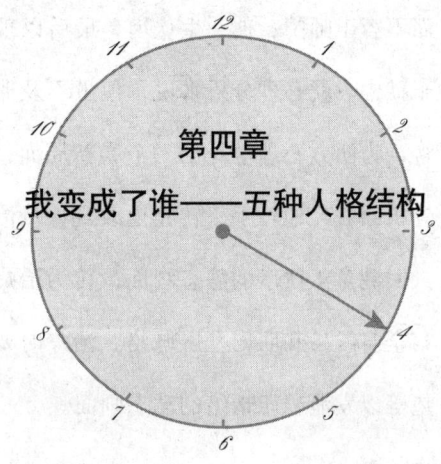

第四章
我变成了谁——五种人格结构

前面谈到人自投胎后所经历的"忘了我是谁"的人生过程,从"接受创伤"到发展"低层自我""形成形象",到最后"戴上面具",这过程漫长而复杂,你我皆须度过,没有例外无人幸免。另一方面,我们也从人类的四次元观点来看这"忘了我是谁"的人生过程,从振频最高、密度最低的自性本体一步步下降,经意念体次元、能量体次元,经过千山万水的蜿蜒路程,最后落实到振频最低的肉体次元,终于忘了我是谁。

这两种不同的观点都是在解释忘了我是谁的人生过程,那么,"我"变成了谁?这"忘记"的过程是否产生了任何产品?这自性本体经过千山万水最后落实到肉体次元上的终端产品到底是什么?我们到底变成了谁?换句话说,我到底"不是"谁?这一章节主要是回答这个问题。

回答这个问题必须先提一个关键人物:精神科医师威廉·赖克。赖克原是心理学大师弗洛伊德的得意门生，但他所提出的论点和老师大相径庭而不容于师门；他一生坎坷，最后以现代观点会笑掉大牙的莫须有罪名卒于狱中。就心理分析来说，他虽不及弗洛伊德有名，但他对人性的精辟见解，为西方心理学开创一个崭新局面，对后世影响极其深远，传统的心理分析面貌经他巧手一转完全改观，从治疗师坐椅子倾听躺在治疗床上的病人回溯童年往事的静态画面，转为治疗师诊断时要病人脱掉层层衣物以观察全身线条和肌肉发展脉络，治疗时要求病人大嚷大叫、顿足捶地或打枕垫等以发泄积压情绪的动态画面。

人格结构学的滥觞

如果说弗洛伊德是近代心理分析疗法的开山祖师，那么赖克就是近代肢体疗法的开山祖师，许多以身体为中心的疗法皆可说是赖克的后继者或受了他很大的影响，包括心理学上的"焦点疗法"（Focusing, Eugene Gendlin）"梦境过程取向疗法"（Dreambody, Process-oriented Psychology, Arnold Mindell）"神经语言方程式疗法"（Neurolinguistic Programming, R. Bandler & J. Grinder）"罗芬按摩法"（Rolfing, Ida Rolf）"生物能疗法"（Bioenergetics, Alexander Lowen）"全方位呼吸疗法"（Holotropic Breathwork, Stanislav Grof）"重生呼吸法"（Rebirthing, Leonard Orr），乃至于我们两人在疗愈时常用的"哈口蜜疗法"（Hakomi, Ron Kurtz）及"核心能量疗法"（Core Energetics, John Pierrakos），以及我们在台湾教学时用得最频繁的"升华呼吸疗法"（Transformational Breathwork, Judy Kravitz）或特殊教

育界普遍运用的"感觉整合疗法"（Sensory Integration，Jean Ayres），我（至青）个人在治疗语言专业上常运用的也是物理治疗界熟知的"神经发展疗法"（Neuro-Developmental Treatment，NDT；Bobath）以及台湾所知的属于肢体动作治疗类的"舞蹈治疗"（Dance therapy，Marian Chace）等等，均受赖克的影响。

赖克追溯病人的背景资料发现，如果在幼年时期受到类似的创伤，长大之后就会形成类似的体形，而这些体形相似的人也会有类似的心理状态，他把自己的观察再加上前人的研究（如桑铎·费伦奇〔SandorFerenczi〕等人），使得以下所要谈"人格结构学"（Characterology，Character Structure）有了初步的雏形（1949）。当然，任何一个成型的思想学说绝不是一个人的功劳，接下来的亚历山大·罗温（Alexander Lowen，1958）史坦利·凯勒门（Stanley Keleman）法兰克·雷克（Frank Lake，1966）戴维·柏德拉（David Boadella，1974）约翰·皮拉卡斯及伊娃·皮拉卡斯、丹麦的丽斯柏·马歇尔（Lisbeth Marcher，1990）及布兰能对此学说都极有贡献。

特别值得提的是罗温和精神科医师出身的约翰·皮拉卡斯持续赖克的研究，两人后来携手共创"生物能量疗法"（Bioenergetics），使得原本局限于生物学和病理学的人格结构学，加进了物理学和能量学，内容更形丰富。约翰后来自立门户，手创"核心能量学派"，特别是在他结识通灵的伊娃后，他的学说加入了崭新的观点，使得人格结构学更多元化。

约翰在1967年46岁时遇见52岁的伊娃，4年后结婚，伊娃即是本书常提及的"道路工作灵修法"创始人，两人的结合传为佳话，也深深影响了约翰的思想意识形态，更为约翰的学说添上浓厚的能量灵学观点。"道路工作灵修法"的训练课程遍布欧美，"核心能量学院"总部位于纽约市曼哈顿，提供各种长长短短的训练课程，我们两人曾从这两处受教多时，获益良多。这两大派虽然不似 BBSH 疗愈大学是政府立案的大学，可颁发学士学位，但它们声誉卓著，许多已拥有营业执照或硕士学位的心理分析师、社工人员、各种疗愈师或精神科医师都曾在这里接受再教育。

"人格结构学"后来加入的能量灵学部分不只来自伊娃和约翰，也来自布兰能。布兰能以上述从赖克一脉相传的人格理论为基础，再用她天赋异禀的超感透视眼所观察到的现象，更深入讨论每一种人格的能量体和能量模式，把人格结构学说再度发扬光大。

最后要提的人物是创"肉体动力学"（Bodynamics）学说的丽斯柏·马歇尔。马歇尔是丹麦人，有"北欧的赖克"的美称，她研究人身上每一块肌肉的心智体能活动发展过程，为人格结构学在肌肉发展方面打下更深厚的基础。她联合 20 多位治疗师，花了长年工夫记录、整理、分析一万多个个案的治疗资料，将人体每一块肌肉的反应灵敏度，及其所启动的心理议题、启动的时段联结起来。他们发现，人身上的每一块肌肉都有其心理意义，每一块肌肉被启动的时段各不相同。启动是指小孩可开始"有意识"运用某肌肉（在此之前可能只是反射动作），若孩子运用某肌肉的冲动过早被压抑，或创伤的压力过于巨大，这块肌肉对外界很可能反应过低（hyporesponsive），当这孩子长大成人后与这块肌肉有关的心理反应则为退缩、消极、躲避的态度；反之，若创伤是在肌肉已发展完全后才发生，孩子必须抑制运用这块肌肉的冲动，或将之保留在身体内，肌肉会因反应过度（hyper-responsive）而出现能量阻塞的现象，其心理活动则为僵硬或抗争的态度。譬如说上臂后内侧一块三头肌是婴儿学习爬行阶段启动的，此时的孩子正学习自立自主，常拒绝大人的协助，比如说当孩子不想吃大人喂的那口饭时，用手臂向外推开别人的手，就必须用到此块三头肌，由于孩子的意念为"我不要"，因此三头肌的心理议题便是与拒绝或接受别人的给予有关，换句话说，和设定自己的"疆界"有关，有经验的治疗师可根据触摸这块肌肉的感觉，而得知个案在"疆界"问题上是否有健康的观念和态度，从而给予适当的治疗。

总而言之，上述所提许多大师分别注入个人毕生的智慧结晶，为人格结构学说奠下结实的基础，因此而有了今天要和各位分享的内容。

第一型分裂型人格	出生前至三个月
第二型口腔型人格	一个月至一岁半
第三型忍吞型人格	一岁至三岁
第四型控制型人格	两岁至五岁
第五型刻板型人格	三岁至六岁或青春期

五种人格依据童年受伤的时间而排列

以下将谈人类的五种人格，这五种人格大致上是依据童年受原始创伤的时间先后而排列分类的，比如"第一型分裂型人格"受伤时间最早，为出生前至三个月，"第二型口腔型人格"为出生后一个月至一岁半的母亲哺乳期间，"第三型吞忍型人格"则为一岁开始发展自主权期间，一直到训练大小便的三岁，"第四型控制型人格"则为两岁至五岁，而"第五型刻板型人格"为三岁至六岁甚至是青春期。

为了讨论上的方便，此处为每一型人格界定一段时间，事实上每一型人格的原始创伤发生的时间并无明确的分界，就如同每个孩子发展的速度因人而异，比如我家小明一岁叫妈妈，小明的弟弟到一岁三个月才叫，而隔壁邻居的孩子九个月大就会叫了。

至于怎么会受伤？受伤的原因是什么？此处的创伤是针对需要来说的，人类在孩童时期发展迅速，为了成长，每一阶段都有其特定的需要，当需要不能满足时创伤就形成了，比如第一型刚进入人间的孩子最大的需要是要感觉受欢迎且受人疼爱，第二型的孩子的需要是吃喝拉撒有人料理，第三型忍吞型人格需要自立，第四型控制型人格需要经验对权力的挣扎，第五型刻板型人格需要发展肉体和能量体上的感官能力，若这些需要在当时未予满足，就种下了此人此生创伤的种子。

以下分别以创伤、低层自我、形象自我、防御模式、面具自我、高层自我、肉体特征、能量体特征等面向，一一详述这五种人格。或许是因早期对人格结构学说有贡献的人物大多为精神病理学家出身，所以五种基本人格结构的名称都带着浓厚的"精神病"味，但本书不直接翻译，而是根据每种人格的特质重新命名，原文名称则附在标题之后。

第一节 分裂型人格（Schizoid）

创伤

前面提到，五种人格大致上是依据童年受原始创伤的时间先后而分类的，分裂型人格受到创伤的时期，以今世而言，多半是出生前、出生当时或出生后几个月之间这三个阶段。

创伤发生的原因是需要不被满足，初入人间之胎儿的需要即是对存在有安全感，正如一个初入陌生之地的外乡人，他需要感觉生存不受威胁，也需要觉得自己受欢迎。想想，你若刚搬入新居，你最需要的自然是：（一）新屋有安全感，（二）受街坊邻居欢迎。孩子若感觉自己不安全，创伤于是生成了。

这出生前、出生当时或出生后三个阶段的胎儿会有什么样的创伤？

出生前的创伤

当胎儿在母体时，胎儿生存的一切完全仰赖母亲，母亲不只透过脐带供给胎儿食物和养分，两者的荷尔蒙系统和化学作用也紧紧相连，母亲的感受和情绪都能传达给婴儿，比如说母亲的肌肉会收缩，包围着胚胎的胎盘缩紧，胎儿能感受到压力，胎儿小身体（此时尚未有肌肉，只有一些结缔组织）也收缩。胎儿能感觉父母亲的争吵，能感受到父母亲内心的愤怒，若是父亲对母亲拳脚相加，孩子感受到的恨就更强烈，有时，母亲心里想要堕胎，即使从来没向任何人提起，肚子里的胎儿也能感觉到。

又比如胎儿在 34 周左右开始具有"惊吓反射"（startle reflex 或 mono reflex，在受到惊吓时，四肢和脖子同时向外伸张），此反射在出生后三四个月后消失，"惊吓反射"是传统医学上用来测试新生婴儿中枢神经是否正常的重要指标。若胎儿常常受惊吓或长期处于不安的警戒状态，会有什么情况产生？由于惊吓反射能启动下枕骨肌肉群，我常常从抚摸小病人下枕骨处就能知道孩子对生存是否有安全感，我所治疗过的孩子下枕骨附近的肌腱不是太紧就是太松，其神经发展自然也不会正常。

还有一种情况属于出生之前，但与这一世的"新居"可说毫无关系，那就是胎儿对以前的世界仍恋恋不舍或极度不愿却又不得不投生此娑婆世界，这样的情况，即使新居再坚固安全，父母亲再欢迎，胎儿仍满心不悦也不愿住进这人的世界。

出生当时的创伤

出生当时可能有什么情况使孩子受到惊吓？想想胎儿原处在母亲温暖的羊水里，自母亲狭长黑暗的产道经过千辛万苦把自己挤出，一旦出来，眼睛所看到的是刺眼的日光灯、乌黑黑的陌生人，耳朵听见冰冷金属器械相互碰撞的声音，身上的毛孔呼吸到的是产房里冷冰冰的空气，更糟的是有的医生大力地在幼嫩的小屁股打一大掌，凡此种种，都可能让胎儿受到很大的惊吓。在孩子出娘胎后，传统的医院大都马上将孩子和母亲隔离，先抱去清洗，之后大半的时间都待在育婴室里，婴儿没有办法随时获得母亲的关爱和抚摸。这种和母亲没有联结的情形，也可能使他在日后的生活中发生和人互动的问题。好在现今有些先进的医院已意识到产后身体接触和吸食母奶对母子关系发展的重要性，也有研究证明无人抚摸的婴儿其猝死率也高。十多年前我认识一位女士退休后在医院里担任义工，她的工作就是抚摸安慰初生的婴儿，好让他们感受到人的联结而去除恐惧感。

出生后的创伤

出生后有什么情况使孩子受到惊吓？比如说母亲由于在生产时遭到巨大的痛苦，因而没有多余的心情和体力时时刻刻给予孩子所期待的爱和关怀，疲倦的母亲有时只是一个眼神，或只是母亲转过身去，都会让这个时期的孩子，心理遭到创伤而感到生存的痛苦，因而要逃跑（能量分裂）。

不管原因为何，所有这时期所受的创伤都殊途同归，都对生存产生恐惧感，都使婴儿一开始就抗拒这世界，因为世界太让他失望了，只好缩回自己的壳，别人都不得靠近。分裂型的创伤比起其他几型，可以说更具威胁性，危害也更大，因为它早在婴儿还未发展自我之前就已存在，否定了婴儿的生存权利。有许多疗愈大师认为出生的创痛对长大成人的个性要负至少50%的责任。

做父母的请勿自责

我们讨论孩子创伤的同时，绝不是指责母亲不够好或不称职，有时孩子受伤和母亲好不好一点关系也没有，因为孩子是用他们自己的意识去感觉周遭的世界。也许孩子的母亲充满慈爱，而且非常期待这个孩子的出生，但如果孩子的意识认为这个世界对他是有敌意的，即使母亲只是转身去做其他的事情，孩子可能会感觉"糟糕，她怎么没有看到我，大概不想要我"或是"天哪！眼前这个女人根本不喜欢我，她肯定很讨厌我"，因而对世界、对母亲（此时期母亲就是全世界）产生敌意。

你也许要问我们婴儿的意识是如何形成的，我们的回答便是，新生婴儿投生人间绝非空手而来，它带着过去的创伤、此生的课题、此生要做的功课和要完成的任务，以上所述的综合决定它将受哪种伤，所以每个人所受的伤都不同。

同样的情况使胎儿甲受伤惨重，对胎儿乙却毫无影响，比如说妈妈因为重男轻女的观念使得她对自己怀着女胎甲非常不满意，而这种不想要女儿的心念使胎儿产生强烈的不安全感，女儿长大成人始终觉得自己没有生存的权利，可能终其一生都活在恐惧中，妈妈继大女儿之后又怀第二个女胎乙，妈妈又心生厌恶，甚至希望胎儿死去，然而这种心念对小女儿一点影响也没有，她长大后照样生机盎然，照样热爱生命。我们过去世的伤正如一块磁铁，能吸引让前世的创伤物质化的能量，也许大女儿甲的创伤是与"恐惧生存"有关，她的人生功课可能是要找到人间生存的意义，为了让前世的创伤在今世"物质化"，所以她找的妈妈是一个不欢迎她的女人，好让她一入胎就经历这从前世带来的创伤。而小女儿乙的创伤和人生议题与生存关系不大，因此对妈妈可能造成的创伤有了免疫力，即使妈妈再怎么伤她，在小女儿身上却完全不着痕迹。

低层自我

以上种种在出生前后所生出的恐惧，会刺激孩子的中枢神经不断发出讯息告诉这孩子：这个世界不安全，而且对他存有敌意。这会让孩子因为受到惊吓而想逃跑，内心产生强烈的恐惧和敌意。这种害怕和敌意，都将记录在身体各处，不但肉体的脑袋（如太阳穴附近掌管恐惧情绪的杏仁核），乃至于全身的细胞永志不忘，即使意识上不记得了，也会深刻地镶嵌在我们的潜意识和能量系统之中，而这些都是我们无法察觉的。

恐惧存在于生活中的点点滴滴，会不断地在生活中重复，像这样的孩子，只要一感觉恐惧，马上生出负面意念："我要逃跑"、"我将分裂"（灵与肉分裂），久而久之习惯成自然，他的灵和肉体常会呈现分离的状况，我们称这类的人为分裂型。

逃跑成了他自我保护的一种方式，不管是因为害怕生存于此世界，或是留恋原来的世界。只要灵与肉一分裂，一离开他的肉体，他就觉得很安全。在我多年治疗孩子各种疑难杂症的经验里，我认为自闭症（封闭自己，逃离人群）即是这种防御方式最极端的一种表现。自闭症的孩子极害怕存在，很本能地生出了"我要逃跑"、"我将分裂"的负面意念（如自闭儿踮脚的现象即是准备随时逃跑），因而启动逃跑的自我保护的机制，久而久之他的低层自我"我不存在，你也不存在"就落实在生活中成了习惯，因之不但否定自己所存在的物质世界，也无视于别人的存在（许多自闭症的孩子视而不见、听而不闻，对人无眼光接触，听不懂人说的话，周遭的人对他来说像是家具）。

形象自我

分裂型的人的一生，对生存有莫大的恐惧，他们普遍有个根深蒂固的形象："我若存在肉体，我将被消灭。"他们常觉得自己没有生存的权利，只要存在就会面临被消灭的危机。害怕人亲近，疆界感很强烈，一旦别人进入他的能量体就感觉受了侵犯，会很强烈反抗。他偏偏生就敏感的身体，为求自我保护，常常得把自己的身体空掉，只要受到威胁或感到害怕时就立刻逃跑，肉体跑不掉就跑灵体（能量体），只要离开肉体就会觉得安全。

对生存的恐惧表现在人际关系上就是欠缺社交能力，分裂型人格社交能力通常不佳，在见到一大堆不认识的人时常手足无措、手脚冰冷，他平日极力避免和人接触，费尽心思逃离人群，不得不接触人的时候，也得找个较无压迫感的小团体躲起来，最好不要被人注意到。一般来说，他们不依赖别人，也不需要任何人，最好不要为任何人负责任，这样才不会被人套牢，可以随时随地逃走。

在亲密的人际关系中，分裂型的人也不容易相处，他们似乎喜怒无常，今天相谈甚欢，明日见面却形同陌路，让人摸不着头脑，不知何时得罪于他，他若即若离，有时热情，有时冷漠，着实令人费解。

防御模式

分裂型的人最常用的防御模式，即布兰能所称的"刺猬"或"退缩"反应。当分裂型之人感觉受威胁或不安全时，灵体（能量体）离开肉体，像是将自己放空，当我们说一个人"神跑掉了""心神不宁""有听没有到""有眼无珠""视而不见""不活在当下""心散"或"注意力不集中"，都是在形容这种状态，布兰能把这种防御行为称为"退缩"，能量体退到一边，通常是退到肉体的后面。

另外一种模式为"刺猬"：分裂型在受到威胁时，不自觉地发出一种带刺的能量振动，目的是引起你注意他的存在，让你保持适当的距离离他远一点。甚至他的言语上也可能带刺，因为言语携带着能量，也是一种能量形式。这个人让人感觉身上到处长针，刺得你浑身不舒服，想早点离开他。

面具自我

分裂型觉得害怕，一心一意要离开肉体的物质世界，逃跑的方式通常便是将能量上抽，进入头部第六和第七这两个振频高的灵性之轮，以追求灵性体验，避免和人或和世界联结而产生焦虑。分裂型人格的面具表层，是用来遮盖他的创伤、低层自我、主要形象、防御和高层自我的工具，他用来应酬世人的一张脸是："我不在意物质生活，追求灵性比较重要。"他用这样的灵性面具以避免和人或世界联结，因为他的潜意识知道，若开放自己和人联结，他将产生莫名的焦虑和绝望的痛苦。因此，分裂型所戴的面具可能极其平和、宁静，然而，这面具真正代表的却是"我知道你会拒绝我"或是"我在你不理睬我、拒绝我、恨我之前，先不理你、拒绝你、恨你"。

高层自我

上面谈到分裂型的能量体容易被周遭能量渗透，从负面的角度来看，他们的情绪随着环境的能量或别人的情绪起起伏伏，有些人甚至怕上街因而痛苦不堪；但往好的方面来说，容易感觉到周遭的能量其实也是上天的一种恩赐，正是分裂型的高层自我质量，使他们聪明伶俐有慧根，容易进入灵性世界，因此也容易去感受生命深奥的含义，对于自己投生在这世界的目的也较清楚。

除了本身具有灵性之外，他们极富创造力，直觉力也很强，或许我们可以说，这型的人有较高的通灵能力，我们有不少分裂型人格的朋友就具有特殊透视力，能看得见一些非人类的存有。分裂型高层自我的特质还包括不断在灵性上求发展，也同时将灵性带入物质生活中，和这样的人在一起，人生丰富美妙。

分裂型的人生功课为何？是要学习如何面对恐惧和内心深藏的恨意，让自己天生敏锐的灵性融入今生的物质世界中，将特有的创造力显现于肉体层次上。

肉体特征

典型的分裂型在体形上有一些特征：体形修长，身体部位不对称，关节弱，手脚冰冷，眼神空洞，整体看起来，还给人不协调或不对称的感觉。

为什么分裂型在肉体上有这不协调或被拉长的现象？因为能量逃走的

路线是由下往上，久而久之，不但身体向上拉长，沿着逃亡路线上的脚踝、膝盖和腿关节也因释放能量而变得脆弱，特别容易受伤，分裂型的人脚底的脚弓部分可能特别高、特别弯曲，或是脚趾弓起呈吸盘状，这是因为他们常觉得自己的肉体不安全，为了不让地球向上移动的能量打开身体第一气轮，和地球接触面越少越好，弯弯的脚弓和地球保持一定的距离，或是脚趾弓起，都是准备随时逃走的姿势。

至于肉体上不协调或不对称的感觉，其实就是分裂的表现，能量所经过的肌肉和神经长期受到扭曲，因而变形而呈不对称或不协调。仔细观察他们的身体，可能是上下不对称、左右不对称或前后不对称，比如肩膀一高一低，或两腿一长一短；有人脖子特别长，有人上身特别短，有人四肢特别长，更有的人脊椎是弯曲的。至于眼睛则可能眼神空洞，像在做白日梦，有的人两眼时时刻刻睁得大大的，透着惊恐。除此之外，他们平时手脚冰冷，在感受威胁或面对陌生人时更是如此。

能量体特征

至于能量体，整体看上去是上圆下尖，呈现出扭曲或周边支离破碎的状态。分裂型自我保护方式是逃跑，逃跑的方式通常是能量离开地面向头顶第七气轮的方向直向上升，可以说分裂型的人住在头部，而不住在肉体这个躯壳里，因为撤退到用脑袋的心智世界，相对来说是较安全的，这也是为什么这型的人较擅长用脑部思考或喜好追求灵性体验。

由于他四体不勤，无法脚踏实地吸取地气，以滋养振频低、比重大的肉体，这也是为什么分裂型的肉体外形可能较为细长、单薄或弱不禁风。由于他不能将自己的能量专注于肉身，能量于是无边无际地向四周扩散，由于无一明显疆界保护自己，其能量体外围周边变得单薄且支离破碎，这么一来，外界能量可长驱直入地渗透进来，因此分裂型的人很容易感染外面的能量或被外面的能量入侵，可以说他们的能量体极为敏感或易感。

举个例子来说明分裂型人格的易感度，以前我们在 BBSH 疗愈大学学习的时候，每个星期都会有一次"解心结大会"，所有的同学都会把自己过往的创伤、不愉快经验或心结毫不保留地说出来，释放体内的负面能量。有些分裂型的同学在这个时候由于能量体极易感，会早一步感受到他人的感受，别人如果很伤心，他们也会很伤心，甚至在别人还未说出之前就先伤心，如果别人很痛苦，他们也会很痛苦，有时甚至还会号啕大哭或高声尖叫，也就是说他们也经历了别人的痛苦。

许多分裂型的能量阻塞在后脑，特别是脖子上枕骨下的地方，这部分的能量阻塞，使他们有先天视力的问题或偏头痛的毛病。为什么能量会阻塞在这部位？和之前提到的惊吓反射有关，何况出生前后短短几个月的婴儿身体还无法移动，只能用眼睛来探索世界，如果感觉到害怕或是看到不想看到的状况时，只能立刻把自己冻结起来，拒绝让这些不想看到的事物进入身体里。如何冻结？首先就把视神经关闭起来，而视神经正好位于后脑枕骨附近。

以下举几个例子来说明分裂型人格。以我（至青）个人来说，我是属于在这个时期受伤很大的孩子。我的父母非常疼爱我，即使如此，我的内心还是有很严重的"孤儿情结",心里常感觉孤孤单单,莫名其妙地有恐惧感产生。对人也很害怕,大人称做"害羞",对我来说只是恐惧。我常在等,也不知道在等什么,总觉得自己不属于这个世界,有一天会有人来接我,把我从这个世界带走,到另一个不知名的地方。小时候我还是个邻里有名的超级爱哭鬼,听我母亲说,我只要一哭,至少可以哭上两个小时,内心好像有怎么也宣泄不完的悲伤。翻开童年的相簿,只要有我的相片,相片里的我总是侧个脸,歪着头,脸上没有笑容,凝视着远方,好像在等"什么"从天上下来,把我带离这个地球。

这种情形一直持续到我高中、大学。高中时,我念的是北一女,老师总看到我一双大眼出神地望着老师,有时老师会称赞我的眼睛很美,他们总觉得我上课时看起来很专心。但考试成绩一出来,才发现我的眼睛虽大却是大而无当,虽然美却空无一物,以现在的眼光来看当时的我,应该是归入"有学习障碍"(learning-disabled)的孩子,或是得了所谓的"注意力匮乏症"。即使到现在,我有时虽眼望着别人,心早就飞到八方神游了。而我的恐惧是表现在日常生活的各种小节上,举个例子,有时走在路上,不论是路宽或路窄,只要迎面走来一个陌生人,我一定毫不考虑地闪到一边。这不表示我将生活伦理或公民道德的内容落实到生活之中,而是内心深处常有莫名恐惧感在作祟。

除了在我自己的身上可以看到明显的分裂型特征,在我的小病人身上也是历历可见,这就要谈到我的专业。我本身是一位语言病理(治疗)师,平常都会接触到一些身心有障碍的孩子,例如:自闭症、脑性麻痹、吞咽困难症、婴儿厌食症、注意力匮乏症、过动症等等，我多年的治疗经验得出一个结论，不论是什么样障碍的孩子都有个共同点，那就是对生存在世上有深深的恐惧，若不是根本就不愿来这世间走这么一遭，就是在出生前、出生时或是出生后短期内受到严重的创伤。以下举一个不愿来世间做人的例子。

不愿过生日的彼得

有一天，一位年轻的华裔母亲，带了一个五岁的小男孩彼得来找我，小男孩早期被诊断为自闭症，彼得的诊断书上说他还兼有注意力不集中、过动等的症状（但母亲坚持认定孩子不是自闭症）。他能理解一些简单的话语，但不会说话，只有在要求东西时，会发出一些唔唔的声音，但这种单音并不是开口叫妈妈。

由于他们第一次来找我，我必须透过访谈才能了解孩子的基本背景。当我问到生日的时候，母亲神情紧张地对我说："小声点，今天是彼得的农历生日，千万别让他听到，否则今天他又会哭闹到不可收拾。"

也许母亲看到我脸上的疑问，于是接着说："这孩子从来不哭，如果要他哭，那可是件很稀罕的事。他两岁生日那年，我们为他过生日，在家里的墙上贴了一些庆祝生日的贴纸和装饰，说也奇怪，彼得看到这些贴纸，竟然号啕大哭起来，那凄厉的模样，很难让人相信两岁的孩子会有什么悲伤的事情，教他难过至此。

"那年生日过去了，大家也淡忘两岁生日时发生的事情。直到他三岁农历生日那天，爷爷和奶奶到家里来为他庆生，为了庆生还特别为他放了一卷儿歌的录音带，说也奇怪，这孩子听到儿歌时竟然开始放声大哭，我心里觉得很奇怪，不过是首普通的儿歌，彼得为什么这么伤心。

"我心正这么想时，儿歌声一落，生日快乐歌接着响起来了，那一年的生日，和前一年一样，被彼得的哭闹给打乱，又是一个悲伤的生日。接下去几年都一样，今天又是他的农历生日，千万别让他知道，否则又和前几次一样，闹得不可收拾。"

为了能找出真正的原因，于是我征得母亲的同意，想对彼得做一小小实验。我很小声地轻唱生日快乐歌，原本不言不语的彼得突然转过身，看着我（从入门到此刻，彼得一直未正眼瞧过我），我惊讶地发现，彼得的脸变得扭曲而且吓人，豆大的泪珠从他的眼睛滴落下来，突然间他拿起身边的玩具一个个砸向他的妈妈，像是在抗议妈妈为什么要提醒他今天是他的生日。

这件事让我十分挂心，两天之后我决定去找彼得的老师谈一谈。彼得念的学校是一所专门教导自闭症孩子的特殊学校。彼得就读的班级有五六个同学，他们都是自闭症的孩子，只有彼得是华裔的孩子。我和彼得的老师谈到生日事件，老师惊讶地表示："不会呀！平时我们在班上常常为孩子庆生，也曾为彼得庆祝生日，还为他唱生日快乐歌，他表现得很正常，并没有大哭大闹的情况发生。"

就在我和老师谈完话之后，我们决定再为彼得唱一首生日快乐歌。于是，彼得坐在他的助理老师身旁（每一个孩子都配有一名助理老师），我和老师就开始为彼得唱生日快乐歌。说也奇怪，在我们唱歌的过程中，彼得面无表情，只是抬了一下眼皮，轻轻地望了我们一下，歌声完全引不起他的兴趣，他继续玩着他的玩具。

一个智力有障碍、人话听不懂几句的孩子，怎么会知道哪一天是他的生日？我们很难以一般医学的角度去解释彼得的行为，但用疗愈学的眼光来看，彼得受到很大的"出生创伤"，他是分裂型人格一个极端的例子。

彼得的诊断书中指出，彼得的注意力不集中，社交行为退缩，很害怕见到陌生人，还有就是彼得喜欢踮着脚走路。踮脚走路是很值得玩味的现象，对一个从事特殊教育的人来说，踮脚是许多自闭症孩子都有的症状，对脑神经或复健医师来说，踮脚表示脑神经活动异常或肌肉张力过紧的症状，但对我这个也做疗愈的人来说，因为双脚直接接触地面、接触现实，从一个人如何使用双脚支撑身体，可看出此人在面对生命的挑战时或对生活于人世间所采取的观点和态度。

平时踮着脚、不愿与地面有所接触，表示这孩子无法很踏实地生存在他目前所处的环境，表示这孩子不愿做人，表示这孩子对人的世界极为害怕，我常会在注意力不集中、过动儿、脑性麻痹、自闭症的孩子身上发现他们踮脚走路的情形。

以彼得的例子来分析，彼得害怕存在，因而生出了"我要逃跑"、"我将分裂"的负面意念和"我不存在，你也不存在"的低层自我，继而启动了自我保护的防御机制（能量分裂、意识扭曲），彼得不但否定自己所存在的物质世界，也无视于别人的存在，当这种恐惧存在的习惯显现在彼得身上就成了自闭症。

我是专业的语言病理治疗师,我的病人中有40%是自闭症的孩子。他们有一个很大的特点是:自我封闭,害怕和人接触,有的情况是害怕和别人有眼光接触,就算眼光有接触也是很短暂,这些孩子即使看着你,眼光也多半空洞呆滞。他们退缩、社交能力差,在我接触的例子中,其中有好几位脊椎是弯的。

摆脱自闭的凯蒂

有一天,一位启蒙学校的校长邀请我到学校看看几个语言上有障碍的孩子,启蒙学校遍布全美各地,主要是开放给三岁到五岁学龄前而且家庭属于低收入户的孩子来就读。

那一天我到学校去,一个非常清秀看起来怯生生的小女孩凯蒂,特别吸引我的目光。凯蒂只会重复别人说的话,不会回答任何问题,如果你问她"你好吗",她也会同样地回答"你好吗",如果你问她"这里疼不疼",她也同样地回答"疼不疼",就像是一台录音机,录下你说的话,然后重复播放。

我征得老师的同意,翻开凯蒂的衣服,发现这孩子的脊椎呈现 S 形,弯曲得非常厉害。于是我一时"技痒"想为这个孩子做"手触疗愈"。一般来说,我是不会主动为别人做任何能量治疗(疗愈),原因是不论学校、教育局或是家长方面,并不知道我有这方面(疗愈)的专长和背景,当他们来找我治疗孩子的毛病时,都是冲着我的"语言病理专家"的能力而来,而我通常也以"语言病理专家"的治疗法去治疗。除非他们主动提出,或是在所用过的治疗法都无效时,我才会提出试试其他治疗法,比如能量治疗的建议。

这一天我实在忍不住，加上这所学校对我非常信任，于是我提出要为凯蒂做能量治疗。首先，我请老师将凯蒂的头压低，我的双腿夹紧凯蒂俯下的身体和双手，然后我开始按摩她枕骨下的部位。接着，我将手放在她的背后第二轮的地方，开始为她充电，然后从尾骨顺着脊椎向上射入雷射光。

说也奇怪，凯蒂静静接受我的治疗，毫不反抗，在我治疗之后，她夹紧双腿，满身大汗而且不停地颤抖。以动物而言，当动物本身经历了生死攸关的重大事件后，会以颤抖的方式将恐惧表面化，进而消散恐惧。我相信凯蒂的颤抖表示她内心有极大的恐惧，而能量治疗正好帮助她消除深层的恐惧。

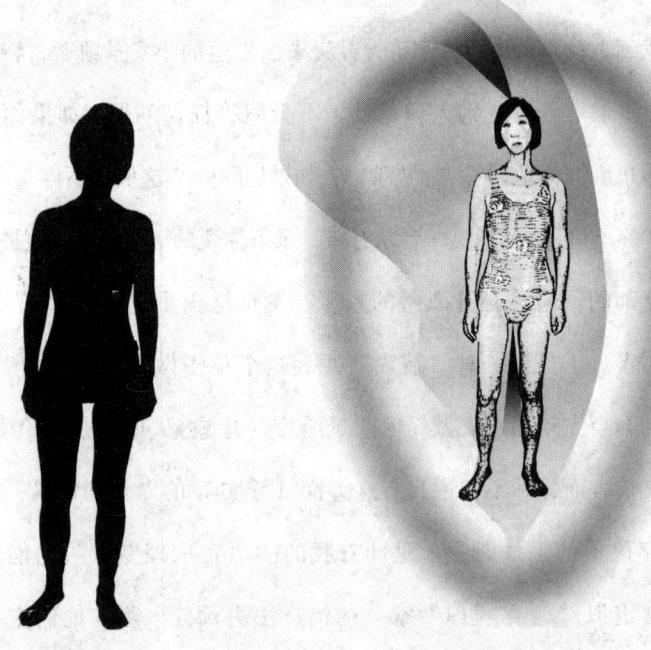

图4-1 分裂型　　　　　　　　分裂型肉体和能量体

凯蒂后来成了我的小病人，除了接受我的语言治疗外，也加上学校老师的努力，她的情况逐渐好转，6个月之后，她在学校的毕业典礼中担纲演出。对于一个4岁而且身心有障碍的孩子来说，一场演出除了需要结合注意力、组合力、记忆力之外，更重要的必须具有"安住当下"不逃跑的临在感。这一场表演大获好评，而她不再是6个月前只会重复别人说话的九官鸟。9个月后为了进入公立小学，纽约市教育局再次为她做全面评估，其中包括智力测验、语言测验及学科测验，所有的测验报告出炉，显示她不再有自闭现象，而且不再需要任何治疗。

分裂型人格

创伤	感觉不受欢迎或受敌视，或肉体受侵犯。
低层自我	低层自我：我不存在，你也不存在。 负面意念：我要分裂。
形象自我	对人对己：我若存在肉体，将被消灭。 对世界：这世界极不安全。
防御模式	常离开肉体，多半时间处于灵性世界中。能量分裂，意识扭曲。
面具自我	我知道你会拒绝我。我不在意物质生活，追求灵性比较重要。我在你不理睬我、拒绝我、恨我之前，先不理你、拒绝你、恨你。
高层自我	特质：与灵性世界联结，强烈感受生命的目的。直觉高度发展，对能量状态很易感。有创造力，充满幻想，人生丰富美妙。肯定正言：我有权活着。我是真的。我存在着。
此生功课	面对内在的恐惧和愤怒，将创造力显现于肉体层次上，让灵性融入物质世界中。完全地融入于人世间。
肉体特征	修长，左右或前后不平衡，身体各部位比例不均。关节弱，手脚冰冷，四肢无力。眼神空洞。
能量体特征	能量内缩，冻结于本体中，无法扩张。头部后脑基部和颈部有能量阻塞情形。

第二节　口腔型人格（Oral）

创伤

第二类口腔型人格受原始创伤的时间多半是母亲哺乳期间，或说从出生后到一岁多。创伤所以发生乃因其需要不被满足，这段时期的婴儿最需要的是有人抚育，婴儿的抚育有两件大事：喂食和爱抚。在肉体和生理上，从口腔到肛门这一长条管子要常饱满而畅通，能吃得饱、拉得顺畅，才能满足安乐；在情感和心理上，要得到大人足够的爱抚和关爱。这肉体生理上和情感心理上两大抚育需要若有任何一方面不能满足，都可能造成婴儿极大的创伤。

和分裂型人格一样，在这时期受伤的人由于未得到抚育和关爱，内心一样会有恐惧产生，极端害怕自己会被抛弃，而他们的一生将不断地重复被抛弃的经历。他们总觉得生命有所匮乏，需要不得满足，自己没人爱，不值得人疼，久而久之，就会形成口腔型的人格特质。

有人爱抚显示自我价值

先谈爱抚，每个婴儿都需要大人的爱抚，这一点大家都有共识：有人摸有人爱的婴儿生长的情况比起没人摸没有人爱的婴儿要快很多。在美国我认识好几个志愿到医院做义工的妇女，她们受过短期的训练，每天到医院探访初生婴儿，她们的职责就是抚摸小婴儿。我的小病人之中就有好几位是美国夫妇领养来自中国的弃婴，他们共同的特征之一就是感官度出了毛病：不是太敏感（感官度高）就是不敏感（感官度低）。拿触觉来说，触觉感官度太高的婴儿不喜欢人摸、不喜欢人亲、不喜欢碰触某些特别的东西（如娃娃的头发），甚至嘴唇不爱碰奶嘴，一碰奶嘴就出现呕吐的反射动作，这样的孩子自然也出现喂食问题，甚至得了"厌食症"。触觉感官度太低的婴儿特别喜欢人抚摸、个性也随和，但感觉迟钝，肌张力不够，也可能出现生长迟缓的情况。

这些领养中国弃婴的美国父母有些曾经在领养之前探访过孩子所在的孤儿院，根据他们的描述，上百个孩子的孤儿院只有几个阿姨照管。想想，这几个阿姨即使有三头六臂，也不可能每天都能抚摸到每一个婴儿，而这种小时没有人疼爱的情况是可以造成巨大的创伤。

掌握吸奶行为表示能满足自我需要

喂食指的是吃和拉，婴儿天生能吸奶能排泄，这是与生俱来的本能，不必经过学习，比如说吸吮反射（东西碰到婴儿的上腭，不管饿不饿马上做出吸吮动作）早在胎儿32周左右已形成，出生后三个月左右消失。婴儿出生后，在具备这与生俱来的吸吮反射之时，同时也发展有意识的吸吮，随着时日增长，他越来越能掌握自己的吸吮行为，就满足自我需要这点来说，婴儿能掌握吸吮行为是件大事，有意吸奶意味着他开始有能力满足自己的需要。如何满足？借着用行动表达需要（如哭泣表示饥饿），借着接受别人所给予的（如吸奶并消化奶的营养），借着分辨饱足感（如知道自己吸够了而放开奶头）；在满足自我需要上，他不再只是被动地由别人摆弄，而是一个积极的参与者。可以说婴儿在发展吸吮行为以求饱足的同时，也为他一生是否有能力满足个人需要、是否有能力"收受"外界所给予的奠下重要基础。

若肚子不饱足会如何？若大小便没人理会如何？这种时候要吸要排或要抱的需要便在体内形成一种压力，婴儿会焦虑不安，通常用哭声来表达这种压力。有压力就得释放，若母亲适时喂奶、换尿片或抱抱亲亲予以安慰，婴儿的焦虑不安于是消失，回到安乐满足的状态，过些时候压力再度形成，婴儿再度焦虑不安，母亲再度帮助他释放压力，如此一吸收一释放的韵律，正如呼吸般地自然，也是整个大宇宙自然的韵律。

此阶段的婴儿活在与天地混沌成一体的状态，尚未发展我与外界有所分别的观念，对婴儿来说，我就是母亲，母亲就是世界，世界就是我。世界就在这种压力形成与释放的一收一放的韵律中运转，而生命就在一吸奶一排泄中进行着，一切如此自然又如此值得信赖，事情自然发展，一切理所当然，饿了有人喂，哭了有人抱，孩子不怀疑世界的丰足圆满，不怀疑自己的能力，他充满自信，也完全信任生命的过程。

然而，人间不如意之事十之八九，吸奶排泄从没如此顺利，没有任何一个母亲能随时随地满足孩子每一分每一秒的需要。母亲不能满足婴儿需要的原因很多：有时是母亲的奶水不足；有时因为家里的经济状况不佳，没有充裕的能力喂饱孩子；有时母亲忙着做家事没注意到孩子该喂奶了；或许是因母亲工作太忙，喂奶时常在很赶的情形下，孩子往往还没吃饱奶头或奶瓶就被移走。有时婴儿肚子痛、胀气，即使母亲随侍在侧也无法满足孩子必须释放压力的需要。当孩子的需要无法满足时，对他整个系统的运作产生什么影响？原本一吸收一释放再自然不过的过程被破坏了，而这破坏不只一次两次，而是几百次几千次，久而久之，孩子不再信任世界的丰足圆满，不相信自己会被人疼爱，不相信自己能饱食温暖，不相信这一辈子有充裕的时间做他爱做的事，不再相信自己有能力应付这世界的局面，自信因而消失殆尽，年纪小小就对世界、对人生失望透顶。

低层自我

婴儿无法供应自己喂食上和情感上的需要，这两大需要非得靠外界供应，因此被人拒绝或遗弃成了他成长过程中最大的恐惧。为了生存，为了不让他受到被遗弃的痛苦折磨，低层自我便勇敢地站出来保护主人，低层自我生出一种负面意念，认为别人有而我没有，因此理所当然别人应给我；同时认为我是受害者（被剥夺）、我是弱者（无能力），因此是别人欠我的，要人"给"我，而我是不会无条件地"给"出去的。因此，口腔型的人不断向外说"我要"，要人照顾，要人给，要人爱，这种种负面意念成了"贪"，成为自我保护的一种方式。

在人际关系上，口腔型的人如果有侵略性要发出来，多半透过语言（如言语攻击）而不是用身体去表达其侵略性。他们自觉不够、内在空无一物，极需靠外界给予肯定和支持，因此与人的关系倾向于依赖，依靠对方的方式是攀缘，牢牢把人缠住，当然，结果反而常把对方赶跑。

形象自我

于是等他们长大,"不够"常成了这一型人对这个世界、对自己的一种特定形象。小时候被遗弃的经验,使得他以为自己不讨人喜欢,只有当我们被人疼爱过,才会觉得自己值得人爱,若不曾被人疼爱,显然是我有问题,就是我这个人一点都不可爱,因此口腔型的人自我形象很低,常觉得自己不够好、不如人、没有能力,而且一文不值。他们觉得这个世界的物质是匮乏的。

对于任何事都觉得"不够"的心理状态,落实在生活中往往就变成"多多益善",说得不好听就是"不知节制""贪得无厌"。吃饭吃撑了也不在乎,衣服同一式样买好几套,怕过一阵子就没货了,上餐馆每一样都要试一点。说到吃的方面,有些口腔型的"不够"会发展到"上瘾"的地步,如酒精上瘾、抽烟上瘾、吃巧克力上瘾、喝咖啡上瘾、享用美食上瘾等。口腔型的人对于时间总感觉到有压力,他的形象是"时间不够",不但自己老觉得时间不够用,别人也总在催他"快点快点";他们若有需要,可能总要求现在、马上、立刻就要得到,也要求别人立刻就要"给"出来。

举个例子,我曾见一个友人打电话找人,一次两次没人接,接下来的10分钟之内连打20多次,还是没人接就开始焦躁不安,情绪大受影响,最后接通了就开始怪罪对方没接电话,之所以会造成这种习惯,可能肇因于在婴儿期母亲赶时间的喂食方式,若现在不把握机会多吸几口,妈妈的奶头马上就要被抽走,又将回到那熟悉的"不够"状态。口腔型的人不但自己紧紧守着这"不够"的自我形象不放，身边的人或事也会不断地加强这"不够"的信念。以我（至青）母亲的教导方式为例，记得小时候拿学校的考试成绩单回家给我母亲，若是 80 多分，母亲总说："为什么考得这么差？"若是 90 多分，母亲就说："下次再努力一点拿 100 分。"不管分数是高是低，在我母亲心目中，只要不满一百分，永远"不够好"。这种不够好的管教方式对我的个性影响极深，而这种永远不满足的心理亦可代代延续，即使我对此现象有所警惕，常提醒自己不要用这种苛责的心态去对待我的孩子，但仔细检讨起来，这些年我对自己两个孩子的管教方式还是受了母亲很大的影响。

我在这里并不是批评我的母亲，事实上这种管教方式在强调谦虚为美德的华人社会里极为普遍，大人总吝于称赞，理由是不要养成孩子自满骄傲的心理，且"爱之深责之切"，对孩子期望越深，管教方式就越苛责，因此这种苛责孩子的情况也没什么好或不好、对或不对。对我个人来说，这正是吸引我今世投生华人社会的重大原因，也是为什么我选择了一对同样具有口腔型创伤的人做我的父母亲，因为他们可以不断提醒我"不够好"，可以提供我一个有所匮乏的"不够"的生活环境，我才有机会做功课、去了悟自己原来"极好"！

因此，看到这里，做父母的千万不要责怪自己，认为是因为自己不够称职，才使得孩子受伤。我们必须强调，每一个人投生到这个世界，都有其目的和使命，而这个目的和责任也就是必须学习的功课。孩子在口腔时期受到创伤，很可能早已设计好并写入孩子的生命蓝图，并非全然是父母的错误，学习经历口腔期的伤害，是这个孩子一生必经的人生过程。

防御模式

口腔型的人通常无法自地球吸收能量自我满足，所以精力不够，必须随时由别人身上吸取已消化的能量来滋养自己，而且是吸进来的多过给出去的。有些人你并不讨厌，但每次和这些人一起总觉得很累，整个人像是被掏空一样。即使你在心理上有自觉要离开，对方却抓着你不放。有这类口腔型防御反应的人，在上腹部太阳神经丛（即第三气轮处）伸出一条或数条无形的带子或管子，通到你的上腹部。这条管子就像个吸尘器，要吸空你的能量，让你无法离开。

"口腔型"的人最常用的防御模式都和口腔有关。有的口腔型爱说话，自顾自地说个不停，说话不是为了彼此沟通，只是借着不断听到自己的声音来防御，你或你身边的人有这样的情形出现时，表示他觉得受到威胁，在那一瞬间断绝了所有感受，必须不断地用听见自己声音的方式来证明自己还活着，也借此证明自己对身边的事物还有主宰权。他们有时话多到令人厌烦，这是因为小时候口腔的需要未被满足，使得能量滞留在口腔，到达不了手臂或身体下部的性器官。他们的一双眼睛像是巨大的吸尘器，渴望和人沟通以吸取能量。在情感上亦是如此，因为婴儿无法供应自己情感上的需要，爱一定要靠外界供应，因此长大成人若仍学不会自爱，也会继续终日向外界求取别人的爱，他们对爱有强烈需求，极度需要人爱，当他被爱了，他像是充了电浑身是劲，充满自信，感觉生命完整。

我们每个人都必须从宇宙万物间吸取能量，这就像我们呼吸一样。但有口腔型防御反应的人无法自给自足，有时候他们会借着轻声细语的方式，让你不自觉地靠近他，好让他饱餐一顿。他们并不是有意如此，而是毫不自知。他们就像佛学经典上描述的饿死鬼，有个永远也填不饱的肚子。

看到这里，请不要先对这型的人做出批判。在追随布兰能老师长达4年的学习过程中，我们常常要对自己的防御打分数，也常写报告，在第一年时，同学中很多人都否认自己有"口腔型"的特质或防御反应，因为大多数的人对口腔型人格都存有偏见；但经过几年之后，随着自己内省和修行的功夫日深，渐渐地，原本不愿承认的人，也接受自己有口腔型的特质。

如果看到刚才对"口腔型"的叙述，你开始觉得这类型的人很讨人厌，那你自己可能正好就有这种人格特质，或是常运用这种防御反应而不自觉。千万不要轻轻放过这个了解自己的大好机会，这正是个线索，从这里开始去拉线，从生活小事里一天拉一点，慢慢地你就找到真正的自我。

面具自我

被人抛弃，一次又一次，最后不再哭泣，不再开口要东西，完全绝望，这是口腔型人格的无助，是他一生不管在肉体上、情绪上、心理上的翻版。

面具自我为的就是用来遮盖我们自认为人格中不完美的部分，用来遮盖我们的创伤、防御、主要形象、低层自我的工具，他们觉得什么都不够，既然无法满足自己,所以就试着向外寻求,然而他们不懂得如何去要求别人给予,但又觉得必须向外寻求是一件丢脸的事,他不愿承认这人格中被他引以为耻不完美的部分,因此千方百计去掩盖自己对别人有所需求这一事实,对外在的世界就塑造一副被美化的面具自我:"我不需要你。我不会去要求。"

因此口腔型的面具自我,否认自己有需要,对外在的世界塑造一副无所求的面具,但私底下又会释放一种讯息:"我不主动要求,但你们要懂得给我,照顾我。"除此之外,他更进一步发展出反作用的防御,比如说他把这种渴望有人养育、有人照顾的心态,转换成去养育别人、照顾别人,但潜意识里总要求回报,因此,他们对外戴着慈悲和爱心的面具,对内也以为自己很有爱心(面具有两面,一面对外,一面对己)。

很多口腔型很爱付出,很能奉献牺牲,因为透过服务他人,他本身被人需要的需要因而得到暂时的满足,然而,他们通常不自觉肩头负担过重,也不自觉付出过多的心力已远远超过自己的能力,因此很快就枯竭,不管在肉体、情绪或心理上迟早会出毛病。因为只要称得上"牺牲"就要付出代价,付出代价自然心有不甘而要求回报,而要求回报的爱过不久便会干枯,这就是面具爱心和本体爱心的分别。自性本体的大爱源源不断、永不枯竭,而面具爱心是为了"得"才"给",得到的自然不会多(且大多时候被人拒绝),由于不断地付出而导致快速精疲力竭,内心越来越空,越空就越向外求,永不得满足,形成恶性循环。

高层自我

口腔型的高层自我极其聪慧,而且能言善道,是个天生的好老师。对很多事都抱着好奇的态度,很有正义感,对很多人都怀着爱心,如果说口腔型的面具自我是"爱心",那么,当他揭开面具,步步往回走时,将可找到高层自我的慈悲是那么地光辉灿烂、温暖人心。

口腔型的人生功课,就是去学习满足自己现在拥有的,不再常常觉得不够,同时要学习"受"和"给",更要学习怎么去开口"求",另外,在生活上能自立、自爱、自我满足,唯有这样才能避免被抛弃的经验重复发生。在时间上也要学习如何掌握时间而不必觉得"不够用",告诉自己"我有的是时间,不必急在一时";更重要的,要慷慨地给自己时间去犯错,也就是说,允许自己犯错,因此犯了错也很好,不必自责。

肉体特征

就整体架构来说,典型的口腔型身体瘦长,极端的个案会让人觉得只剩皮包骨,看起来营养不足,整个身体结构松垮无力,全身像是发育不良,风吹便倒。他们下半身很弱,因为他的自我支撑系统脆弱无力,站立时两个膝盖打得笔直才能站稳脚步,双腿无力,长时间用力就会颤抖,脚下可能是两只扁平足。

由于长期压抑需要不被满足的悲伤及愤怒,长期感受被抛弃后之失望乃至绝望,最简单的解决办法自然是限制呼吸,限制呼吸就可限制感觉,因此口腔型的呼吸正如同分裂型一般：又短又浅，如此一来便可不必去感觉那锥心之痛。这种解决问题的方式产生了口腔型特有的站姿：额头向前、两肩前伸、前胸塌陷、腹部凸出。读者不妨试试这种感觉沮丧或绝望的姿势：当你胸部下陷时两肩自然前伸，小腹自然凸出，你的头部也自然向前，走起路来像整个身体被头拖着走。至于下陷的胸部易压迫心肺，影响循环及呼吸功能，严重些的呈现突出来的鸡胸（胸骨突出但肋骨下陷）或者成凹陷的漏斗胸。此外，为了抑制哭泣（因悲伤或愤怒），口腔型的人会紧缩下腹部的肌肉（此举使他更无力做深呼吸）及颈部到下巴的肌肉（使他常觉肩颈酸痛、头痛或有着与口腔有关如磨牙、TMJ〔颞腭关节症候群〕的毛病）。另外，由于口腔型的人抗拒地心引力的能力较差，使得他的两肩可能是向下斜削的。

整个人由侧面看来，他的头顶、耳孔、肩峰、髋骨中点、膝盖中点、一直到脚踝中点这许多点都不能保持在一条直线上，你若画条线连接以上各点则可能出现两三条弧形线，也就是说他们的身体，不能保持正位。如果身体不能保持正位，地球的能量无法顺利往上进入身体。受创伤的时间若是属口腔型的早期，其肌肉松软，平滑肌张力较低且没有弹性。为什么肌肉松软？就心理层次上，伸手向人要却要不到，很早就绝望、放弃，因为"求不到的，别求了，向外求太难了"这种心理过早形成，在肌肉还没有机会去充分锻炼之前就被剥夺，因此在肉体上形成弹性过低的肌肉，前面提到我的小病人中有几位是弃婴，其中触觉感官度太低的婴儿就有着这种弹性过低的肌肉，也因此出现喂食上的问题，由于位于两颊的咀嚼肌肌张力不够，无力抵抗地心引力，他们的嘴在不说话不吃饭时也是张开的，外表上可以看见舌头顶着下齿，两边的嘴角常泛着口水的亮光，情况严重些的就流着口水。

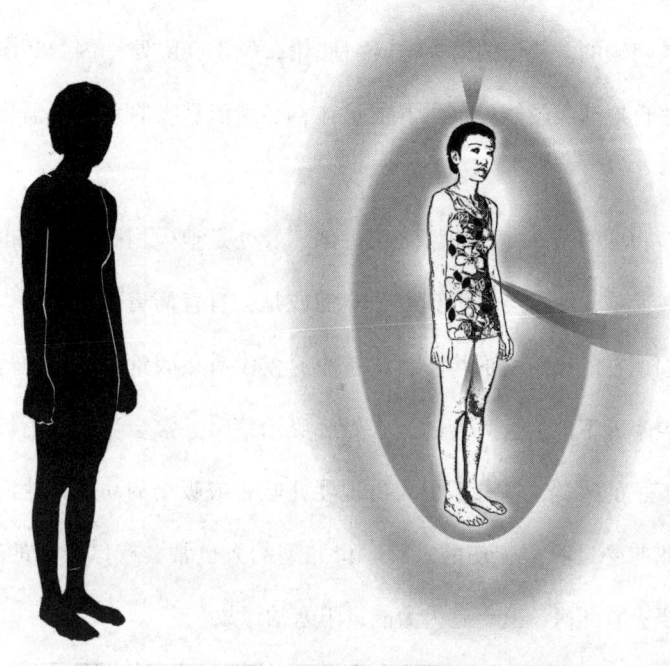

图4-2　口腔型　　　　　　　口腔型肉体和能量体

由于神经肌肉和感官上的反应较迟钝，因此喜欢人抱、渴望人摸，表现在个性上则很随和可亲，在饮食习惯上，他们通常爱吃可平滑下肚的面食，不爱吃青菜或任何需咀嚼的食物。当然，这过低的肌张力不只出现在口腔，全身的肌肉甚至内在器官亦可能松软无力，因此可能常有消化系统上的问题。

能量体特征

以整体来看,他的能量体也是细长形的,能量呈现不断外泄的情形。全身的气轮除了位于眉心的第六气轮和头顶的第七气轮是打开的之外,其他的几乎是闭锁的。他们的第一轮(海底轮,位于会阴处)因为是闭锁的缘故,无法自地球吸收能量以供养能量体,必须依靠吸取别人已消化的能量才能生存。

口腔型和分裂型一样,能量聚积头部,好处是他爱用脑筋,但也常使能量阻塞在后脑,所以会感觉到脖子疼痛或是会有背痛肩酸的情形。另外在口腔周围也有能量阻塞的情形,由于小时候没有被喂饱,悲伤的情绪就聚集在口腔附近不散,这类型的人在做呼吸治疗时,常会在嘴巴附近有麻痹到动弹不了的感觉,还有不少人出现婴儿吐舌或吸奶的动作,他们正是在经历婴儿期受口腔型创伤的过程。口腔型的人也常会有口腔上的问题,因而常常要去看牙医,这也是因为能量阻塞的缘故。

口腔型人格

创伤	被剥夺、遗弃。
低层自我	低层自我:照顾我,因为是你欠我的;我不给。 负面意念:我不需要,我会让你给出来。
形象自我	对人对己:我永远不够,我的需要也永远不能被满足。 对世界:世界的物质是匮乏的。
防御模式	用多话惹人注意;去吸取别人的能量;侵略性多透过语言而非身体去表达;吸收进来的多过给出去的。

续表

<table>
<tr><th colspan="2">口腔型人格</th></tr>
<tr><td>面具自我</td><td>我不需要你；我不会去要求。</td></tr>
<tr><td>高层自我</td><td>特质：聪明、能言善道、天生的老师；兴趣广泛；精于睿智的仲裁及强调证据；能时常付出爱心于所认知事物。
肯定正言：我足够了；我满足又富有；我有权去拥有，有权去要我需要的。</td></tr>
<tr><td>此生功课</td><td>学习不求回报的付出，了解自己的需求，并尽可能地给予满足。</td></tr>
<tr><td>肉体特征</td><td>结构松垮无力，肌肉松弛，身形瘦长。手脚冰冷，站立时胸部凹陷，肩膀下垂，膝盖挺直才能站稳，双腿无力，扁平足。</td></tr>
<tr><td>能量体特征</td><td>能量场空竭；主要能量聚积头部，智性体泛明亮淡黄光，多数气轮关闭但第六或七气轮可能打开。</td></tr>
</table>

第三节 忍吞型人格（Masochist）

创伤

我们常听人说"七坐八爬"，八个月开始爬出第一步，到了一岁左右，孩子开始踏出第一步，也能开口喊第一字，这"第一步"或"第一字"意义非凡。不论是爬或踏出第一步，都表示他有能力逐渐脱离母亲，开始发展自主能力。说出第一字（通常是"妈"或"爸"），表示他不再停留在"世界即我，我即母亲"，表示他开始有能力分辨别人与自己是两个截然不同的个体。此时的孩子不再被动地躺在床上让人摆布，可以主动朝向所要的物体前进，表示他已开始具选择能力，也开始会表达自己的好恶及意见，能够开口或在行动上拒绝表示"不"。

当独立自主的需要被剥夺时

正如同分裂期有"感觉存在"的需要，口腔期有"喂养"上的需要，忍吞期的孩子在发展过程中最重大的需要就是要感觉"自立自主"，母亲或是照顾孩子的保姆或亲人，对待孩子的态度往往决定孩子日后的人格发展，孩子从此时一直到两三岁之间，如果寻求自立自主的需要不能被满足，或者受到过分的压抑，孩子在日后就会形成忍吞型的人格。

忍吞型人格受到创伤的时期，始于八个月至一岁开始学爬行，终于三岁学习大小便的时段，这短短的两年对孩子来说，不管在肉体上、心智上都是变化最大最剧烈的时期，随着运动机能和神经系统的开张，一个新时代来临了。

就肉体的运动机能来说，八个月大开始学爬，他可以主动朝向物体前进，到了一岁左右，孩子会摇摇晃晃踏出第一步。

就心智上来说，到十个月左右，孩子开始发展认知能力或想象力（想象力不但是将来抽象思考的基础，也是创造力的基础），到了一岁五个月，想象力更上一层楼，一般的孩子已能"假装"睡觉，拿着空杯子假装喝水，二岁左右，扮家家酒的假想能力已从自己身上伸展到别人，可以假装自己是妈妈在厨房炒菜，菜装入小碗用小匙喂娃娃吃。

在人际关系上，孩子重新界定与爸妈的关系，开始拒绝大人的协助，他勇敢地走出爸妈的能量保护场，到处走、爬上爬下，而且什么都自己来，吃饭要自己拿汤匙，玩起玩具也不许大人干涉。在语言上，一岁左右能开口喊第一字（通常是"妈"或"爸"），过几个月也能用语言回拒大人说"NO"，总之，所有的发展都向着大人发出讯息："我有能力自立自主，请你们不要管我。"

然而，此时的孩子虽立意独立自主，身体各部的功能也支持他去发展自立自主能力，却未成熟到能真正自主，时时需要大人在旁协助或维护，才不会在向外界探险时撞得头破血流。（孩子通常也知道自己需要大人协助，比如十三个月大的孩子，已会把打不开的盒子或不会操作的玩具交给大人，等候着大人帮助），有趣的是，孩子虽需要大人协助，却通常拒绝大人"管教"。

双亲的压迫和侵犯

做父母的能放手让孩子自立自主而不管教吗？孩子去摸厨房里的火炉开关，大人一定是严厉禁止，做父母的有太多"担心"，担心他跌倒不许他爬，担心他刮伤不许他碰，担心他受寒一定要给他加衣服，担心他长不大硬逼着他吃下这口饭。这些适当的管教本是最理所当然的，但若管教过头就成了压迫性的侵犯，也会造成本章节所要谈的"忍吞型"创伤。

怎样是压迫性的侵犯？有些父母或是照顾孩子的保姆或亲人，过度控制孩子的身体功能或心里想法，如强迫喂食及排便、控制孩子的思想。换句话说父母亲非常强势，请注意，这里所讲的"强势"或"侵犯"并不光指凶巴巴的压迫性管教，也包括温柔万千的强势关怀或甜言蜜语的强势控制。总之，由于父母过度控制孩子的想法或身体的功能，忽略孩子本身的情绪或灵性的发展，以致于孩子不能自由地表达自己的意见和想法。

强势的父母对孩子的控制无所不在，他们视子女为自己的一部分，任意侵犯孩子的肉体和能量体，这种侵犯常表现在日常生活上，特别是在"吃喝"和"拉撒"这两件人生大事上。例如：孩子也许吃饱了，或是肚子不饿，做父母的总以自己的想法，去判断孩子吃饱了没，也许父母亲认定了孩子要吃完一碗稀饭才算饱，不论要耗多少时间，他们一定会跟在孩子身后，硬是把手上的那碗饭塞进孩子的肚子里。有时候，父母亲担心孩子冷，硬是帮孩子多加衣服，其实孩子是热得想把衣服脱掉，这时候，母亲可能很严厉地对孩子说："你要乖，不许脱，如果你脱了妈妈就不爱你了。"对于孩子而言，母亲是天，是上帝，母亲供给他一切所需，是孩子的所有。如果他对母亲说"不"，不但天会塌下来，他的一切也会没有，他不能违背妈妈的旨意，如果他违背了母亲，那就是做坏事，母亲就不再爱他，于是孩子硬是把自己的想法"忍"下来"吞"回去，默默接受母亲的安排。

我们在这里所谈的受创伤，并非指一两次的偶发事件所造成，而是父母对子女经常性的入侵，然而，即使父母经常压迫性地侵犯子女，也不一定日后会造成忍吞型的人格，必要条件是孩子本身就带着忍吞型人格的功课来投生人世间，再加上父母不断地侵犯，子女于是形成这一生最原始的创伤。

除了"吃喝"，另外一条控制孩子的途径便是"拉撒"，在一岁多到三岁前这期间，大多数的父母会开始训练孩子大小便，然而，此时有些孩子肛门括约肌和尿道口括约肌张力尚未发展好，偏偏父母强迫要求，马桶里如果没有父母亲期待的"结果"，孩子休想从马桶上离开。有的孩子即使肌肉都发展完全，但被父母的强势吓坏了，因而无法放松括约肌顺利排便。有时孩子尿湿裤子或大便在裤子上，也都遭到一顿严厉的说教或干脆一阵打骂。这些强迫大小便的硬性训练法让孩子很小就很受挫折，感到自己是个失败者，认为在身体里的自己又脏又坏，所以一定不让它出来，出来就遭羞辱。

无法自在表达的忍吞型

在我的个案中，有个典型的忍吞型，他二十七岁，体型厚重，肌肉硬实，眼神透着悲伤，声音微弱，说起话来句子断断续续，句中总有一两个留白，像是随时等候别人为他做填充，他说他最大的问题在于"表达"，总感觉喉咙被什么"卡"住了，说不出要说的话，希望我能为他解决问题。他是一家大公司的会计，工作认真，很得上司器重，但最大的困扰是不能表达意见，一开会，大家总抢着在他之前发表意见，他的意见早被人家说光，好不容易等到他发表意见，别人却没耐心听，常常中途被打断或干脆整个话题被抢去，再也没他发言的余地，他常为此生气，一生起气好几个小时都说不出话。

这种喉咙被"卡"住的情况也常发生在人际关系上，比如和女朋友吵架，心里想道歉说对不起，手想去拉对方示好，但舌头好似打了结，身体像结了冰，两手伸不出去碰触对方，"对不起"也始终说不出口。他说他常觉得自己精力不足、容易疲劳，但别人看他却是任劳任怨、精力旺盛。除此之外，他还有便秘的老毛病。我请他谈谈小时候父母喂食和训练排便的历史。

他小时候大多数时间是由慈祥的外婆照顾，而外婆在喂饭时，常很有耐心地强迫他一定要吃光碗里的饭，哪怕是花上个把小时，外婆也在所不惜。父亲对训练他上厕所极其严厉，常要求小男孩一定要有"交代"才能离开马桶，若不小心出了意外，免不了一阵体罚。这些对身体的入侵，都让他养成了凡事保留不轻易"外放"的习惯————不轻易表达意见，也不随便外放大小便。

他回忆起自己在上小学时有一个很大的毛病，就是"肥水不落外人田"。在学校的时候，他从不上大号，一定是等到回家才解决。可是有的时候忍不住，特别是肚子痛的时候，就会把裤子弄脏，而整个教室也被他弄得臭气冲天。老师打了好多次电话，告诉母亲他有上厕所不说的问题，母亲带他看了不少医生，始终解决不了问题。对他而言，说出想上厕所是件丢脸的事，一定会遭到羞辱，让众人知道他要上厕所，是很难以启齿的事。

这种不轻易"外放"的习惯，从小延续到大，不只是有上厕所的困扰，工作上亦不能如意地发表意见，感觉周围的同事都想压迫他、欺负他。即使是现在，他还是习惯不在外面如厕，他自嘲地说："难怪我长年会有便秘的问题。"

父母强势的控制在生活上是不间断而且全面地淹没孩子，而这种控制不只是针对孩子的肉体，甚至入侵到孩子的创意和想法。比如说，孩子拿了自己的画作，兴高采烈地拿去给母亲看，孩子心里想画的明明是一支色彩缤纷的棒棒糖，母亲的反应当然是很开心，但在母亲的眼里，孩子画的是一朵花，于是母亲对孩子说："我的宝贝真聪明，画了一朵漂亮的花。"孩子一听摇摇头,想要否定说"不",很想努力澄清不是花而是"棒棒糖"(别忘了这时期的孩子语言表达能力极为有限),母亲睁着眼睛说"这是一朵花",孩子外表顺从了,但他的创意被否定,意见被拒绝,心里有"NO"却又表达不出,也不敢表达。随着时日推移,孩子一天天成长,日常生活里的"NO"越积越多,不断发酵,产生了许多的怒气,这些忍气吞声的怒气就在身体里堆积,越藏越深,越压越实,但表面却一点也看不出来。

低层自我

表面上,忍吞型的人是个顺臣,但满腔的"不"并不会使他真正地顺从,满腹的愤怒无从向外宣泄,这股力量就回头向内先伤自己,"我恨我自己",私下生出许多对别人的负面意念,"我恨你控制我""我讨厌你,而且我要刁难你",对人对己的仇恨不能向外表达,因而产生忍吞型外顺内逆的特质。他的低层自我说:"好,我给你你要的,但我不会真正给你,你不能真正奴役我。"积极抗争既然不可能,忍吞型之人只有靠消极抵制才能感觉自主权。他们长大成人在团体中常抵制别人的领导或拒绝改变。也由于他早期向外界寻求欢乐的欲望太早被压抑,他内心无法产生做事的动力,不但对任何事或活动采取消极态度,做起事来也毫无乐趣。

表面上再顺从,骨子里的态度却是很负面的,这型的人好抱怨、爱嘀咕,也常怪别人,他们喜欢询问别人的意见,当别人给予他意见时,他们会开始埋西怨东,一个也不采纳,常让给意见的人内心产生不愉快,觉得自己多此一举。忍吞型的外显行为常是谦恭有礼,有时甚至到卑躬屈膝的地步,但他们有时喜欢操控别人,之所以操控别人,是因为想激怒别人,因为当别人因受到操控而生气时,忍吞型的人才有借口反击,藉以发泄内心的愤怒能量。

形象自我

忍吞型有满腔的意见却无法表达,有许多的创意却不能发挥,因为他有个主要形象:"如果我表达自己,我将会被羞辱,所以我必须隐藏我内在的本质或想法。"这型的人由于长期受到外在力量的入侵,有很多被羞辱的经验,当然,这些羞辱感都是从自己的观点出发,并不代表别人真正想给他们难堪。

他认为只要他表达了自己的感受或想法,他身边的人就会离他而去。正如孩童时期的他,必须忍气吞声才得换取父母的爱。这种"有条件"的爱使他对父母生出许多恨意,但他又需要对方的爱,也使他长期陷在爱恨交加的困境中。由于恨,他自责很深,他们轻视别人也轻视自己,心里怒气越多,自责越重,越轻视自己也轻视别人。

长期被剥夺了自主能力,长期把自己深深地藏起来,自然培养不出自信心,越无自信就越轻视自己,即便有了勇气走出堡垒,也不敢单独行动,凡事最好有人陪伴,或至少得通过别人的"认可"(正如小时候父母长辈的"认可")才肯担当。也因为习惯于隐藏内在的想法,忍吞型的人和别人一起时绝非领导者,他没什么冲动或欲望去做某件事,即使有冲动或欲望,也因为有别人在场,冲动或欲望在他能用语言表达之前早已消失无踪,他完全捕捉不到属于"自己"的主意,相较之下,臣服于别人的愿望和冲劲,比自己出主意轻松多了。

防御模式

被人侵犯、羞辱、控制,感觉自己走投无路,他的自卫行为便是躲到自己的身体内,在外建一个厚实的堡垒,自己则闪入堡垒深藏不露。由于认为一放出来即遭羞辱,因此情感、思想、需要、自我全都埋在内里。

深藏不露的不只是怒气,忍吞型的人也表达不出自己的精华,他对许多事情皆有所保留:保留情感、保留自己的创造力,当然也保留他们最好、最精华的部分,亦即他们的自性本体。

布兰能观察到有些忍吞型会伸出触须,向着他人的太阳神经丛部位去捕捉别人的本质。会用这型防御反应的人,通常自己有许多精华本质而不自觉,事实上他们最需要的不是从外界捕捉,而是把自己的给出去。另一种忍吞型常用的,也是向外求的防御反应,会用这种方式的人,非常喜欢别人的帮助,比如喜欢询问别人的意见,问完甲之后又去问乙,有趣的是,花了许多时间征求意见,结果一个也不采纳。除了上述两种防御,还有一种称之为"射手"的反应,这型反应通常是在受到威胁时将箭射出,中箭的人会觉得十分疼痛,这么做的目的是为了要挑衅对方,撩起对方的怒气,为自己的怒气找一个发泄的出口。

面具自我

天真无邪的娃娃脸是忍吞型理想的自我，至少是他认为自己应该呈现出来的样子，而这娃娃脸正是他的面具自我，"我会在你消灭我之前，先把自己消灭"，消灭自己的方式就是自动向敌人缴械投降，他们早在别人奴役他之前就先将自主权拱手让人，早在别人否定他之前就先否定了自己的自性本体。他们的面具自我非常体贴、讨喜，待人彬彬有礼，很懂得顺人意，也懂得照顾别人。外在的顺从给人稳重可靠、有毅力的感觉，他工作努力认真，很想面面俱到。然而，当他们对外去讨好人的同时，内心正进行自戕行为。他们喜欢自我奉献，有取之不尽的同理心和同情心，却常忘了自己的立场和权益，这个弱点很容易被别有私心的人利用。

忍吞型的人很能感同身受，直到和对方化为一体，因此失去了自己的观点，变成应声虫，再也找不到原先的自我，而真正的"自性本体"呢？深深地隐藏起来绝不示人，这可爱的娃娃面具是来应酬别人，用来遮盖他的创伤、主要形象、低层自我，它同时也切断了和内在精华本体的联系。

高层自我

高层自我和面具自我正像是真品和冒牌货，虽然两者质量相比可能有天壤之别，但从冒牌货我们对真品可略窥一二，因为冒牌货想要模仿的正是"高层自我"！因此，忍吞型的面具自我的本质可以说就是他的高层自我，只不过这美丽光辉本质的背景不再是为了自我防御，不为了讨好别人，不为了争取别人的爱，不再有罪恶感，他能完全毫不迟疑无拘无束地表达自己的意见和感受，他对别人的痛苦有深刻的感受力，他很能在危机中生存，对人忠诚，很少惹是生非，很稳重，在事业上可共度艰难。

一般而言，忍吞型的人比前二类的人格型较能在地球上生根，更能踏实地过日子。如果忍吞型不再需要自我防御，他们的本质通常是极其善良，心胸宽大，很热心也很会照顾人。工作上非常卖力，有毅力能坚持到最后，在我们周围常会看到一些非常苦干的务实型人物，每天必须日理万机，在职场上成功的经理阶层，很多都是忍吞型。忍吞型的人生功课是什么？要能移转停滞不流动的能量，充分感受自由的生命，毫无保留地表达自己的实相。

肉体特征

能量不断被身体又"忍"又"吞"的结果，在肉体上有何特征？这些能量就让他们的体形不断地膨胀，往横的方向发展，看起来就越来越厚重或圆圆胖胖。这些塞回体内的能量，建筑成一道厚实的堡垒，使得忍吞型的人有非常壮硕结实的肌肉，但肌肉摸起来并不是如运动员般有弹性的结实，而是不活泼的僵硬。有的忍吞型背部圆凸，肩头浑圆厚实，可能稍向下垂，不如控制型的宽阔或高耸，走路和站立时，手掌向后，和大多数人掌心朝向双腿不同。他们的脖子短，如果身材矮一点就成了五短身材，总之由于全身能量紧缩的关系，忍吞型的人整体看起来是重量级的身材，且屁股紧缩，像只落败的小狗。忍吞型的人双腿有力，能很踏实地在地球上生存，但是他们的能量却不能从腿部往上走，整个身体的能量不流通，呈现停滞不动的状态。

能量体特征

整体来看,忍吞型的能量体正如他的肉体,由于压挤得厉害,看起来变得很大很壮实,压得紧实的能量在能量体中停滞不前产生什么结果?能量自然不能自由流动,最明显的结果就是改变了第二、第四、第六层能量体的结构,使这几层原本像流水般的非结构型能量体也僵硬起来。至于第一、第三、第五、第七层本身就有线条结构的能量体,由于承受的压力太大也因此发育不良。

图4-3 忍吞型

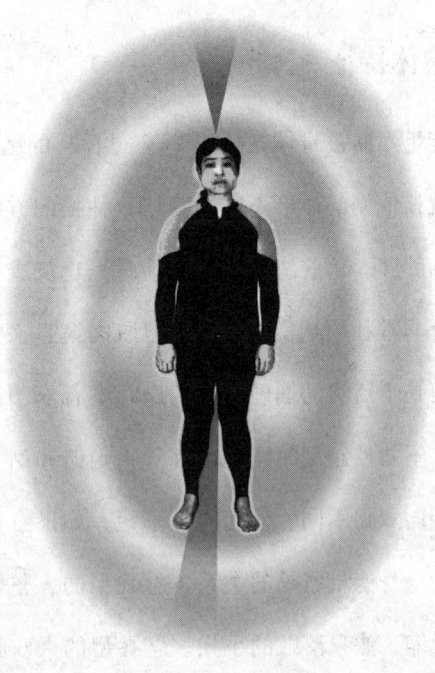
忍吞型肉体和能量体

在人际关系上可能毫无"疆界"概念

忍吞型的能量体还有一个重要特征就是,能量体发育不良的结果也使得周边的疆界尚处在低度开发阶段,且常有漏洞。由于没有明显的界线,忍吞型的能量和外界入侵的能量混在一起,正如小时候父母的能量入侵,他们常分不清哪一个是你的,哪一个是我的。这一点和分裂型对能量入侵的感受截然不同,也可以说,两者对"疆界"的感觉也不同,分裂型的人对外力极为敏感,一感受外力入侵反应激烈,防御行为是立刻拔腿就跑,但忍吞型的却可能完全不在意外力入侵,甚至"欢迎"外力入侵,他们可能根本不知何为"入侵",因为从小就习惯母亲强制性的喂养方式和能量入侵。小时候母亲对于自己意见及创意的忽视,常让忍吞型的人不知道自己有的一些想法,到底是自己的还是别人的。在与人相处上这种模糊和困惑使得他们长大后分不清界限,何时我该前进,何时我该后退,何时要和人保持距离,何时该开口说"不"拒绝别人,何时该向人求助等,他可能毫无概念,甚至有时不知世上有"求助"这回事。

就气轮上来说,忍吞型的喉轮(第五轮)尚未开发,通常是闭锁的,从小不能自由表达真我,意见也不被重视,因此说起话来可能细声细气,像是毫无自信。我们两人在做集体呼吸疗愈时,总发现要忍吞型的人叫喊或大声地发音特别困难,有时偌大的身体,但叫喊起来像嗡嗡的蚊子。

忍吞型人格

创伤	父母的侵犯或控制；强迫喂食或排便；不注重情绪或灵性上的需要。
低层自我	低层自我：我不会真正给你。我讨厌你，我要刁难你、激怒你。 负面意念：我要否定，我喜欢负面的想法。
形象自我	对人对己：表达自己会被羞辱，所以要隐藏内在的想法。 对世界：人人都要控制、羞辱我。
防御模式	如果我表达自己将会被羞辱，所以我必须隐藏我内在的东西或想法。
面具自我	我会在你消灭我之前，先自我了断。
高层自我	特质：心胸宽大、很能给、富创造力、有毅力（择善固执）、有耐力、工作认真。 肯定正言：我自由自在，没有人能控制我。
此生功课	移转滞留的能量；去感受及表达自己；充分地表达真我，承认自我的灵性。
肉体特征	身体沉重，结实强壮，驼背、垂肩，眼神痛苦哀怨。 喉部、颈部、脸部、髋部、臀部、腿部较不灵活。
能量体特征	紧压的能量往内缩，停滞不流动，充满于非结构的能量体（第二、四、六层），结构的能量体（第一、三、五、七层）发育不良。疆界未开发、有漏洞。第五气轮通常关闭。

第四节　控制型人格（Psychopath）

创伤

在这个章节我们将要开始谈谈和恋父恋母情结有关的控制型人格。什么是恋父恋母情结？

每个孩子在两三岁直到更大的年纪，开始意识"男女有别"，在这个年纪，小男孩会对母亲产生爱恋的情愫而讨厌父亲，而小女生则爱恋父亲讨厌母亲。事实上，两千多年前的佛教经典《大宝积经》及一千多年前的《西藏渡亡经》（此书于 1927 年首次在欧洲露面，心理学大师荣格为它写了前言，在西方造成很大的震撼），早就对人类的恋父恋母情结提出最根本的解释：恋父恋母情结远在我们投生这世之前就已经存在了。当一个意识要投胎到母体之前，意识会见到男女或阴阳交合的景象，由于过去多生的业力和缘分，碰到这对将要成为自己父母的男女正交媾时，就如同在看色情书刊或电影，这个意识会产生很强烈的性欲。而这强烈的欲念使他如醉如痴地取代了原来的主角，如果对母亲产生爱欲则投胎生为男身，因而讨厌父亲；相反的，如果对父亲产生爱欲则投胎生为女身，因而厌恶母亲。

西方心理学大师弗洛伊德也谈恋父恋母情结，1899 年弗洛伊德在自己的著作中，从希腊神话尹底帕斯的故事提出关于恋父及恋母情结的说法。弗洛伊德认为恋父恋母情结是儿童在三到五岁所必须经过的心理过程，小男孩会对母亲产生爱恋的情愫讨厌父亲，而小女生则爱恋父亲讨厌母亲。小女孩在这阶段，可能就会开始模仿母亲，学穿高跟鞋、喷香水、抹口红，为的就是能得到父亲的爱，而小男孩开始玩些如工具、刀剑等的玩具，或玩些展现雄性力量的游戏，这种模仿会让小孩子逐渐认同同性而正常化。这是每个孩子都需经过的成长过程。

微妙的三角关系

这段时间在"性"方面的心理发展，对孩子的一生往往有很重要的影响。父母亲的男女角色恰如其分，对孩子人格的发展有关键的作用。如果这个模仿的时期发展得不顺利，也就是说孩子需要一个认同同性父母的需要未被满足，孩子就会受到心理的创伤。

当小孩长到三岁左右，在小女孩心里，由于爱恋父亲，对母亲产生忌妒和恨意；在小男孩心里，他觉得自己是母亲的小情人，而对父亲产生排斥。这个时候，不论是女孩或男孩，都会陷入和父母亲之间的三角关系之中。在这个时期会有一些微妙的状况产生。

这种微妙的三角关系怎么解释呢？

比如说，举个向我们求助的个案志明的例子。志明的父母亲婚姻不美满，从他有记忆以来，爸妈常吵架，只要一吵架，母亲总把志明拉入自己这一边要他做"盟友"，吵完架总有好几天母亲会对着他数落父亲的不是；似乎母亲永远是对的，而且永远要占上风。以孩子意识来看，往往打赢的一方是好人，输的一方是坏人，志明很早就学会从母亲的眼光来审判父亲，因此，同性的父亲自然是坏人，父子关系于是遭到破坏。

由于从丈夫身上得不到感情，母亲转而向志明求感情上的慰藉，母亲潜意识里期望志明能取代丈夫的角色，因此言语上常拿儿子和丈夫相比，"你真了不起，会帮妈妈提东西，你爸爸才不会！"不但如此，母亲甚至有意无意地用"引诱"的手法赚取儿子的忠诚。到了青春期，志明对女孩子开始有兴趣，母亲表现出强烈的嫉妒，并不断对志明强调他不应该去爱任何人，只应该爱妈妈一人。

做女儿的情况亦同。我们曾有个个案，是典型的控制型人格，她回忆童年时父母的关系，母亲是传统的柔弱女性，无自立能力，一切唯父亲马首是瞻，毫无主见。"我小时很看不起她，总觉得我才是爸爸的最爱，我做了所有一个妻子该为先生做的事，并引以为傲。爸爸回到家，我给他拖鞋，倒茶给他喝，为他盛饭，妈妈太忙，没时间照顾爸爸，爸爸常说我是他的小太太，这种情况到长大仍如此。我很会算账，很会写字，爸爸从办公室带回的公文常交给我处理，高中时代的我打字速度很快，而妈妈从未受过教育，目不识丁，更不用说英文打字了……"

又比如说父母双方的性别角色倒置，和社会上约定俗成的阳刚与阴柔的性别角色相反，爸爸是怕太太俱乐部会员，妈妈是个霸道的独裁者，独揽家中大权。趾高气扬的妈妈痛恨男人，轻视自己的女性角色，时时和男性竞争，与之一较长短。孩子没有一个恰当的性别角色可以效法，成长过程也很崎岖，日后跟异性相处时问题丛生。总之，控制型人格养成都与孩子在这段时期所观察到父母的两性关系和所养成的对两性的态度有关。

在这个时候，如果没有妥善处理，孩子就会受到心理的创伤。然而，做父母的千万不要责怪自己，我们必须再次强调，每一个人投生到这个世界，都有他必须学习的功课。孩子在控制型时期受到创伤，很可能是早已设计好并写入孩子的生命蓝图。前面两种情况（父母角色阴阳倒置或父母不合使孩子陷入三角关系中）看起来都像是父母亲造成的，都是外在环境因素使孩子受创伤，然而，如果这孩子原本就带着控制型的人生议题投生此世间，那么，即使父母亲婚姻再美满，父母男女角色也未倒置，孩子一样会陷入微妙的三角关系，觉得自己被异性的父或母出卖，因而日后形成控制型人格。

背叛的创伤

举个父母亲婚姻美满却发展出控制型人格的例子。一个一向与爸爸关系良好的小女孩，在这段恋父情结发展的时期，小女孩觉得自己是父亲的小情人，下意识地对同性的母亲产生排斥的心理，视母亲为敌对阵营的竞争对手。有一天，小女孩因一小事故打了妈妈一下，父亲对女儿说："不可以打妈妈，快跟妈妈说对不起。"小女孩原本以为是自己盟友的父亲，现在居然站到妈妈那边，为敌人撑腰，于是这小女孩可能因父亲对这件事的反应，觉得自己备受羞辱，觉得自己被利用，觉得父亲"始乱终弃"，从最初你引诱我跟你相好，到今天不需要我就翻脸跟敌人站在同一阵线，因此，小女孩经验了"父亲背叛了我"的创伤。

当然，这只是原发性事件，不足以成大局，如果这孩子是带着"背叛"的人生议题投生人间的，这种"背叛"的伤在小女孩往后的日子里将一而再，再而三地发生，最后终于在她的人格里烙了印，使她发展出控制

第四章 我变成了谁——五种人格结构

型的人格。就以这个小女孩和父亲关系的例子来说，如果她一直不能疗愈自己这个"背叛"的伤，她一定不可避免地会被父亲背叛，因为爸爸与妈妈在一起可能永远不会分手，即使有一天爸爸与妈妈离了婚，爸爸也会跟别的女人好，这小女孩终究是要被"背叛"的。不论过世或现在世，控制型的人通常有许多背叛的经验，当然，这背叛不只是别人背叛了他，他也会去背叛别人，更擅长背叛自己。

低层自我

经验了被父母亲背叛的创伤，怕背叛成了他成长过程中最大的恐惧。请读者想想，你若常被人出卖，心理上会有什么反应？自然是不能信任任何人，毫无安全感，那么，要怎样才有安全感？要控制别人，确保他不会背叛你才感到安全。正如一个不能信任妻子的丈夫，要随时随地掌握对方的一举一动，生怕自己一转身，妻子就和别的男人谈情说爱而背叛他。

我们在这章节所强调的控制型的"背叛"，正如口腔型的"遗弃"，也正如忍吞型的"入侵"一般，是完全以孩子的意识来看，孩子在这时候受到创伤，觉得异性的父母背叛了自己，于是会发展出一种玩弄父亲或母亲的心态作为补偿，而这种玩弄的手法长大就会形成一种善操纵、爱支配、耍手段的特质。

童年陷入三角关系，处于父母或其他大人之间的夹缝，控制型人格早已学会如何随机应变，甚至说谎耍赖、招摇撞骗、穿梭挑拨，因此耍手段、操纵是控制型行为中很普遍的心理，也是他们所发展低层自我的基础，长大之后的他不自觉地重复这些情境。这型的人是军事策略专家，他们知道如何控制环境和他人，控制的手段可硬可软，硬的手法很具侵略性和攻击性，有时甚至到欺负人的地步，和他们相处时让人觉得很有压力、饱受威胁。第二种支配手段则是采取阴柔路线，不着痕迹地以诱惑的方式达到掌控别人的目的。

他们对权威特别敏感，权威对他来说代表着受人控制，因为潜意识里害怕生命中再度出现像小时候异性父母对自己始乱终弃的情境，因此对任何形式的权威都不信任，包括神或上帝等的灵性上的权威。他虽不喜欢屈服于别人的权威，但自己则喜欢掌权，因此他可能一辈子追求权力以建立安全感。控制型的人活在假象筑成的城堡中，他们可能很会说谎，说谎也是他们控制的手段，说谎的时候脸不红，气不喘，眼睛都不眨一下，完全不想若被人拆穿的尴尬场面，即使谎言被拆穿，也毫无心理负担，忏悔道歉后又是一条好汉。

形象自我

小时候被"始乱终弃"的经验，使得他以为自己很坏，很邪恶，很不讨人喜欢，形成他极深的自卑感。这种自卑感和口腔型人格的自卑略有不同，口腔型的人觉得自己不值得人爱，只有当我们被人疼爱过，才会觉得自己值得人爱，口腔型人格若不曾有过这种经验，会认为问题出在自己身上，那就是我这个人一点都不可爱。而控制型受创伤的年纪，又比口腔型稍长，智能发展上比口腔型更上一层楼，他已经会用脑筋想事情，且会拿自己与其他人做比较。以上述小女孩觉得被爸爸背叛的例子来说，小女孩已会将自己与妈妈做比较：我曾被爸爸爱过，所以问题的重点就不在我是不是值得爱，重点是妈妈比我好；我一向以为妈妈是敌国的人，是坏人，但现在爸爸一次又一次地背叛了我，站到妈妈那边，那一定是我不好，我很坏，而且坏到邪恶的地步。这里必须再强调，这小女孩感觉背叛的经验绝不是三五次，而是在她日常生活里不断地发生，久而久之，她便形成了"我是坏人，我很邪恶"的自我形象。

一个有着"我是坏人"自我形象的人，对别人的形象又是如何呢？我既是坏人，别人也绝非善类，我当然不可能信任别人，不信任别人的结果就是要去支配、去控制，支配别人是唯一能让他有安全感的武器。

支配欲是控制型人格中很重要的特性，对他们而言，人生就是战场，每一个人都是他的敌人，几乎到了草木皆兵的地步，这种警戒状态，可以从他们焦虑紧张的眼光中看出来。他们永远在打一场早已不存在的战争，他几乎不能相信任何人，即使最亲密的战友，也是潜在的敌人，因为他有个主要形象："我将会被利用、被背叛、被操纵。"

他还有一个形象就是"我非赢不可，赢了才是好人"，他们习惯性地以两极式观点看世界，不是黑的就是白的，这是因为过去世里他常是为堂堂正正的理由（保卫君主、家园或信仰）上战场，打仗一定有一方好一方坏，我方自然是好的，敌人是坏人。他非赢不可，不赢只有死路一条，如果输了就证明他是坏的，因此他极端害怕自己打败仗，当他赢时才是好的，所以他无时无刻不和人竞争，任何人对他来说都是潜在的对手，非要把对方比下去，自己居首位不可。他不断追求权力，追求外在的虚荣，以掩盖自己的不如人，他有时装腔作势，希望大家都对他印象深刻，镁光灯最好都打在他身上，好让自己成为众所瞩目的焦点人物。控制型有着脆弱的自尊心和易怒的个性，一点小批评都可能使他觉得备受委屈而暴跳如雷，这都和他害怕自己是坏人，怕没有人爱有关。

防御模式

他们应战的方式不是像分裂型的逃走，也不像口腔型的以阴柔的方式吸取对方能量，更不像忍吞型的夹着尾巴躲入坚固的堡垒，而是积极反攻或侵犯别人，在受到威胁或挑战时，会在头顶生出一个勾子，如果情况危急时，这个勾子就会抛向对方。还有一种更具攻击性的能量防御罩子，从上空下降把对方整个牢牢罩住，有时我们能用肉眼看得见，这种人能言善道，会把事情解说得头头是道，直到对方同意或屈服而接受他的观点为止。他必须不断地攻击，不断地向人挑战，来证明别人错了他是对的。

他有着坚强无比的意志力："只要我愿意，做什么都会成功。"他的个人意志主导一切，以控制情境、控制他人。

面具自我

也因为这种"作战"心态，因此他表面上戴着一副极具个人"威力"的面具，这副威力面具发出的讯息便是"我是对的，你是错的"或"你可以信任我"。他们喜欢帮助别人，如果你有事请求他们帮忙，不论工作多困难或任务多艰辛，他们大多满口答应，但这种帮忙不是毫无条件、不求回报，他们喜欢帮忙的目的，是用来证明他们是很了不起的。他们很愿意帮你解决问题，他们自己本身则毫无问题（有问题就表示他坏、他有错）。他们不喜欢别人的协助，宁愿独挑大梁，不轻易示弱，因为只要开口求援，就证明自己矮人半截。就这样，误以为为了生存必须要控制，因此扛了一身责任，长时间下来，身体当然吃不消，肉体的心脏、背部及关节最易出毛病。

对他们而言，这一世的人生功课就是学会去信任：信任别人、信任宇宙、信任人生，乃至于信任更高灵能。全然地解除戒备，了解自己不是全能，无须冒充上帝，也要懂得去尊重别人的优点，他们要学着不怕犯错，犯了错很好也很安全，更重要的，犯了错不会被背叛或出卖。

高层自我

如果这一型的人卸下防御的武器，除下面具，他们的"较高自我"又是什么呢？在不需要自我防御的时刻，控制型的人内心其实非常柔软，对于周遭的人充满着爱意，他极具个人魅力，人人都喜欢和他结伴，因为他活泼好动、心情愉快、想法乐观、不怕冒险，最重要的一点是，他知道如何找乐子，和他在一起乐趣无穷。

面对群众时，他们是天生的领导者，能坚持崇高的理想和价值观，而且还是处理危机高手，能临危不乱指挥若定，对于处理千头万绪、杂乱无章之事很有一套。他精力充沛地做每一件事，特立独行，勇于向老旧不堪的传统和僵化的教条挑战。他们的创造力很随兴灵活，还兼有独特的眼光，别人所忽视的或认为不重要的，他却能够看见其中玄机，并掌握之而做出大事。

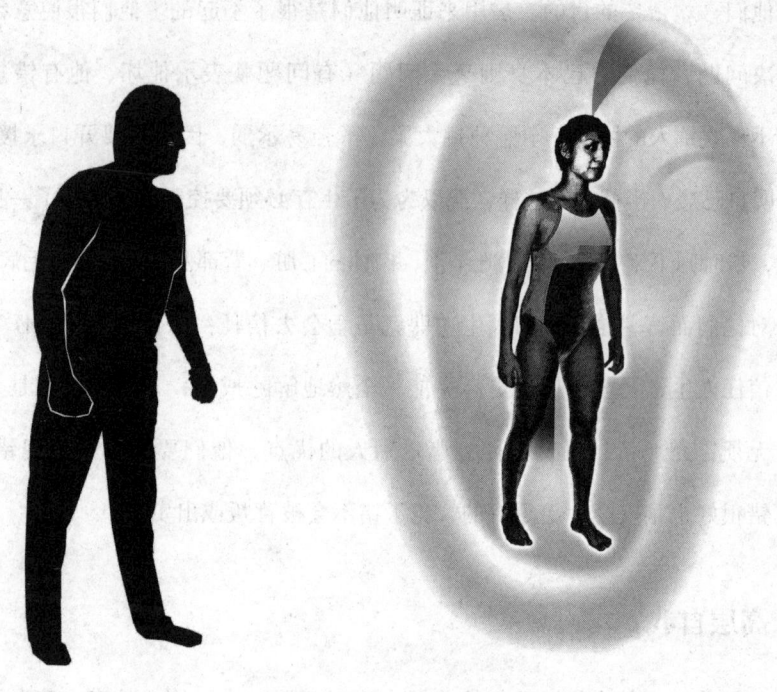

图4-4　控制型　　　　　　　控制型肉体和能量体

肉体特征

控制型人格的体格为何？读者曾否见过动物如猫在防御敌人攻击时是什么样子？它弓起背部做势吓人，控制型人格也如此，由于他随时准备应战，他必须表现得强大而有威力，因此能量是往上走，停留在上半身，特别是肩膀和上胸部，所以控制型多半拥有发达的胸部，要不就有个高耸的肩膀，以男性来说，整体感觉像个倒三角形，让人一眼就会见到他壮硕的胸肌，然而，过分强调上半身自然就忽略了下半身，他的下身有不搭衬的细臀，臀部削瘦，小腿无肉。我的一位病人的体格就是典型的控制型，他的上半身魁梧就像健美先生，但他的下半身细瘦得和上半身不成比例，他的脚只穿十号的鞋，一个壮硕的男人配上一双小脚，看起来有头重脚轻的感觉。

能量体特征

为了应战，控制型的人必须扩张胸部以膨胀自我，表现得既强壮又有威风，他需要大量的能量来推动这么一个强壮的上半身，因此他全身的能量是由下往上走，而能量上升不得不抽光下半身的能量，因此第一和第二轮能量不足而柔弱无力，第一轮无力最明显的迹象就是缺乏安全感，第二轮无力使他不能去感受，也影响到他的性功能，他们虽极具性的吸引力，但与异性的关系通常不长久，因为长久关系的基本条件是要能信任，而控制型一直有着背叛的意识，即使伴侣不背叛他，他也会背叛对方。

为了保持这个威风凛凛的上半身，他将能量拉到后背以增加钢铁般的意志力，因此位于背部的几个属于意志区的气轮以及身体前方与意志力有关的第三前轮可能较发达，甚至使用过度。而身前的情感区气轮的能量被意志气轮偷走，自然也不平衡，特别是从心轮（第四轮）伸出的关系带，刻着小时候背叛的伤痕，他很怕再伸出带子去联结任何人。此外，从下半身上抽的能量除了停留在肩膀颈部之外，也停留在大脑，特别是主管策划及掌控的大脑前叶部位，因此他们喜欢用脑，用脑时偏好算计未来，使得控制型的人不能脚踏实地地"活在当下"，这是由于缺乏安全感的原因。

他们对知识性的事物特别感兴趣，因为知识能帮助他们发展意志力。

控制型人格

创伤	被引诱后被背叛；被利用、羞辱。
低层自我	低层自我：我要控制你；我对你错；我是很特别的，跟人家都不同。 负面意念：我的愿望一定要达成，我要控制。
形象自我	对人对己：我一定要对，否则我会死。我会被背叛、利用、操纵、羞辱却无助。 对世界：到处都是潜在的敌人。
防御模式	控制他人、好胜。意志主导一切。
面具自我	你可以信任我；我对你错。
高层自我	特质：正直、智慧、坦诚。富领导力，擅长处理危机，特立独行，富创造力，温暖、柔和、充满爱。 肯定正言：我能信任，我能臣服。
此生功课	学习信任，承认和尊重他人本质，了解犯错还是安全，不必追求完美。
肉体特征	宽肩窄臀的 V 字形；下半身无力。 冰冷细弱的大腿和骨盆；眼神带控制性的紧张。
能量体特征	能量聚集上半身；背部意志区发达，能量从头顶部发射出；情感气轮关闭；第一和第二气轮柔弱无力。

第五节 刻板型人格（Rigid）

创伤

我们最后要谈的刻板型人格最早受创伤的时间，稍晚过第四型控制型，但两者都和对"性"观念的发展有关，也都发生于孩子开始意识"男女有别"的年纪，刻板型原始创伤发生于两岁多、三岁到六岁之间，也可发生在青春期。这段时间是每个孩子发展感受能力的时候，这时期的孩子脱离襁褓，触角好奇地伸向外界去探索去经验，对外界所有事物都要去学习去感觉。孩子的学习方式与大人极不相同，他们除了用大人最习惯的耳听、眼观之外，也用手摸、嘴尝、鼻闻。由于此时也正是孩子开始察觉"我坐着小便，但隔壁的阿辉站着小便"的时候，于是很自然地他的小手伸向自己的生殖器，但有许多家长，由于不了解这是孩子的发展过程中极为正常的行为，因此对孩子抚摸的行为感到紧张和愤怒。

我遇到一些母亲气急败坏地跑来告诉我，他的孩子最近常掀开裤子，抚弄自己的生殖器官，有的则是发现孩子只要躺在床上，身体就会不断地摩擦床沿或是靠近别人，用自己生殖器官去摩擦别人的身体。有时做儿子的喜欢伸手摸妈妈乳房，做母亲的遇到这种情形多半是吓得恶心反胃，大惊失色地跑来问我该如何是好。

感觉自己的肉体抚摸

不论是抚弄自己的生殖器官，或是用生殖器摩擦别人，这个正处"性器期"的孩子是没有任何觉得"性"是肮脏的概念。对他们而言，性和爱是同一个来源、同一种电波和同一型脉冲，不论抚摸是来自己、大人或小朋友之间，这些身体的接触都会让他们感受到爱，也同时会感受到性。我们这里所说的抚摸，不是单指性器官的抚摸，也包括大人对孩子摸头、拍背或孩子碰孩子，甚至是任何身体的接触。

这种"性"的感觉类似大人的性兴奋，可以归类为"肉感"之一种（对自己肉体的感受，请参阅第五章的丹田轮是"肉感"和"情感"之轮）。孩子可能坐在妈妈膝上用身体去接触，或像小猴般地爬上爸爸肩膀当坐骑，此时的他不是在从事乱交，只是让自己有那种属于肉体的兴奋感，一方面借由身体上的接触去探索新的"肉感"，另一方面也借着轮流对父母有兴奋的"肉感"而与父母联结，更重要的，他正为将来一生是否有"肉感"奠下重要基础，换句话说，他将来能否"感觉自己的肉体"，就看此"性趣"时期的发展是否正常而定。

此时他正处在恋父恋母情结的三角关系中，如果过一阵子父母两人仍在一起，他的"肉感性趣"便自然地转向其他的大人，如家里的叔叔阿姨，他对所有他喜欢的大人都可能得到像"性高潮"式的兴奋，再过一阵子，他对叔叔阿姨也会失去"性趣"，最终会转向其他同年龄的孩子。

这时期的孩子有许多冲动，本书一开始谈到，宇宙创造的冲动如果没有被障蔽,会显现在人生所有面向和各种能量形式之中。事实上,创造的冲动显现在孩子身上的,就是他的生命力和创造力,此时期的他正在学习感受自性本体的灵性能量,这种灵性能量极其轻快、喜悦,充满欢乐。

正因为如此,对这时期的孩子来说,这世界真好玩,人生充满惊奇、欢乐,他有许多冲动,任何好玩的事孩子自自然然地都有冲动,都要去做、去创造,摸生殖器的冲动只是一部分而不是全部,这也是为什么孩子充满幻想。大人可以从孩子玩的幻想游戏略窥一二,今天穿上蝙蝠侠服装,明天扮医生为人打针,后天变成忍者神龟,这些都是他生命力和创造力的表现。当孩子表现其生命力和创造力,心情都是非常喜悦、欢乐,这正是他的自性本体的本来面貌,正表示此时他的生命脉流畅然无碍,因此,当孩子在心情愉快地抚摸性器时,所有位于身体正面的感觉气轮都是打开的。

这样说,并不是叫大家当看到孩子抚摸性器时要拍手叫好。但是,如果做父母的在这时大声地呵斥孩子"不许这样,快停下来",甚至眼光含怒一巴掌就过去,孩子会受到惊吓停下来,所有的气轮,特别是在人体正面的第二、三、四、五前轮,会在突然之间被切断而闭锁,他们同时也受到伤害。

我自己就曾经看到好几次类似的情形,有一回我到一个男性朋友的妹妹家做客,妹妹的三岁小女儿爬到舅舅(我朋友)的身上,伸手碰触他的生殖器官,小女孩的母亲觉得很尴尬,对小女孩大吼了一声,小女孩突然之间被吓到，当时不知如何是好，不但她的能量体的能量在那一刹那冻结了，连她伸出的手也在空中僵化，过了好几秒钟回过神来才放声大哭。

被阻断的愉悦

"性是肮脏"的观念，只存在于大人的想法中，是大人以自己的眼光去看孩子的行为。社会的礼教、道德规范、宗教约束，都强调性是不好的、脏的，而且是不能公开讨论的。但是在小孩子心里，没有性是肮脏的概念，抚摸自己或别人的身体，都会让他们觉得舒服，感觉被爱，爱与性两者合而为一，毫不掺杂淫欲或歹念于其中。当小孩因为抚摸肉体被责备而感觉丢脸时，他们的能量体（包括心理和情绪）也同时受到伤害。

当然，光是一次创伤不足以使孩子发展成刻板型人格，光是性的冲动被压抑，也不足以使孩子发展成刻板型人格。创伤必须是不断地发生，而且是在所有层面发生，受辱丢脸的感觉绝不只一次，追求愉悦感觉一而再，再而三地受到阻挠而消失殆尽。不允许去感觉生命力，不允许去发展创造力，冻结生命的脉流，冻结从自性本体流出的能量。

生命力和创造力被剥夺了，孩子一无所有，既不知内在有个真正的自我，也不能感受生命的脉动所释放的快乐。原本就失去内在感觉的孩子，向内找不到指标，无所依凭，只好向外寻找指标。

外面的世界有什么可做指标？有大人立下的千万条规矩，每一条规矩都有个"应该"或"不应该"、"可以"或"不可以"。许多事都依照刻板的模式进行，做孩子的不只要抑制性的冲动，还要克制情绪，不许哭，不可以生气，每天早上应该刷牙，刷了牙应该吃早餐，到了学校应该听老师的话，老师要你做什么就做什么，不要问为什么。他像个机器人，依命令行事，命令则来自父母、社会。

对于失去内在感觉的孩子来说，教条式的规章正好提供他避风的港口，让失去航向的他可停泊船只，获得安全感。因此，这时的孩子对外界社会的规范、大人的规矩照单全收，作为自己言行举止的规范，因为，唯有栖息在这框框之间，才有安全感。就这样，他虽失去了感觉，断了和自性本体的联结，但从外在的环境却接收并"内化"了许多教条，使他日后发展出刻板型的人格。

低层自我

刻板型的低层自我可以说是由许多"应该""不应该"架构起来的，他本人按照规章行事，行为举止都恰到好处，他认为别人也"应该"如此，别人若达不到的标准则"很不应该"。因此刻板型的人擅长伸出食指去批判别人，批判别人的同时也培养了他的优越感，这优越感就是第三章第二节所谈的"我慢"：当他看到别人身上有一些他不喜欢或不能接受的特质时，他心里会想："如果换成是我，我肯定不会这样。"刻板型的人为自己建一个高台，他常跳上高台，高台的作用自然是方便他自命清高，好培养他的自我价值感，"我比你强，因此不和你一般见识"。除了自命清高外，高台也让他划清和别人的界限以置身事外，置身事外自然不会有感觉，没感觉就不会有被羞辱的痛苦。刻板型的低层自我就是以"优越感"来离间和自性本体及别人的联结。

回过头来谈有着刻板型创伤的孩子，他们因为"对性的感觉"被阻止、被拒绝觉得在性上受到拒绝是极其丢脸、毫无尊严的事。

当然，一次创伤不足以成大局，单独事件不会使孩子发展成刻板型人格，孩子觉得受辱丢脸绝不只一次，孩子追求愉悦感觉却受到阻挠也不只一次，抚摸性器是犯了大错，不只爸爸、妈妈、叔叔、阿姨如是说，学校老师也如此，整个社会世界都这么认为，因此，孩子一次又一次经历被羞辱。为了不再经历被拒绝或背叛的感受，也因为感性区的能量被切断，于是忠心耿耿的低层自我跳了出来保护主子，要求他拒绝感受。于是这受伤的孩子就开始不去感受也不能感受，既然不能感觉自然也不能爱，更不会爱，因为爱必须靠感觉。

刻板型的人将性与爱决然划分，依着所受创伤的时间早晚，能出现两种不同的类型，第一种是受创伤的时间早，亦即"性"的感觉过早被压抑，则此人可能过分认同"爱"而压抑"性"，第二种是"性"的感觉在发展之后才被压抑，则此人可能过分认同"性"而压抑"爱"。

形象自我

刻板型的人为什么没感觉？因为他有个主要形象："如果我打开心房，会被回绝。"小时候打开心房去感受"肉感"乐趣后被拒绝太羞耻、太痛苦，所以就埋葬痛苦或忘记羞辱，去埋葬在我身体之内别人不接受的部分,去忘记我有和人做身体接触以及和人联结的需要。最后,再以小孩子的眼光去评判,这些不被人接受的部分,是多么讨厌,多么可耻,多么不值得人爱。

对于上述的第一种过分认同"爱"而压抑"性"的刻板型,很容易发展出将所有事罗蒂克化或理想化的个性。这种类型很注重外在的完美性,可以说他活在完美的幻象世界中,生活"应该"有个理想的样子,若有不如意的事情发生,不合他完美的标准,他就全盘加以否定,告诉自己"这不是真的"。他过滤所有负面的事,他像全身罩着塑料雨衣,再大的雨滴也不沾身,所有在他身上发生的坏事都"不是真的",就像昨天晚上怀疑妻子有外遇,两人大吵一架,早上起来又是一条好汉,机械式地穿戴整齐去上班,工作起来照样极有效率,外人完全看不出痕迹。这并不是因为他擅长处理危机或他心胸宽大原谅了妻子,而是因为他没什么感觉。

过分认同"爱"的人在男女关系上也很罗蒂克,他所传送出的讯息是:"我对你的爱是极其圣洁的。"可以说他是以"天真无邪"的自我形象来玩爱情追逐游戏,表面上将"性"的主动权交给对方,对自己不经意流露出来的"性挑逗"却毫无知觉。他将自己的爱深藏心底,不轻易出示于人,却善于运用策略引对方主动示爱,而他自己却不做出任何承诺,他满心以为如此一来,对方处弱势他处强势,就不必再担心被人拒绝,不必再忍受那种被拒绝之后锥心刺骨的痛苦了。

过分认同"性"的刻板型的形象,则认为一切都是"性","爱"是因"性"而产生，因此在与人联结上他的所作所为皆以"性"为出发点，他们不像前一种过分认同"爱"因而对"性"遮遮掩掩，他们对性的表达可以说是火辣辣且直截了当，在男女关系上常扮演"引诱"的角色。由于过分认同性，自然过分压抑爱，因此对很多事都失去了内在的感觉。之所以过分认同"性"，可能源于童年晚期在已建立了"性"的感受之后，才有过始乱终弃或被抛弃、被背叛、被利用的负面经验。在这里我们必须再强调，这种种经验都是以"孩子意识"为出发点，并不表示做父母的真正曾在"性"上抛弃、背叛或利用过孩子。以下举一个真正"利用"孩子对性的感受，而使孩子日后发展出过分认同"性"而否定"爱"的实例。

我认识一位女士，她年轻的时候曾经是个浪荡的花花少女，所交往而且有性关系的男人不计其数，在她21岁那年，她遇到了一位她真心爱慕的男士，她决定浪女回头从此不再过浪荡的日子。很快，她就和这位真爱结了婚。本以为可以改邪归正重新做人，好好过日子，没想到相处几个月下来，她发现她无法享受和先生在一起的"性"趣，无法享受那种身体亲密的感觉。她当时还年轻，不懂得向外求助比如心理或婚姻咨商的援助，苦闷之下旧疾复发，又开始了浪女生涯，两年之中换了四个男朋友。当然，这段婚姻最后是以离婚收场。

在25岁那年，她的父亲得了重病，有一天，父亲把她叫到跟前，对她说："女儿，我真对不起你，我做了一件上帝也不能原谅的事。我快死了，我必须向你忏悔，求得你的原谅，只有当你原谅我，我才能安心地死。"这位女士完全不能理解父亲所指的"上帝也不能原谅的事"是什么事。父亲终于对她忏悔说,在她小的时候,有一天见到她玩弄自己的阴部,刺激了他的性欲,当时就强暴了她,此后一有机会,又继续强迫她和自己发生性关系。

这真是一个晴天霹雳,她完全不记得这回事。在父亲死后,她陷入了情绪上的危机,痛苦万分,过了好几年沮丧的日子,以喝酒度日,直到她有一天走上了自我疗愈之路,终于慢慢地了解自己从前与异性交往的行为模式:性和爱完全分离,有爱就没有性,有性就没有爱。她可以和许多人有性关系,却从来没有爱过这些男朋友,对他们从来没有"爱"的感受;有一天碰到了她的真爱,也就是她的前夫,却不能产生"性"的感受。

孩子的她天真无邪,感性区的几个气轮(第二、三、四、五前轮)是完全开放的,能够尽情感受和享受各种肉体感官上的感觉(肉感),包括触摸性器官时那种欢愉的感受(第二轮掌管范围),也能够完全不设防地爱人(第四轮掌管范围)。但是,不设防去爱人的结果,却让自己受到了来自亲爱的爸爸这么大的伤害。此后为了生存,她必须封闭感性区的气轮,冻结流经此处的能量,也因此阻断了随着享受"性"欢愉和爱人而来的那种感受,久而久之,她不能再同时既享受感官上的愉悦,也开放心胸去爱人。

她说,难怪她对许多事情都没有感觉,这个人也可以,那个人也可以,反正感觉都一样,然而,当感觉越钝化,需要就越强烈,第二气轮与外界越来越无分界,跟很多人上床也不错,反正多多益善。这位女士的例子可以说是一个过与不及的能量同时存在于第二气轮的例子,也是刻板型将"性"与"爱"截然划分的例子。

防御模式

我们先前提到,对于孩子而言,爱和性是同一道电流,同一处来源,当孩子"性"的来源被切断时,也同时切断他们爱的来源。什么是爱的感觉?是指一种温暖柔和的感觉,是"爱感"也是"肉感",这种感觉在切断电源的刹那立即消失。前面章节也提及,能量体主要的感觉器官位于人体正前方(第二、三、四、五气轮),一般来说,孩子的感觉中心的几个气轮通常门户大开毫不设防,也是为什么他们表达起喜怒哀乐时远比大人更自由,更直截了当。然而,当孩子感觉受伤的那一刹那,感性区(第二、三、四、五气轮)的能量冻结了,能量不再自由出入,换句话说,能量的通道被阻断了。阻断能量通道非同小可,它意味着连接我们自性本体的道路被阻断,我们所说的自性本体也就是我们的本质,我们来到这个世界的目的,就是要寻找我们的本质。寻回本质要靠感觉,这条寻回自性本体的道路漫长而艰辛,光凭理智或意志都回不了家,一路上需要靠感觉扶持,一旦我们感觉的能量被切断,等于切断了我们追寻自我的道路。

感觉和意志两者大不相同,在肉体上所涉及的神经肌肉也很不同,意志可让我用我身上的随意肌做到我想做的事,比如说,我要拿桌上的杯子，"要"的意志让我动用身上数百条的随意肌，伸手拿到了杯子。但"感觉"不同于"意志"，比如说此刻，当我想起我那因车祸去世的母亲，我就难过得掉泪，掉眼泪这个动作所牵涉的神经传达过程和肌肉的伸缩，不是我能用意志控制的，这些神经传达和肌肉就是属于"不随意"，心中有了感觉，我无法不哭，心中若没有感觉，要我光用"意志"哭，我也哭不出来，此刻我若告诉自己："赶快掉眼泪，赶快放声哭出来。"不只我做不到，相信你也做不到。即使要我演戏作假去哭，我也得先透过"感觉"才能哭得出来，例如我得先去感觉一件难过的事，有了难过的感觉之后，才可能有眼泪流出。

刻板型人格因为感觉中心的能量被切断，开始不去感受，也开始学习控制身上的肌肉系统，开始学习控制自己内在的感受如喜、怒、哀、乐。即使内心有了感受，也尽量不让感受表现出来。刻板型人格很早就学会用"意志"去控制自己，外自肉体随意肌，内至内心深处的感受都能控制，让自己成为一个有自制力、但无感觉能力的人。

他们很会控制，却不像第四型控制型人格想去控制别人，刻板型人格擅长控制自己，特别是控制一个外在环境，用来创造一个完美的幻觉。他们以一个完美的幻象，作为行事的依据和标准，做任何事都恰如其分，比如在时间上都能按表操课，外表上就算没有光鲜亮丽，也多半会将自己收拾得整整齐齐。他对乱七八糟的事毫无耐性，唯有井然有序才感到安全，他注重细节，不放过任何小事，没有丝毫的差错，唯有这样才不会失控而陷入一团混乱中，刻板型的人多半是完美主义者，情况严重些的，可能出现精神病学上如强迫行为或有洁癖等的症状。

对很多人、事、物都失去感觉的刻板型人格就像是机器人，对于周围的事物总是漫不经心，没有太多的反应。他们感觉不到别人，也感觉不到自己，久而久之，他连自己也否定，最后连自己也"不是真的"，假如你要他写一封给自己的信，他很可能抬头上写着"敬启者"，完全不知世界上有个"真我"（自性本体）的存在。

面具自我

刻板型人格戴着一副完美的面具，给人一种完美优越、惹人羡慕的感觉，他生活完整无缺，工作上独占鳌头，他们好像能做任何事情，所有的事都合乎时宜也恰如其分，情绪上也很稳定，永不崩溃。他们身体发展均匀，看起来很健康，很会调整自己的能量体，他们很少向人求助，倒是别人常向他倾诉问题。刻板型人格的面具所发出的讯息是"我很好""我不需要任何东西""我是最优越的"。然而，在这完美的面具下，刻板型人格有着模糊的恐惧，总觉生命中有所缺失，好像少了什么。在我们接触的个案中就有这样的例子。

他正值壮年，英俊潇洒身材匀称。他精力充沛，意志力很强，头脑清楚非常理性，在工作上表现优异，日进斗金，有个幸福的家庭和人人称羡的好妻子，不论在生活上或工作上的应对进退皆十分得宜，在外人看来他是天之骄子，一个令人妒忌的宠儿。但他告诉我们，他觉得人生少了什么，内心总没有满足感。即使不久前的外遇，时间久了也让他感受不到爱的激情，那份婚外情，也是淡淡地无法深入内心，一如他和妻子之间的关系。

这是很典型的刻板型的人格特质，虽然有个完美的外在，但内心是封闭的，对很多事麻木，且常有不真实感，好像什么都是假的，和人无法深交，因此总觉生命中缺少什么，不能满足。

刻板型人格戴的面具还有另一特质，那就是很有威力的"尊严"。他很怕自己看起来愚笨，因此很懂得藏拙，不轻易示弱，外表看起来很有"自尊"或颇具"尊严"。其实，这面具特质就是第三章"低层自我"一节中所谈的"我慢"，他必须让自己变得很特殊，更要优于其他人，否则就会感觉自己一文不值的痛苦。

高层自我

刻板型的高层自我正如同他的面具自我，他头脑清楚，做事有条有理，有毅力也有耐力，他像个有创意的企业家，能规划美丽的远景，带领员工按部就班地走向未来。然而，他的高层自我不同于面具自我的是，他能爱、能感觉、充满热情、能感知"我是真的"，也能感知在内心深处有个自性本体的存在。

刻板型人格的人生功课是什么？他需要揭开完美的面具，打破会被人羞辱的形象，需要去感觉内在，需要从否定的自我欺骗中走出来，去感觉"真"，而不是表现"合宜"。他需要放弃自我控制，做一个不完美的人，让自我跌到恐惧的深谷，才能在深谷的底处找到自己。

肉体特征

整体来说,他的肌肉感觉上像运动家的肌肉,结实有弹性,不似忍吞型的僵硬,不似口腔型的柔软,他们外在身材适中、均匀,身体各部分比例平衡,不像分裂型的总有一部分不是太长就是太短,或左右、上下、前后不平,他们脖子和背脊挺直,看起来颇为"尊贵",不像控制型的上满下虚,也不像口腔型的胸部塌陷,两足支撑不力。刻板型的身材姣好,和谐匀称,无懈可击。

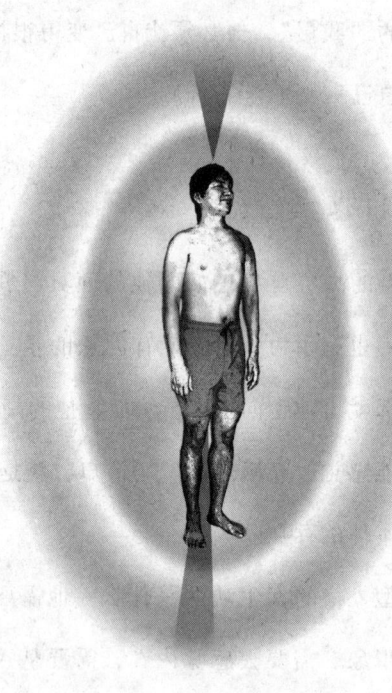

图 4-5 刻板型　　　　刻板型肉体和能量体

至于臀部的姿势，则依受创伤时间早与晚而有所不同。由于在这段童年时期（三至六岁）孩子对"性"的意识抬头，因此许多在这段期间所启动的肌肉都与腰部和臀部的扭动动作有关，如位于两腰背侧的臀中肌、腰腹间的髂腰肌、耻骨旁的耻骨肌及用来缩腹的腹横肌，这些肌肉可供孩子表现"性感"或玩"性别游戏"（如穿上妈妈的高跟鞋学电视上的阿姨扭腰走路），因此，"性"的感觉过早或过晚被压抑所形成的姿势自然大不相同。受创伤的时间若是属刻板型早期的认同"爱"而压抑"性"，其骨盆后倾，亦即骨盆下部向后倾而上部向前倾，外人从侧面看来臀部微翘（像要藏起性器官），受创伤的时间若是属晚期的认同"性"而压抑"爱"，臀部的姿势可能正好相反，骨盆下部向前倾而上部向后倾（像要显露性器官）。

能量体特征

至于刻板型的能量体，正如同其肉体，整体上看来也是均匀、平衡，掌控得很好。若分区来看，意志区（身体背部）得以充分发展，然而，由于刻板型的人压抑感觉，因此感性区（身体前部）的气轮较不平衡，特别是第二和第四气轮（心轮），有时两者皆不活跃，有时两者完全相反，一者闭锁，一者开放。一位来求诊的女士即是这样一个"心""性"不合一的例子，她的第二气轮运转正常，但第四气轮却完全闭锁（逆时针转）。她是个典型的刻板型人格，深为自己"对男人不关心"的心态所苦，她说她很能享受"性"的乐趣，但对性伴侣却产生不了较深的情感，她所交往过的男友无数，但个个如同"鸡肋"，食之无味弃之可惜。疗愈数次之后，她终于明白自己不只是不关心"男人"，也不关心"女人"，她说："我不只是不关心男人，我根本从来没关心过任何人。"心轮的爱所代表的是对众生无条件的爱，心轮闭锁是不可能有能力去爱任何人的。

刻板型人格

创伤	爱意或性欲被否定。
低层自我	低层自我：划分性与爱；我不能也不会感觉；我不能也不会爱。 负面意念：我不放弃控制；我不臣服。
形象自我	对人对己：如果我打开心房，会被回绝。 对世界：世上哪有"本体"或"真我"这东西？
防御模式	让自己更完美、更吸引人；擅长自我控制，也控制能量体；与他人互动虽合宜适当，却非出于真心，内在情感与外在表现分离不一致。
面具自我	我很好；我是优越的；我不需要任何东西。
高层自我	特质：热情，具领导能力，做事有条有理，重承诺，有毅力和耐力，头脑清晰。 肯定正言：我能爱，我能感觉。
此生功课	真切胜于适切，对真正的自我有自觉，能向外充分表达出情感；与他人分享情感；不凡事要求完美。
肉体特征	平衡、均匀、比例和谐。
能量体特征	能量场周边能量较高，能量场均匀、健康。意志区的气轮充分发展，感性区较不平衡（第二和第四气轮）。

后话

讲完五种人格结构之后,许多学生都会问我们:"老师,我好像具有每一种人格,我实在搞不清我到底是哪种!"这是事实,我们每一个人从小到大一路走来一定是伤痕累累,个个都挂了满身彩,全套五伤样样具足。然而,一般来说,我们会有至少一种特别重的伤,因而有着至少一种或两种较凸显的人格特质。这五种人格特质可同时并排共存,也可以相互重叠,有显有隐。一般来说,"显"的人格的作用是来保护"隐"的人格。

就拿我(至青)做个例子,我外显的人格看似刻板型,但若再往下深究,我之所以发展刻板型人格特质,比如严格地自我控制、对自己极为苛求,乃基于口腔型"有所匮乏"的心理基础,感觉自己不够好,自己拥有的永远不足,因此发展出刻板型的人格特质,事事要求完美,对自己永远不满意,要鞭策自己"更上一层楼"。因此,口腔型可说是我藏在下面的"隐性"人格,是我"显性"刻板型的基础。又由于我有很重的分裂型的伤,分裂型亦是我主要的人格,因此我可以说我"外显"的人格为刻板型,是用来遮盖并保护其下的分裂型及口腔型人格。

再以肉体的外形来举例也许说得更清楚,在我的肉体上,五种人格俱留下许多痕迹,分裂型的印记在我七弯九曲的脊椎骨上,留给我一辈子的背痛,口腔型给了我一双塌陷的扁平足,忍吞型印在我结实硬硕的小腿肚肌肉上,控制型在我年轻时给了我稍嫌宽阔并高耸的肩膀,而刻板型留给我不矮不胖不高不瘦匀称的身材(自然也是指年轻时)。

另外一点要强调的是，也许读者在看完人格结构的分析之后，会下结论说"啊！我是分裂型的"或是"我是刻板型的"，但我们必须向读者强调，"刚好相反，你正不是分裂型的"或"你正不是刻板型的"。所谓五大类型的人格，事实上是一种自我防卫的能力。我们之所以会形成现有的人格，完全是肇因于我们在孩提时所受到的创伤。例如，在婴儿时期我们期待被爱，期待被关怀和拥抱，如果这些需求没办法被满足，我们会受到伤害，本能地会做出反应来自我保护。如果伤害一而再再而三地发生，这种自我保护能力会不断地被启动，我们的人格就会不断地被扭曲，这是为应付所面对的情况而做出调整，慢慢地发展成另一个"我"，一个远离高层自我或自性本体的"我"。也就是说，当读者认定自己是某一型的人格而说"这就是我"时，事实却恰恰相反，因为那表示"这正不是我"，我因为受到创伤为了保护自己免受痛苦而不断做出防御反应之后形成的人格，并不是真正的"我"。

（程俊源先生为此章插图亦有贡献。）

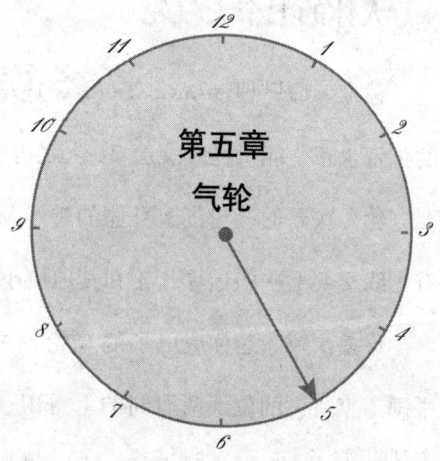

第五章 气轮

前面第二章第三节在讨论能量体次元时谈到,每一个能量体皆有一个与之对应的气轮,本章将依次讨论这衍生七层能量体的七大气轮。

气轮,顾名思义就是带着"气"的轮子,是我们能量体的器官不断旋转,就好像车轮在转,因而叫它气轮。气轮的英文为 chakra(也翻译为脉轮),是印度瑜伽(梵文)用语。

人身上至少有几百个大大小小的气轮,不过一般人谈起气轮都仅指人体最主要的七个气轮。这七大气轮所处的位置正好在肉体的七个主要荷尔蒙腺体,也正对应着一大束神经(我们叫神经丛),气轮的根部位于能量轴柱(与脊椎平行),由上而下依序排列。

人体的七个大气轮

戴维·谭思理（David Tansly, 1972）在他的著作中谈到，这七大气轮的位置也正是能量光线交会21次之处。我们身上还有光线交会14次的次要气轮，次要的气轮位于身体的神经丛或骨头和骨头相交的关节。我们还有光线交会七次的迷你气轮和其他更小的气轮。

许多次要、迷你或更小的气轮，正是中国医学上所谓的"穴位"，而中国道家所讲的位于两眉间的上丹田、两乳间的中丹田、两排肋骨间剑凸之下的中宫和肚脐之下的下丹田，也极类似本章所述及七轮中的眉心轮、心轮、太阳神经丛轮和丹田轮。此外，受了印度瑜伽影响的佛教密宗也强调七轮，不过密宗的七轮稍不同于本章的七轮，密宗的七轮除了人体之内的六轮，尚包括人体之外的梵天轮（位于头顶之上），而本书所谈的七轮下自海底轮上至顶轮全都在人体之内。

七大气轮都对应着某个内分泌腺体和神经丛，也都负责维持某几个特定器官的能量健康，气轮的作用是调整在能量系统中来来去去流动的能量。人的肉体和能量体主要就是靠三大系统来联系：气轮系统、内分泌系统、神经系统。

之前曾谈到，有许多疾病是发自振动频率较高的外层，然后一层层降低频率，最后到达肉体，这里再举个例子来说明这种由上至下、由外至里的程序。我们所有的感官、知觉和意识，所有我们可能经验到的，都可以七个气轮的特质分别解释，每一种都和某一气轮及某一内分泌腺体有关。

当我们的意识感到压力时，跟那种意识相关的气轮也感到这股压力，而肉体神经丛的神经首先探测到气轮的压力。神经系统是借微小的生物电脉冲与生物化学作用来执行协调、传递、沟通的运作功能；神经传导素（即荷尔蒙，如肾上腺素）因受到生物电脉冲而释出，借化学作用将压力从一个神经细胞传到下一个神经细胞，然后再传送到跟那神经丛相关的身体部位。过了一段不算短的时间，当压力持续不断或压力大时，如果没有得到其他平衡，短则几个月长则数年，细胞就会变异，我们就在肉体上创造了疾病的症状。

气轮能量的流动是否畅通是人类健康的指标，能量越畅通，人就越健康，能量淤塞、冻结或受阻，人就会生病。每一个气轮在转动时，都会发出特别的波动，产生特定的频率，以人类的五官来经验这些能量，会呈现出特定的颜色和特定的音调。同样的振动频率，比如说频率是 620～680 兆赫的能量，在人眼看来是蓝色，在耳听来就是某个音阶，鼻子闻起来可以是某种气味，舌头感觉起来可以是某种味道，身上感受某种感觉。

先谈颜色，每一个气轮都对应特定的颜色。七个主要气轮涵括彩虹的七种颜色。自古以来，许多有超感视力的疗愈者和灵修者，都曾描述过七个气轮的颜色，但一直到近代，才有人运用科学仪器记录气轮的颜色，最有名的研究首推 1977 年由美国加州大学洛杉矶分校的维乐瑞·亨特（Valerie Hunt）博士所主持的研究。研究结果详细划分每一个气轮的颜色和振动频率的关系，比如第一气轮的红色波长最长，第七气轮的紫色波长最短，而基本色（原色）红黄蓝，分别是第一、第三、第五气轮的颜色。

每一个气轮的振动，也好像乐器的振动，会和相对应的音阶产生共鸣。

我们两人在做手触疗愈时，有时会敲音叉发出与某个特定气轮相对应的单音，或用嘴巴对病人有病的器官"唱歌"，这些都有治疗的效果。

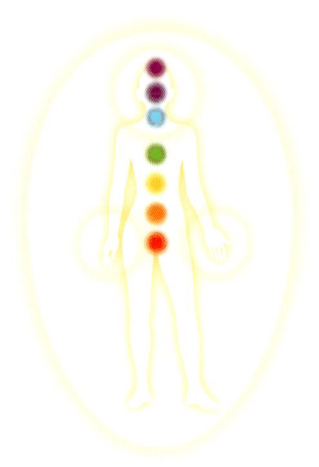

彩图5-1 人体七大气轮

由于能量是呈螺旋状运转，因此气轮样子像个漏斗，开口向外，漏斗的尖端部位连接能量轴柱（见彩图5-1）。气轮吸进能量也放出能量，就像我们透过呼吸和周围环境交换空气，气轮也和周围环境交换能量。如果说肺脏和心脏等为肉体器官，气轮则为能量体器官，更进一步举例，如果说肺、横膈膜、鼻腔等为肉体的呼吸器官，那么气轮就是能量体的呼吸器官。气轮所吸取进来的能量，被人体新陈代谢之后分配到全身，滋养我们的肉体和能量体。

布鲁耶对于气轮从哪里吸收能量和其他疗愈者有不同的看法（有许多人认为从宇宙吸收能量），她认为能量的主要来源是地球的磁场。人体从地球吸收能量，从双脚向上往第一气轮移动，此后依次进出其上的各个气轮，受到气轮的各种交互影响，最后从第七个气轮排出去。不过，有时能量在还没有走完所有的气轮之前就已经消失了。

七个气轮的振动频率都不相同，从最低频率的第一气轮开始依次加高，也因为这种频率的改变，使得每个主要气轮有不同的意识主题，有不同的需要、个性、气质和观点。

以气轮的顺序观点看来,较下层的气轮也是上层气轮的基础。如果在下层的气轮发展不完全、不平衡或残留着未排除的紧张压力,都可能损害上层气轮。比如说你的第一、二气轮有失衡的情形,很可能第三气轮也失衡。要想进入某一个气轮对应的意识或行为特质,必须先处理好前一个气轮。

自我防御使气轮的整体表现失衡

前面提到,气轮像是能量体的呼吸器官,借着气轮吸进来呼出去的能量,我们的能量体得以新陈代谢得到滋养。其实,气轮不但是呼吸器官,也是重要的感觉器官,就像皮肤之于肉体,我们可以用气轮来感觉外在的世界。但是当我们关闭气轮时,不能接收或吸收宇宙的能量,大宇宙提供的宝贵信息无门而入;然而关闭的气轮还是能向外送出能量,因此此人的能量只出不入。

外界能量进不来,意味着无法感受外界的能量,而我所能感觉到的完全是我送出去的能量。因此,我是如此,我推想别人也是如此,这个世界就是如此;我有这种能量,我推想别人也有这种能量,世界就是这种能量组成的。布兰能把这种能量现象解释为心理学的"投射作用"。

比如说,我认为某人很阴险、会算计别人,我自己必然也有着阴险、会算计人的一面,而世界很可能是个险恶、不安全、处处埋藏着陷阱要算计我的处所。又比如说,有时我们可能无法接受自己的情绪反应,像生气、忌妒,由于自己害怕面对这些反应,觉得不应该有这些反应,于是也就认为别人正在生气或别人一直在忌妒我。

我们有一个个案，一位女士面容姣好身材丰腴，却为始终交不到能长期作伴的知心爱人所苦，她很希望能碰到真正对她有兴趣，而不是有"性趣"的男人。在深入交谈后，我发现她对世界的潜在形象或信念是："天下所有的男人都会对我有'性趣'，所以天下男人都不是好人。"更进一步了解她的童年后，我发现这位女士之所以认为别人对她有"性趣"，纯粹是一种投射作用，原因是这位女士生长在严格的天主教家庭，父母亲让她觉得有性欲是很不好的、不应该的，她无法接受自己的性欲，也因此而觉得"我不是好人"。她用这种带着罪恶感的标准来批判自己，也把这种标准投射出来，以"别人也不是好人"去评判所交往的男人，当然没有一个男人是值得她托付终身的，最后，更进一步认为"世界没一个好人""男人没一个是好的"。

总而言之，这种逆时针旋转的能量限制了我们的感觉，久而久之把童年时期已经养成的狭隘经验和观点，投射到外面的世界，形成前面所谈到的形象——对自己、对别人和对世界的形象——使我们看不到自己的全貌，也看不到别人和世界的全貌。这种形象是建立在我们有限的能量感官及失衡的气轮（出多进少的气轮）所产生一种以偏概全的结果上。

事实上，一个人肉体、心理、情绪是否健康，不但是看个别的气轮，也要看整体表现，就整体来说，有些气轮用得太过，而其他气轮用得太少，此人将不能表现他完整的自己。我们全身七大气轮，除了最下的第一和最上的第七气轮不成对之外，其间的第二、三、四、五、六皆有前后一对气轮,因此更精确地说,人体有十二个大气轮,依其功用大致上可分成三区:感性区(肉体前方的二、三、四、五前轮),理性区(头部的六、七气轮)和意志区(下方的气轮及后方的二、三、四、五后轮)。(见图5-1)

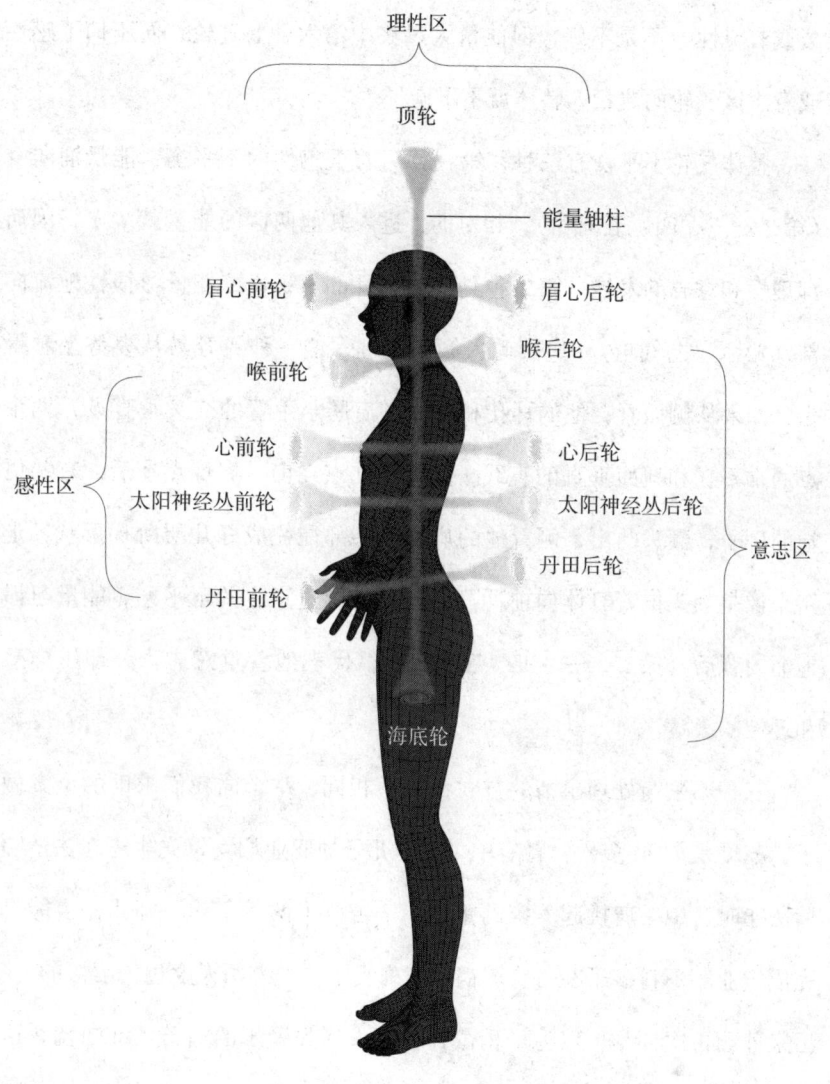

图5-1 气轮分三区

每个人为了避免创伤带来的痛苦，都发展出能量的自我防御方式，因此出现了偏颇的现象，有些气轮用得多有些气轮用得少，久而久之变成习惯，导致整体的不平衡。比如说一个分裂型的人，为了要逃离人间，习惯将能量从脚底上抽，到达位于脑部代表智性和灵性的第六、七气轮，"有脑袋或有灵性"不是不好，但能量太过集中第六、七气轮，便压抑了感性区或意志区气轮的流量，整体就不平衡了。

整体气轮不平衡有三种，第一种为着重感性的不平衡，能量涌向身前（第二、三、四、五前轮），相对的，进入其他两区的能量就少了，因而压抑理性和意志的发展。第二种是着重理性的不平衡，能量习惯性地流向头部（第六、七气轮），代表此人倾向说理，这一种最容易从姿势上看得出来，如果从侧面看，他的耳孔和肩峰（肩膀与手臂的交叉垂直点）两个支点通常不在和地面垂直的直线，或说耳孔点在前、肩峰点在后，有些更极端的例子，额头凸出，侧看他的肩膀和头部往往成好几层阶梯形状，走起路来像是额头拖着身体向前冲。第三种为着重意志的不平衡，能量习惯性地涌向背后（第二、三、四、五气轮），代表他着重意志力，却压抑感性和理性的表达。

三种不平衡处理事情的方式都极不相同，举个向我们求助的个案做例子，苏珊是个30多岁曾育有一个3岁儿子的职业妇女，先生还在法学院攻读法律时，她一肩挑起养家的重担，辛苦兼了两份工作，好让先生能早日完成学业。不料孩子在一次车祸中意外丧生，夫妻两人度过了凄惨的一年，后来苏珊再次怀孕，以为可稍微弥补两人痛失爱子的痛苦，谁知就在这时候却发现先生有了外遇。苏珊向我讲述人生悲惨的遭遇时,痛苦万分。

我,作为一个疗愈师,若是着重感性而忽略理性及意志的人,此时则可能因强烈感受到她的痛苦,陪着她掉眼泪,两人一起陷入情绪的井底,而忘了自己疗愈师的角色。我若是重理性但忽略感性和意志,在她讲述的当口儿,我可能一心一意只顾用脑袋去想清楚她是怎么会一步步走上今天这种处境,或只顾为她盘算将来日子该怎么过,而完全感受不到她的痛苦。我若是着重意志忽略感性和理性的人,认为意志可解决一切,因此会建议她"应该"如何、"不应该"如何,也完全感受不到个案的痛苦;当然,苏珊也不会再回来找我了。

总而言之,能量的过与不及均非上策,能量要平衡,感性、理性、意志三者才得以平衡发展。以苏珊的例子来说,疗愈师必须随时保持三区间能量的平衡,不然不可能达到和个案联结的目的。

以上是从整体来看气轮能量的"过与不及",以下将继续以"量"的观点谈个别气轮的"过与不及"的情况。

本书在第三章谈到,人在面对创伤(如威胁、压力、痛苦等)时有几种反应:外显的攻击、内缩的逃避、服从或冻结。气轮在处理创伤时的反应也如此,若不是积极抵抗,就是消极退缩或冻结,第一种(抵抗)会增加活动量,其下两种则降低活动量,于是气轮的能量就出现了过与不及的失衡情况。安诺迪亚·茱迪史(Anodea Judith)在她所著的《东身西心》(*Eastern Body Western Mind*)书中曾详细地解说每个气轮在"量"上的两种失衡状况。

气轮使用过度

过度的情况通常是气轮为了防御或抵抗威胁,大大增加活动量,导致能量使用过度。使用过度的结果,能量密度加大,最终停滞且阻塞,就好像在高峰时段公路上塞车,大家过度使用高速公路,公路上车塞得满满的,结果是谁也动不了,于是造成交通阻塞。

我个人用手接触"过度"气轮的感觉是厚重密实,像是碰到一个硬块,有时甚至黏黏的。气轮用得过度,往往是一种补偿作用,是为了补偿损失或修补某创伤而耗了太多能量,结果矫枉过正、适得其反。比如控制型的人,为了补偿潜意识里对背叛的恐惧感,能量向外大量发射去支配别人,由于第三气轮的意识与个人意志力有关,因此控制型人格很可能会过度使用第三气轮。一个超重体形的分裂型可能过度使用第一气轮,原因是重量可增加"落实感",用来补偿自己那种轻飘飘、不安全的感觉。

气轮使用不足

"不足"出现什么情况呢?感觉上空空如也,使不上劲,因为它毫无生气,最不足的情况就是"关闭"——只打开一点点(直径很小),似乎刚够维持内部器官和腺体最基本功能。我的经验是,如果一个人即使全身只有一个气轮如此,再过几年必然有大病发作。不足的气轮对心理上的作用自然不同于上述的过度补偿型,比如第三气轮能量不足的人,对人对事的反应可能是内缩,和控制型爱冒险犯难刚好相反,他可能怕在众人面前说话,更不敢在人际关系上冒险(如吵架),他们遵守规定服从纪律,他们消极被动,宁愿讨好别人或跟随别人领导,许多忍吞型的第三气轮都有不足的现象。

常有学员问我们，气轮可能同时过与不及吗？当然可能，每个气轮的意识都有许多面向，你若要避免其中某个面向，流量因而不足，但要补偿另一面向因此而过度。比如第二气轮有性感、肉感和情感等面向，一个人可能性活动频繁（过度）却对之毫无感受（不足）。过与不及也可能先后出现，或许应了物极必反的原理，也许某一气轮上星期能量过度，动极思静，这个星期反而转成不足。不论过与不及都应创伤而生，都为避免恐惧的痛苦而成，不管是哪一种，都使能量不能自然流动。

气轮的运作

一般而言，气轮以不同的方式运作：圆形旋转（顺时针、逆时针）、椭圆形旋转、直线摆动、静止不动等形式。（见图5-2）

正常运作或健康的气轮，是以顺时针的方向圆形转动，我们习惯上把顺时针方向的气轮叫"开放"。如果能量碰到一个逆时针转动的气轮，能量被阻塞或从其中消散，我们习惯上叫做"关闭"。气轮并没有一道门，不能真正被打开或关闭。这些用语只是用来形容气轮产生能量的多寡。当我们谈气轮打开或关闭，都只是相对而不是绝对的，我个人的经验里，即使是关闭的气轮，都还至少开启一点点。

除此之外，气轮旋转的方向也不是绝对的，我们习惯上说"这气轮顺时针转""那个是逆时针转"，只表示在当时显出的模式是顺转或逆转，事实上，大多数的气轮同时既顺转也逆转，既右转也左转，正如它的功用，既朝内吸收，亦向外放送（朝内吸收就像要把螺丝钉嵌在墙上，必须力道向内以顺时针旋转力量才进得去，而能量向外放送也像取出螺丝钉，必须以逆时针的方向旋转螺丝钉才出得来），也许两者互相制衡到某一程度，外显的模式即为顺时针，而制衡到另一程度，则为逆时针。气轮本身就不是三维物质空间的产物，也许因为这原因，我们很难用三维两极化的定律，去解释何以气轮可以同时向每个方向旋转。

至于"顺时针方向的气轮是开放的、健康的、好的"这观念亦非绝对也因人而异，由于每个人的能量模式皆不相同，因此你和我感觉到的气轮模式也不尽相同，比如，我测出健康的气轮全都是顺时针，也许换你来测，全变成前后摇摆的模式，若再换他来测，又全变成逆时针。

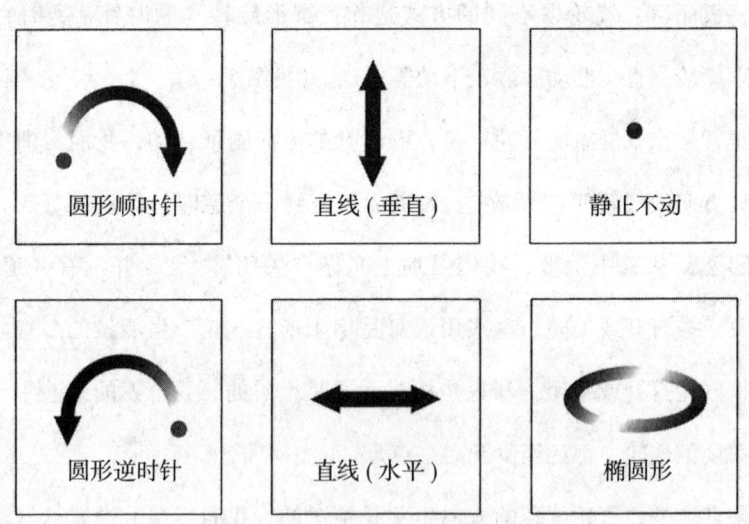

图 5-2　气轮以不同的方式运作

因此，若要测量能量，人人都得先了解并建立自己的基本模式，测量气轮的能量是否健康，才能有准确的结果。话说回来，虽然偶尔有例外，就像每个社会或文化里，大多数人多惯用右手，少数人惯用左手一般，我们只能说"顺时针方向的气轮是开放的、健康的、好的"这句话是对大多数人来说是正确的，对少数人则正好相反。因此，必须先了解自己是在多数人或少数人之列。

有时气轮呈椭圆形旋转或直线摆动，甚或完全静止不动，在人体上通常表示左右身体的不平衡，或是附近的器官有了损伤或气轮太弱，能量无法畅通地流动，或在心理上不愿与人互动，情感上不愿与人交流。

椭圆形旋转的气轮

椭圆形有八种旋转方式，上下略尖的椭圆（有顺时针和逆时针两种），左右略尖的椭圆（有顺时针和逆时针两种），斜对角向右上扬的椭圆（有顺时针和逆时针两种），斜对角向左上扬的椭圆（有顺时针和逆时针两种）。（见图5-3）

椭圆形通常都牵涉到身体左右不平衡的问题，一般来说，身体的左边代表接收能力、被动性，和阴柔婉约的女性气质有关；身体的右边所代表的是给予能力、主动性、阳刚性、男性、侵略性、积极性。如果说人体的左半边是阴，是月亮，右半边则是阳，是太阳。约翰·皮拉卡斯根据他的统计而下结论说，摆锤若是向着左边上扬旋转（请注意，摆锤的左边就是被诊断人的右边，也就是阳刚或男性气质的一边），则此人的阳刚气质"过度"发展，也就是说，此人在体现阴柔气质较适当的场合中，表现出

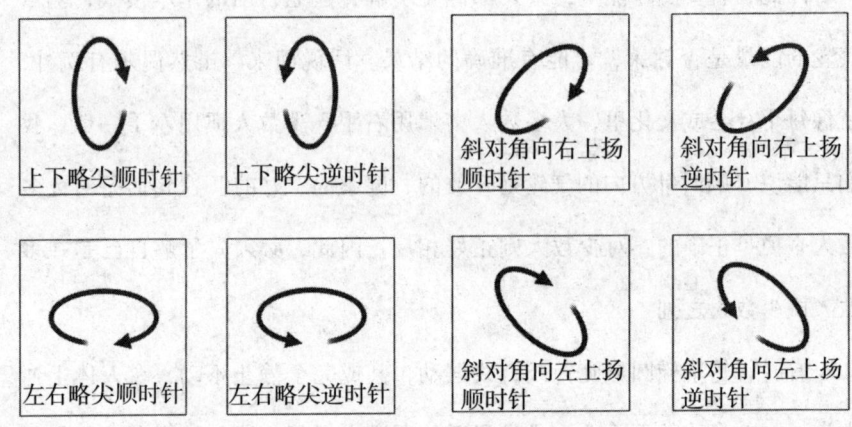

图 5-3 椭圆形气轮有 8 种旋转方式

来的却是积极有侵略性的阳刚气质。

因此,解读一个向左上扬斜对角逆时针旋转的椭圆,我们可以说,此气轮是封闭的(逆时针),气轮的接收和给予失衡(椭圆),个性中的侵略气质多过被动气质(斜对角向人体阳刚面上扬)。

直线摇摆的气轮

直线摇摆可分左右(地平线)摇摆和上下(垂直线)摇摆两种。上下摇摆表示能量往上走,比如某人的第一、二气轮所测出的能量形式为垂直线型,若加上强有力的第六、七轮,很可能此人"出世而不入世",不愿将精力花在与做人有关的俗事上,避免感受,避免与人来往,迫使能量向上部气轮走,将大多数的能量投资于追求灵性生活。至于地平线型则表示能量停滞在此不流动,通常也表示阻塞。测量起来完全静止不动则表示此气轮没有任何作用,通常也是肉体器官生病的征兆。

气轮的大小

除了方向和形状之外,根据气轮旋转的强度及其直径,也可以看出身体器官是否健康。一般来说,旋转的圈子直径越大,能量越强。比如说,一个逆时针旋转、直径10厘米的圆圈所携带的负能量,比起3厘米逆时针旋转的圆圈,自然要强很多。

至于打开的气轮可打得多开?大小尺寸为何?一般来说,一个健康的气轮直径为12~17厘米(如人撑开整个手掌大小),活像个小太阳,而越是低度开发或不健康的气轮直径就越小。有时当我的手放在患着重病的人身上的气轮时,可以感觉他们的气轮只开一点点,直径不超过两三厘米,且是逆时针旋转,不能从宇宙间吸取能量,只是不断地消散能量。

如何测量气轮?

至于我们怎么知道气轮是用什么方式旋转?直径多大?一般人可以用摆锤作为工具来测量,材质不拘。许多人喜欢用水晶摆锤,不管是什么质料,用来测量的摆锤最好是上圆下尖的圆锥形状。用两个手指抓住摆锤约15厘米长的绳子(或棉线),放在人体气轮的上方,你身上的能量涌入摆锤的磁场,摆锤于是产生类似气轮的运动,也就是说,摆锤能复制气轮的动作。(见图5-4)

重要的是,在测量时必须先把心放空,也就是说,不要对正在测量的气轮有

图5-4 如何测量气轮

任何预见或偏见，因为你的心念会影响气轮转动的方向，比如说，你正测量别人的心轮时，你心里想着："这个人看起来很固执，也不体谅人，心轮恐怕是关闭的。"如果你这么想，测出来的很可能就是"关闭"的逆时针旋转。所以，最好是以一个三岁小儿的心态，好奇地询问，客观地等待，才会得到准确的答案。

除了用摆锤测量，还有许多方式也能测量气轮。有些疗愈者不用摆锤，而直接用手测量。我自己有时用水晶摆锤，有时直接用两只手，有时眼睛能见得到气轮的运转方向和大小，有时自己的身体能感觉到对方气轮的转动方向和强度。

孩子的气轮

气轮的开口向外处有一层很薄的网状物，这层网子要到 7 岁左右才会长出来，它的作用是过滤和筛检外来的能量。未成熟的气轮不能过滤外来的能量，可以说是对外完全开放、毫无防卫作用，孩子因而变得非常脆弱和容易受影响，大人的愤怒或悲伤的情绪常常来势凶猛地长驱直入孩子的能量体，孩子照单全收，毫无选择余地。因此，母亲在做家事时，是以愤怒的心情、不甘愿的心情，还是快乐的心情来做，都会在孩子的能量体上留下记录，影响他的身心灵整体健康。

很久以前我在报纸上读到一则新闻，一个初生的婴儿在吃完母奶之后突然猝死，当时查不出原因，后来才知道婴儿的母亲是在得知丈夫有外遇后悲愤交集的情况下喂奶，当时推论是因为母亲激动的情绪导致荷尔蒙腺体分泌毒素。这种推论在肉体上是极有可能的，不过一般人不知道，母亲的两个奶头正是小气轮的所在，母亲强烈的负面能量透过这两个小气轮，排山倒海地冲向毫无招架能力的小婴儿，还未长出气轮滤网的婴儿哪能不被埋葬？

也正是因为孩子的气轮还未长出滤网，极易受外界能量的影响，所以孩子都喜欢黏着爸妈的身体，唯有在父母的能量体保护区中才感觉比较安全，不易受外来能量的攻击而害怕或痛苦。也因为孩子的能量体过于敏感和脆弱，过去在我们做集体疗愈时，有些学员出其不意地带着孩子来参加，我们都得婉言拒绝。原因是在疗愈过程中，特别是极为"劲爆"的升华呼吸疗愈，大人的能量频率在短短几分钟之内快速调高，许多在潜意识层埋藏多年的愤怒和哀伤（极低的频率）排山倒海般倾泻而出，对年幼的孩子杀伤力很大。遇到这种带着小孩参加集体疗愈的情况，我们都得请爸爸妈妈先把孩子安顿好，才能来参加集体疗愈。

在接下来的章节里，我们将带领读者依序由最下层的第一气轮，往上探索每一个气轮。

第一气轮——海底轮

第一气轮位于脊椎底部或尾骨前方，位置最接近土地。由于我们地球人必须依靠第一气轮来吸取地心所发出的地气以滋养肉体，因此第一气轮开口向下，与地面垂直。

掌管生存的气轮

凡是和在地球上生存或和物质世界生活有关的议题，都与第一气轮关系密切。从食、衣、住、安全保障的需求，乃至于繁衍后代和物种保存，都属于第一气轮的范围。因此，性也是这个气轮的要务之一。可以说第一气轮的根本需要就是生存的安全保障。

第一气轮的意识是非常原始的、本能驱使的，是属于肉体的，只管生存，而不管如何生存。我们要吃以保生存，要交配以繁衍后代，面临生存危机时会恐惧，不是逃跑就是反抗，不是去杀就是被杀，一切以生存的法则为依归，以生存为目的。即使在性方面，也完全受欲望驱使，只牵涉动物的本能，目的在于物种保存，不带有一丝温柔。第一气轮掌管所有确保生存牵涉到的原始本能和基本需求的能量。

生存是件大事，有自我的生存也有大我的生存。自我生存的议题包括：是否有活在地球的意愿，觉得世界安全不安全，世界上的人值不值得信赖等等，都以第一气轮作为基础。在地球上求生，不只是小我的生存，世世代代传承下来的家族生存和部落生存都是生存，这些大我生存的议题包括：对家庭、团体、社会、国家有无归属感、认同感，对家族、社会、国家能否忠诚，也都是第一气轮掌握的能量。

第一气轮失衡最基本的迹象就是缺乏安全感。你可以把以上的问题问问自己，如果答案大多是否定的，很可能代表你的第一气轮失衡。当然，以上的问题很难回答，若要认真回答以上的问题，必须进入我们的潜意识层面，因为第一气轮的意识存在于我们的潜意识或无意识中，一般人是很难察觉的。

如果第一气轮的需求没有得到满足，因不能满足而缺乏安全感，因缺乏安全感而产生恐惧，这恐惧将如影随形跟你走完一生。虽然我们对自己的潜意识层面毫无所知，但若花些心思观察自己，在生活层面上仍能找到一些蛛丝马迹。比如说，你可以问问自己，你活在世间是否隐约感觉有些不安，好像坏事随时都会发生，需要全神戒备？若如此，你自然很难把注意力放在人间的任何其他事情上。只要生存的议题处在这种不平衡状态中，第一气轮的能量就无法顺利进入其他的气轮。

第一气轮接收大地之母所供给的地气，往下为两腿提供巩固全身的支撑力，往上则将这股生命能量传送给上面的各轮作燃料，可以说它是我们身心灵健康的重要基础。第一气轮能量通畅的时候，此人活力充沛、生龙活虎，像个发电机，与人相处时能散发安全感，使别人在肉体上和心理上觉得安全。自己则分分秒秒活在当下，踏踏实实过日子，这"活在当下"（being present）和能踏实过日子的概念，在英文里就是 grounded（落实），指一个人脚底像长了树根牢牢地嵌入地心，身体像树干不易动摇，眼睛则能认清现实环境，做事切合实际。

第一气轮的失衡

第一气轮失衡可能出现两种现象：能量不足或过度，在外表上就可略知一二。充电不足的人能量内缩且上抽，中空瘦弱。此人脚下可能不断地动来动去，站着坐着都常变换姿势。当第一气轮关闭或失衡时就像是无根树，与大地母亲失去联系，只能从地球表面吸收有限的养料，此人可能双腿无力、两脚冰冷、营养不良、体力不支、平日避免体力活动。生活起来不踏实，很难集中注意力，可能整天做白日梦，生活没有安全感，分分秒秒活在恐惧中，这种恐惧感和无安全感并不一定存在意识层，本人可能毫不知觉，充其量也许是模模糊糊的知觉，觉得生命本身不值得信赖，世界是个不安全的处所，而自己是个生活的受害者。

第一气轮能量不足的人，由于较不重视肉体或物质生活，可以说倾向于"不食人间烟火"，因之可能不修边幅，穿衣服也较随便，个人卫生习惯也较差，不重视生活细节大而化之，但很追求梦想、知识，追求灵性。

充电不足的现象并非只出现于中空瘦弱的身体，也可能出现在虚胖、肌肉松弛且"不成形"的身体。第一气轮的意识本是极其结实饱满的，气轮若充电不足，气流循环不好，肌肉张力低，很难把自己支撑成为结实的基本架构的肉体，外表看起来自然"不成形"。

第一气轮若充电过度又如何？由于能量过度，第一气轮塞得满满的，既不能将能量向下移动以落地扎根，也不能向上移到身体上部，能量卡在脊椎下部。和充电不足的动来动去正好相反，第一气轮充电过度的人不太移动身体，不敢离地，身体可能很结实，给人感觉沉重无弹性，他自己则抱怨太僵硬。心理上，固执而抗拒改变，或说不敢改变现况，喜欢规律，墨守社会成规，绝非革命家的人选。个性中可能有很现实的一面，且追求有保障的生活，喜欢"拥有"，可能讲究外表而把自己打理得光鲜明亮、穿戴整齐，人生多以赚钱或名位为目标，对灵性的追求可能嗤之以鼻。如有些"忍吞型"的第一气轮常常过度充电，造成肌肉僵硬，特别是屁股或大腿肉多密度大。

本书第四章人格结构所谈到的五种人格，其中分裂型、口腔型、忍吞型、控制型和刻板型出现第一气轮失衡的现象不尽相同。一般来说，分裂型、口腔型及控制型的第一气轮能量通常倾向于不足，而忍吞型及刻板型则倾向于过度。

我们观察到许多不能脚踏实地过日子的人，他们的第一气轮常常是歪的，歪斜的气轮可以借着一些基本运动调回与地面呈垂直的角度，这也是为什么我们在静坐冥想时，最好把背打直；但这里的直不是指僵直，而是有弹性的直。背部最好不要靠在椅背上，此举不但没有弹性，第一气轮的角度也会歪斜。

第一气轮掌管肾上腺体，人在生存受到挑战时，肾上腺髓质能分泌肾上腺素，告诉肝脏释放血糖，使人提高警觉、做出反应，此时要"反抗、逃跑、冻结"的能量，都是由第一气轮启发。

以我（至青）自己做个例子，记得10多年前有一天，安慈开车载着我和两个孩子从纽约曼哈顿驶向皇后区，车子在高速公路上快速进行。由于安慈没有立刻让一辆行驶在内线道的车子切入，惹火了那位司机，他于是与我们的车同速并行，然后用力地撞我们的车子，车子当下摇摇晃晃，约两分钟之后那位司机再度碰撞我们的车子，两个孩子高声尖叫，我当时惊吓万分，但心里想着的只是车上的两个孩子和安慈的生命可能有危险。幸好车子很快就进入收费站,对方的车子尾随我们也停了下来。我立刻跳下车跑向后面的车子,用力打开对方的车门,口骂三字经,要对方站出来,当时我只感觉自己成为一头野兽,全身毛发竖立,准备厮杀一场。对方走了出来,居然是一个高我两个头的彪形大汉!

就体形来说,我是不可能斗得过他的,但是第一气轮求生存的意识布满我整个身体,我只知道要保护两个孩子和丈夫,根本就不去衡量可能受到的伤害。好笑的是,这个高大的男人居然被我的装腔作势吓到了,他满脸堆笑直向我赔不是,还伸出手来要和我握手言和,我当时全身发抖,下半身的气轮火烫火烫的。我告诉他,我不会接受他的握手言和,更凶巴巴地威胁他,要他跟我去警察局,因为我要告他伤害儿童。当然,安慈在这个关口出来打了个圆场,最后,我们都各自返回车里,没再追究这件事。

事后回想起来,真为自己的"不自量力"捏一把冷汗,一个能用车子撞人以表达愤怒的莽汉,自然也可以是一个用拳头和枪支来伤害我的恶煞,何况他还是一个彪形大汉,我这种"勇气可嘉"的能量可以说完全来自第一气轮,是不经过第三气轮的认知思考。求生存,保护家人,就是这种能量。

第二气轮——丹田轮

第二气轮的位置距离第一气轮不远,在肚脐下三指,靠近耻骨上方的骨盆中间部位和荐骨处,对应的身体部位是生殖系统、泌尿系统和脾脏、胰脏。

从第一气轮做"人"最基本的求生存的能量意识，向上移动到达第二轮，启发了人性中最基本的性欲和发展最初期的人际关系。性欲是人类最基本、最原始、最自然不过的力量，也代表着人类渴求与另一个体结合形成亲密关系的欲望。

第二气轮为性感之轮

我们的性欲及对性的反应和对性持有的态度，都存在于第二气轮中。赖克非常强调性行为和高潮的能力，他认为透过理想的性高潮四阶段（紧张、充电、发泄、松弛），可以解除病人的各种神经紧张症状。赖克把性能力和高潮能力认为是个人意识和生命力的指标，他认为所有的心理上或情绪上的冲突，都会留在肉体的肌肉组织里，形成如盔甲的身体武装（body armor），身体武装就是人格武装（character armor）的前身，如果阻塞的能量在体内积压久了，将影响一个人的性格，使他以不健康的方式表现出来。

本书在第四章讨论了人类的五种基本性格，每一种性格都有它特殊的"身体武装"，也就是此人表现在肌肉上的防御工事。比如说控制型的人胸腔和上背部的肌肉特别发达，口腔型的人胸腔下陷、肌肉松垮，而忍吞型的人全身肌肉鼓胀而硬实等等。武装越多，能流通的能量就越少，人的身体就越不健康。

第二气轮要怎样才健康？赖克认为，性高潮是解放这种"武装"能量的最好方式，高潮时第二气轮的性能量经过充电放电四个阶段，释放紧张，去除废气，对生理、情绪、心理健康而言，都是必要的。

许多修行人、灵修派和各宗教，对第二气轮的性能量有不同的处理方法。有些认为性高潮不是必要的，而且会妨碍灵性的发展，如佛家讲禅定必须戒淫，在《楞严经》卷六佛告阿难："若不断淫修禅定者，如蒸砂石，欲成其饭。"淫念不断，就好像用砂当米来蒸饭，充其量只是一锅热沙，永远不成饭，是不可能得定的。佛家谈守戒，特别是小乘戒律首先要戒淫，不但戒男女性交，连遗精、所有的自慰包括手淫，乃至于意淫、性冲动都不可以。道家的修行讲究不漏丹（不遗精）、不漏精（在还没发动精液之前就先化了），许多瑜伽的宗派和藏传佛教的密宗所说的坤德里尼（Kudalini）能量，也是同样的道理。

因此，许许多多修行者都借用其他方式，比如打坐、呼吸等方式，来转换或引导第二气轮的性能量，让性能量沿着能量轴柱或脊椎往上走，以升华成更高频率的能量，推动更高层次的灵性发展。这种转化性能量的修行方式极为劲爆，必须要有明师指导才行，盲修瞎练会有危险的。

除了如赖克所说性交能释放紧张之外，性交也是一种借着自身在感官上追求欢愉的欲求，和外界建立实质关系的一种过程。这个过程让我们跨过人与人之间物质的"分离"界线，超脱生理的个人极限，一同进入两人共创的心灵世界，享受"给"与"受"合一的时刻。

第二气轮也是肉感和情感之轮

"性"存在于第一和第二气轮，但两者的性能量不尽相同，第一气轮的性能量，是人类最基本想交配以维持物种的欲望，至于与异性在一起那种亲密合一而产生的愉悦感觉,则进入了第二气轮的范畴。我们找了个伴侣,与对方建立实质关系,彼此表达性欲,满足各自生理和心理的需求,得到愉悦和圆满的"肉感",更进一步与对方共创生命,繁衍后代。因此,第二气轮不但是性欲之轮,也是感觉或感受之轮,包括"情感"和"肉感"的觉受。

"情感"人人皆知,无须解释,但何谓"肉感"?"肉感"就是对自己肉体的感受,比如我在喝水时能感觉水从喉部咽下快速通过食道进入胃肠,这可以说是一种生理上的感觉。但此处所谓的肉感不单只是纯生理,也可以和情绪或情感有关。比如说当我情绪激动时,我在刹那可感觉两颊火烫;我在紧张时可感到自己的骨盆向右前方倾斜;我在清早走路去搭地铁上班的途中,可感觉到自己脚步轻快,这"轻快"并非只是向别人借用的形容词,而是我真正能感觉到脚底和地面接触时那种"轻"的感受,和下班回家两脚肿胀的"重"是多么地不同。

又如工作上,当我初见一个在生理或心理上有障碍的孩子,在看到孩子的那一瞬间,可以感觉到自己全身的肌肉变得柔软起来,有时甚至清楚地感觉到两肩的骨头正缓慢地下降;或者,有时我向人叙述一件让我感动的事,突然有阵风从头顶沿着脊椎向下灌,接着鸡皮疙瘩满身起;还有,当我伤心时,真能感到一把刀刺入心脏,这种种都是我的"肉感",许许多多的感受都透过我的肉体呈现,感受并不是用思考去感觉,而是用我的肉体去感受。甘德丝·柏特(Candace Pert)在她的自传《走出宫殿的女科学家》(*Molecule of Emotion*)一书里,曾详细地说明神经传导的接受器不只是在脑部或神经系统里，而是遍布全身每一个细胞。情感透过肉体的肌肉神经和皮肤表达，因此人的爱憎取舍或喜怒哀乐的情绪，透过肉体也可感觉得出，这就是"肉感"。

让我们回头说明第二气轮，由于它所渴求的是欢愉的感觉，因此除了去满足性欲之外，对于各种感官上刺激的追求也不遗余力。它极类似佛家讲的"五蕴"色受想行识中的"受蕴"，是人类对外界事物所生起的感受。由于有了舒服或不舒服的感"受"，因此有了贪、嗔、痴发之于外的"行"，因此生起"识"（即分别心），有了喜欢和讨厌、对和错、好和坏、善和恶等的分别意识。只要是和逸乐、喜悦有关的事物或经验，第二气轮都能向内去感受或向外去追求。我们眼睛爱看美色，耳朵要听好听的音乐，鼻子要闻香味，舌头要追求美食，身体要觉得舒服。因此，香烟、酒精、美食、咖啡、巧克力，乃至于毒品，对人类渴望满足的第二气轮便产生了巨大的吸引力。这时，如果没有第三气轮发展出来的自制能力去制衡，很可能便迷失在各种会上瘾的行为比如性行为、毒品、酒精饮料、美食等刺激性的享受中，第二气轮便失去了平衡。

第二气轮的失衡

先谈谈过度的第二气轮。若是渴望得到满足的欲望太过头，则表示你内在的感觉正在钝化，很难感觉满足，许多口腔型的人很难满足，因此不断向外追求，但追求得越多就越不能满足，如此恶性循环，有些人因此沉溺在欲乐享受之中不能自拔。

第二气轮过多能量之人有着要和外界联结的强烈需要,他行动外张,强烈依赖外在环境,社交上如此,情绪上如此,性生活的表现亦如此。他可能整天社交,身边总要有个人;若身边没人,电话那头也得有个人。总而言之,他不能独处。他和第二气轮充电不足之人相反,能量体外围的疆界很弱,常分不出别人和自己有何不同,因而在情绪表达上或在性方面可能很不谨慎。情绪时高时低,表达强烈,常在两极中荡来荡去;他们可能频频谈恋爱,谈起恋爱来每一次都惊天动地,表现得轰轰烈烈,身边的人常被他弄得团团转。由于分界弱或说他不懂如何划分界限,很容易受外界能量影响,别人伤心他也跟着掉眼泪,别人快乐他也莫名其妙跟着高兴,分不出到底哪一个才是我的感觉。

什么情况之下会不足?当我们限制第二气轮的感受能力,也就是说,当我们不让第二气轮去感受时,第二气轮就会失衡或失去活力,当然感觉不到肉感或情感。我们什么时候不让身体去感受呢?比如刚才说过,第二气轮的能量和性有关,对孩子来说,他们的身体还没发展完全,性和爱是同一种能量、同一种电流,同样是身体感官上愉悦的感受(肉感),当孩子的第二气轮开放时,能感受别人的爱也能对人表示爱意(情感),这种爱的喜悦和性的喜悦是不可分的、是一体的,两者是同一种电流、同一种能量。

在第四章第五节谈刻板型人格时,我们谈到许多孩子喜欢摸性器官,这是孩子发展极为正常的行为,不幸的是,我们的社会道德观念使得大人怒斥这种行为,认为是无耻肮脏。我并不是说,要鼓励小孩抚摸性器官,只是建议大人了解这种行为之后的更深层意义，用转移孩子注意力的方式来改变孩子的行为，而不是一味责备、凶巴巴地批判或打骂。而被批判的结果，很可能是让年幼的孩子切断自身的感受力，久而久之像个机器人，感觉不到自己的感受，也体会不到别人的感受。

机器人在情绪上有所限制，感觉不到"肉感"和"情感"，不足的第二气轮使人像个玻璃娃娃般脆弱易碎。为了保护脆弱的自己，能量体外围的疆界变得异常僵硬，以阻挡任何可能威胁现状的能量，因而电力不足之人感到孤立、悲观，至于内在的能量更是不能让它自由流动。这种"不能让感觉在身体里流动"的信念显现在肉体上，便是硬化的四肢和僵化的关节，比如站立时膝盖向后打得挺直不易弯曲，你若在他身后轻轻撞击膝盖，他会立刻跌倒，他们的骨盆和屁股的动作幅度很小。

"没有感觉"不但表现在情绪上、身体动作上，也能表现在心态上。在心理上，他常以批判性的眼光来看待自己或别人，你若对他一天之中所说的话做个统计，可能发现他最常用的句子是"你应该……"或"我应该……"做起事来也僵化刻板，只认定一种方法去做事。不是这样就是那样，难有通融的余地。

一般来说，口腔型和控制型其第二气轮较倾向于过多，而分裂型、忍吞型和刻板型倾向于不足。

第二气轮的感受能力如果受阻，我们感觉不到自己的感觉，感觉不到自己是谁。我们若讲修行，想一步一步寻回自性本体，一层一层撕去自我面具、形象、低层自我，必须凭靠着感觉器官所开发的感觉，最后才能回到本质,才知道"我到底是谁"。

要如何让自己有满足的感觉?如何加强自己的感受力?最直接的答案是,随时随地去感觉,不是下令"叫"头脑去感觉,而是毫不批判地"允许"或"让"你的身体去感觉,再下一步是随时随地保持一份感恩之情。当你能由衷地生出感恩之情,就表示你不再感到匮乏,感觉满意而丰足。

对人对事喜欢或不喜欢、感恩或嫌恶、满足或匮乏、有吸引力或没吸引力,全都是第二气轮的管辖范围。当你的眼睛看见美好的事物,当你的耳朵听到美好的声音,当你的鼻子闻到芳香的味道,当你的舌头尝到美食,当你的身体碰触到自己所爱的人时,请用身体去感觉,感觉你的感觉;如果这个方法不奏效,你还是感觉不到"感觉",请闭上眼睛,全神贯注在这种愉悦的经验里,然后问问自己,在这快乐的时刻我身上哪些地方有反应?请用感激之情来体验这一份快乐,用感恩的心来体验满足的感觉。

感激之情携带着大量的能量,能渗透到每一个细胞,身上的每一个细胞都因此而振动。这绝不是夸大之词,感激之情确实能将能量振动的频率调得极高,频率越高的能量振动就越细微。一般人原本就不容易感觉得到,更何况有些人能量过分淤塞,身体的结缔组织特别僵硬,要感觉这种细微能量更是难上加难。所以,不管你是否能够感觉到身体细胞的振动,都请感觉你的满足、你的生命,乃至于这个世界和整个宇宙也是丰足而圆满的。

第三气轮——太阳神经丛轮

第三气轮位于胸骨基处，包括肝、胆、脾，一直延伸到肠胃。第三气轮涵盖的肉体部位范围广大，它的功能正如俗语"心知肚明"所表达的，是属于能知觉自己、明察世界的智慧。一个人思想是否清晰、对自己是否有自信、能否学习新事物、能否表达个人力量，都是第三气轮的管理范围。如果说第二气轮像是一块未经琢磨的璞玉，一个很天真自然、幻想力丰富、情感上不设防的孩子，第三气轮则像是这天真的孩子，在受到学校的教育后所表现出来的逻辑推理的思想质量，是能够分辨事实和有所知觉的意识状态。

第三气轮表现智能

当第一气轮生存的需求得到满足，第二气轮寻找快乐和欢愉的感受也得到了，能量上升到达第三气轮，则发展出制约能力。第三气轮是个有高度智能、做事谨守原则、有条有理的规划者。第二气轮通常跟着感觉走，对于自己喜欢的东西拚命去追求，不喜欢的东西极力去避免。如果第二气轮是情感生命，第三气轮就是智能生命。

聪明的第三气轮知道什么时候是够了，什么时候该叫第二气轮停，以免沉溺于感官享乐中。它能对第二气轮所生的感受和情绪，有条不紊地整理规划，它是情感生命的调理者，使我们能拥有丰富的感情生活，但不会滥情到一发不可收拾的地步。第三气轮必须和第二气轮合作无间，才能调养出一个健全的人格。

在第二气轮，我们虽然会因为外境是否具有吸引力而生出好恶的倾向，但没有判断力去做决定，用判断力去做决定是第三气轮的功能。打个比方，对于我之所"好"（比如我正在吃最爱的巧克力），我该继续追求，让吸引力牵着鼻子走，还是见好就收到此打住？对于我之所"恶"，例如说每天该做的功课真讨厌，我该顺着自己的好恶倾向不去做功课，还是用意志力来说服自己把功课做完呢？第三气轮最重要的作用，就是建立你的选择能力和个人独特的选择方式。你决定先做什么、后做什么，什么时候要进、什么时候要退，什么是对、什么是错，什么时候该和人竞争、什么时候要自我控制，这是决定你是否有个人"威力"的时刻。所以，第三气轮就是你表现个人意志力的气轮，你必须为自己做选择，以形成你的个人独特价值。

了解自己的独特性事关重大，有了个人的独特价值，你才能为自己在茫茫人海中找个定位，从这个定位出发，才能和外界建立关系，才可能了解你之于宇宙是什么样的关系。这也是第三气轮不同于前面两个气轮之处，前面两个气轮的意识仍然属于动物性的范畴，到了第三气轮，才真正进入"人"的意识范畴。

了解个人的独特性，包括你开始自我察觉，了解自身处境，体会个人力量，培养自尊、自重、自爱，建立自我形象，肯定自己。有了个人的独特性做基础，你开始察觉到世界对你的影响，并且做出响应，你开始操纵环境，建立和外界的关系，你明白自己虽是独立的个体，对世界却很重要，所以第三气轮也是重要的人际关系气轮。第三气轮让你懂得建立自己的原则，也让你创造对自己、对别人和对世界的形象和信念。第三气轮包含了你对自己生命、别人生命和世界的看法，这三者就是你的"实相"。前面在解释气轮是能量体重要的感觉器官时，谈到逆时针旋转、只出不进的能量限制了我们的感觉，久而久之我们便把童年时期养成的狭隘的经验和观点，投射到外面的世界，形成对自己、对别人和对世界的形象。在这种基础上，此人对生命的观点和他的实相也是极狭隘的。此人若觉得自己是个卑鄙小人因而看不起自己，这是他的自我形象，也是他为自己在宇宙间下的定点，从这个定点，把看不起自己的意识投射出来，他自然也看不起别人，也不可能尊重任何其他人，对世界的形象则是"全世界充满着卑鄙小人"，而这种"全世界充满着卑鄙小人"的观点，就构成了他的实相。

第三前轮会生出人际关系带

第三前轮在人际关系上关系重大。在第二章第三节能量体次元中曾经说到，当两人有关系时，相对应的气轮会有带子将两人连接起来。布兰能特别强调关系带的重要性，她说她在治疗病人时常常见到这些关系带，但是从没听过有任何对于这些关系带的解释，不知如何去处理，直到后来接受了指导灵的教导，才懂得如何去处理、修复这些关系带，连带地也修复了病人和关系带另一端的关系人之间的关系。事后，病人常向她反映，他们与另一人的关系改善了很多，这时她才真正见识到关系带的威力。

她所做的事情正是"将这些能为此人在宇宙间定位的关系带,深深地植入他的灵魂深处,因而释放了此人与别人纠缠不清、不健康的依赖性"。所谓的"在宇宙间定位",所指的正是第三前轮的功用。布兰能说,她在工作上遇见的每一个人的第三前轮之关系带几乎都有损坏,我们两人这些年为人做疗愈工作的经验也是如此:在进行"手触疗愈"而进入病人较高层次的能量体时(第四层能量体以上),常常会接触到飘浮在空中或埋藏在气轮根部纠缠不清的关系带。有的人关系带像勾子一样勾向别人,为的是要控制对方,有时关系带伸向对方的第三气轮,为的是要去汲取能量(口腔型惯用的方式)。

第三气轮的失衡

由于第三气轮表现个人意志或个人力量,因此,充电过度的第三气轮其个人意志力也超强。坚强的意志适可而止,过强的意志却因过度僵化而更脆弱,这种过度的意志力通常是"矫枉过正"的补偿作用。

前面说过,第三气轮帮助你形成个人独特价值,为你在茫茫人海中定位。当一个人有强烈的被人忽视、被人遗忘、被人抛弃的感觉后,为了补偿或超越那种"毫无个人力量"、痛苦无助不安全的感觉,于是生出了要去"控制"的欲望,能控制才有力量和安全感。如何才能控制?越实在的东西越能控制,越是虚无缥缈的东西越不好控制,也因此他们对虚无缥缈的灵性生活通常兴趣不大,却喜欢追求实在的钱财、权力、成就,因之充电过度的第三气轮有的追求成就,有的眷恋权力,有的则热爱钱财,为了追逐这些"实在"的东西，他不断地从事多种活动，身体的活动性很大，不停地动动动，因为他需要亢奋才能感觉自己活着，才能感觉"个人威力"。

一般来说，控制型控制别人或环境，刻板型控制自己，这些都是第三气轮充电过度的例子。控制型人格需要不断地控制别人、控制局面、环境，能量若高到极点，可使他变成一个横行霸道、充满愤怒、侵略性强或自吹自擂的流氓。刻板型控制自己，常用意志力鞭策自己、逼迫自己，不达到某个目的或某种成就绝不歇止，表现在生活上即成为工作狂，把自己身体当成机器，像拼命三郎般硬撑。

然而，第三气轮若过度发展，须向邻近的气轮调兵遣将，在下的第二气轮和在上的第四气轮首先遭殃。因此，第三气轮过度之人，总是至少有一个不足的或关闭的第二气轮或第四气轮，此人若不是切断第二气轮的感受（如刻板型常抱怨"没有感觉"），就是把第四气轮的心封闭起来，不能无条件地爱人或接受爱。当然，人身不是铁打的，活动力过强，随之而来的压力也必然超强，日子久了身体必然出现各种疾病，从身体上的肌肉紧张僵硬、胃酸过多、肠胃不适、胃溃疡，到精神上的焦虑、过动，（我过去有许多过动症的小病人，其第三气轮清一色地能量过剩），甚至发展出与能量过度完全相反的慢性疲劳症（这种病症是属能量不足），矫枉过正使得能量从过度的极端跳至不足的另一极端。

充电不足的另一极端又是如何？正好和过度相反，过度者过度补偿，不足者则消极退缩。充电不足者活力不足，意志力低，没什么主见，也没有勇气坚持己见，活动力小，做起事来绝非"敢作敢当"，不能坚守立场，不愿负大责任也不敢单独行动，总要拖人下水或让别人领导，对自己毫无信心，常觉得自己毫无价值，为自己感到羞耻，人际交往上则尽量避免冲突。

一般来说，控制型和刻板型其第三气轮倾向于过多，口腔型和忍吞型倾向于不及。当然，过与不及也可能同时存在于任何人格的气轮上。

由于身体前方的气轮皆为感受区的气轮，因此当第三气轮的前轮关闭时，此人不但对许多事情没有感觉，对自己在宇宙间的定位和独特性也是毫无所知，更遑论此生来人间走一遭的目的。前轮开敞也就是能量顺时针旋转时，我们能够感受外来的能量，人际关系上首先觉知并接受自己在宇宙间的定位，进一步也接受别人在宇宙间的定位，因此也能欣赏并接受他人不同于自己的想法和情感。而不会用批判的眼光去挑剔他人，或总认为自己的想法才是对的。

身体后方的气轮则为意志区的气轮，第三气轮的后轮所传达的，是个人是否有意愿保持自身的健康。前轮所建立的自我觉知，到了后轮则成为自爱、自尊、自重。如果觉知自我在宇宙间的独特性，自然能珍惜自己的身体，并且有极大的意愿照顾自身的健康。

第四气轮——心轮

心轮，顾名思义，自然是在心脏附近，也就是两乳之间。第四气轮位于中央的心脏神经丛附近，管辖的范围包括心、肺和胸腺。胸腺担任免疫系统的重要角色，对于抗癌的 T 细胞的生长至为关键，而胸腺的作用是靠心轮来调节，心轮一旦遭遇痛苦，身体的抵抗力必然下降，免疫系统较差的人在接受净化心轮的疗愈后，常可立即感到舒畅。

第四气轮是第一气轮和第七气轮的中站，也是人类顶天立地的中点，我们每个人都具备灵体与肉体，可以说我们都脚踏两条船，而第四气轮则是两条船的支点。心轮上面三个气轮（第五、六、七气轮）是属灵性的、天界的，下面三轮（第一、二、三气轮）是物质化、肉体的、人间的，而心轮介于中间。人类在经历了处理前三个以自我为本位的能量——生存需求、感官欲求和自我意识——之后，此刻意识层面更成熟了，我们从自我本位的意识超脱出来，开始去联系宇宙间其他的生物，去经验别人的生命，这就是第四气轮的工作，而第四气轮的所在地心脏，正是一向被认为示爱的泉源（我们谈到"爱"这个字眼的时候，不是常常毫不自觉地抚摸胸口吗）。就在这代表爱的心轮，我们开始逐步培养对别人的同理心、同情心、关怀和谅解等情怀，简单地说，第四气轮所传达的是"爱的能量"。

心轮的爱是不求回报的大爱

这种爱，不同于第一、二、三气轮的爱，心轮的爱不是第一气轮爱家人、爱国家之爱或性欲饥渴之爱，不是第二气轮罗曼蒂克或感官欲求之爱，也不是第三气轮自珍自重之爱。前三气轮的爱都以自我的需求为出发点，第四气轮的爱无特定对象，无关个人，不是情绪，没有私心，不求回报，是无条件的"大爱"。

常听人说，父母对子女的爱是无条件的。但是，我们所见到、所经验到的，特别是中国式的家庭，父母对子女的爱大多是有条件的。我们很少碰到无条件的爱的例子。父母要求子女要乖、要听话、要努力读书，这些就是条件，当孩子符合了这些条件，做父母的才能感觉到他们对子女的爱。在我的诊所里，每天都有许多母亲带着孩子来求诊，最常听见的句子就是："你要乖乖听话，不然妈妈就不爱你了。"这"乖乖听话"不就是一种条件吗？只有当你乖乖听话，我就爱你；你若不乖乖听话，我就不爱你。这种爱其实不是无条件的，只单纯地表达了父母个人的需求而已。请问问自己，不管孩子变成什么样子，你还能爱他吗？如果孩子爱捣蛋、臭脾气、叛逆、自私，你还能爱他吗？如果你不确定，你的爱很可能是有条件的爱，是基于你自我本位的个人需求的爱，而不是第四气轮所生出的无条件的爱。

这么说，并不表示父母对子女没有无条件的爱，也不是在责备所有的父母不具备无条件的爱，只是我所见到的例子，父母表现出来的大多数是有条件的。其实，无条件的爱人人皆具备，更何况为人父母？大多数的父母都具足从第四气轮出来的无条件的爱，只是被前面三气轮的需要影响而扭曲了，第一、二、三气轮的基础未建立好，能量经过第一、二、三气轮的扭曲之后，上到第四气轮就不再是无条件的爱，以至于对孩子的爱也是从自己的需要出发，而成为有条件的爱。

那么，前面三个气轮是怎样被扭曲的呢？前面的三个气轮，都是以自我本位为出发点，也就是以自我意识为出发点。前面三个气轮培养出的自我和人格，是我多少年来所累积的自我形象，是我以为的我，而这些全是从防御心理出发的。因为受到许多创伤，我发展出低层自我来保护自己免于痛苦，投资了许多的精力来维护自我形象，进而发展出防御系统的综合体，这综合体也就是我们的人格，其中包括创伤、低层自我、主要形象，可以说这些全是一种反应，是针对个人所经验的人生做出反应之后所建立出来的自我。

然而，第四气轮无条件的爱全然不是这么回事。爱，无关自我，不是反应，不是情绪，没有对象，不为需要，不为获利。

心轮的爱到底是什么？什么是无条件的爱？为了解释第四气轮的爱，必须重提前面的三个气轮。在前面三个气轮中，你全心全意只着眼于自己的需要上（从第一气轮的自我生存、第二气轮的个人感受，到第三气轮的个人意志），因此你看不见自己原来的面貌，也就是你的自性本体，但是到了第四气轮，你的意识层面已经从自我本位跳出来，站在一个更高的角度往下看自己，你明白自己一向维护的自我不过是一个防御系统，你明白还有一个本自具足的本体，这本体美好又丰足，于是你不再以有所匮乏的心态来对待自己，不再以审判角度出发的防卫心理去对待别人。由于你感觉生命的丰富而感觉满足，你想和人争个你死我活的竞争心自然消失，你们彼此的关系是建立在合作而非竞争的基础上。因为你了解你的利益就是别人的利益，你对自己做了一件好事就等于为别人做了一件好事，你与别人互相联结本无分别。

于是你原本用来防御自我的肌肉放松了，你的心胸打开了，能量便源源不绝涌入第四气轮，于是你能接受所有人的好，也接受所有人的坏，这其中包括你自己的好和坏，你原谅自己也原谅别人，你更珍惜自己、宽容别人。另一方面，当别人为你付出时，你也能不卑不亢地接受，你能享受自己的"付出"，也能享受别人的"给予"，当你能用这种心态来关爱别人的时候，别人的快乐就成为你生命中最重要的事，这就是第四气轮的表现。

到了这境地，第四气轮的能量不但如前所述源源不绝涌入，也源源不绝涌出，使你能大大方方地给予出去，不再希求回报，不再有条件地与别人分享你的爱意。此时，你的爱不再从需要出发，因为它不是为了获得。你的爱不是源于匮乏感，因为你的心灵非常丰足，你的爱没有特定的对象，因为它的对象是宇宙间所有的众生，你的爱像是空气，无时不在，无处不有。

要感觉第四气轮的能量并不难，此刻请你合上书本，让自己的心静下来，然后静静观想一个你最喜爱的人，这个人不是一个你爱恨交加会引起你强烈情绪的人（比如恋人或配偶），这个人是你可以轻易信任、尽量去爱、最不需要防御的人。对我来说，当我低头想到我的孩子，当我想到在纽约街头见到的小动物，当我想到在我诊所来求诊的小婴儿，当我想到我的母亲，一阵说不上是什么感觉的气流流过我的心轮，令我热泪盈眶，令我全身筋骨酥软，这就是我第四气轮生出的爱。

第四气轮的失衡

第四气轮充电过度，并不是指有太多无条件的"大爱"，而是指为了补偿所受的创伤因而过度使用第四气轮，过度的能量是种防御机制，是应个人需要，从自我角度出发，有特定的对象，于是这特定的对象就成了受害者。因匮乏而过度补偿的爱通常极需要"实质"的保证，有保证才有安全感，怎样的保证才叫实质？借着不断地占有、不断地要求对方的注意力、不断地要求回报，才感觉有保证，一旦少了些保证，嫉妒的情绪就生出了，这种失衡的爱意教人窒息，反而引起所爱之人的反感。当然，此人又再度受创伤，更加无安全感，成了恶性循环。有些人过度向外放送第四气轮的能量，以至于不能接收外来的能量，最后可能导致第四气轮枯竭。

气轮不管是过或不及，皆是受了创伤后的防御反应。过度者过度补偿，积极向外去找爱，不足者则消极退缩，却要别人采取主动，要别人先爱自己，不敢冒险打开心胸去爱人。由于过去受伤太重，很怕再度受伤，因此爱有了条件，"你先爱我，我才爱你"，因此爱起来很有"尊严"，好像在扮演"公主"的游戏，追求者越主动，越显得我的尊贵，越显得我高人一等，用以弥补自己的自卑感："我不值得人爱！""你如果不关心我，我才不在乎。"充电不足者门窗紧闭，既不许能量出去，也不放外面能量进来。

一般来说，口腔型其第四气轮较倾向于过多，而分裂型、忍吞型、控制型及刻板型则较倾向于不及。有可能过与不及同时存在吗？当然可能，事实上，大多数的人都在这过或不及两极端间来来去去，比如说，我们内心都期盼有人来爱，一旦有人来了，我们的爱不但倾囊而出，而且过度到不可收拾，一定要"保证"对方对我的爱（以占用对方的时间、精力、身体作为保证），一旦对方无法提供长期的保证，于是我就受伤，立刻封闭心轮，能量因此走向不足的另一端。

由于身体前面的气轮为感觉中心，对我们所爱之人，我们会从第四气轮的前轮伸出关系带到对方的第四气轮，是名副其实的"心连心"。身体后方的气轮，则与自我意志有关。自我意志有别于上天的意志（或称神的旨意、较高意志）。俗话说人算不如天算，人算可以说就是自我意志，而天算就是上天的意志，后轮逆时针旋转的人，觉得"不如意之事十之八九"，明明自己铺好一条光明大道，路上却常常杀出搅局的程咬金，为了提防这个程咬金，凡事必须由自我来掌控，一分一秒都不能失控，这样的人对自我生命的过程毫无信心，不能顺应、臣服于上天的旨意，甚至事事与天意抗衡，心轮的后轮自然出现失衡的现象。相反的，心轮平衡时我们对世间的人或事有着正面且开放的态度，身边的人我们都将视为帮助我、成就我的人，人算就是天算，两者合一，我的意愿就是上天的意愿。

第五气轮——喉轮

第五气轮位于喉咙之下凹陷处，它管辖的范围包括颈部的喉咙、甲状腺和脸部的耳、鼻和嘴巴。喉咙的作用是借着发音表达我们的情感和想法，以和外界沟通。喉轮也是如此，它综合所有来自上方和下方各气轮的能量，经过分解和整理，将内在真实的自我表达出来，反映于外。

请注意，这里的"自我"是指"真我"，而非"错我"或"假我"（请参考第三章的形象自我和面具自我）。在集训时常有学员问我们："老师，我觉得自己很有表达能力，能说善道，说起话来可以滔滔不绝，为什么你说我喉轮失衡，不能表达自己？"一个人能说善道并不表示他很能表达内心真正的感受（情）或内心相信的真理（理）。相反地，他再如何滔滔不绝，若表达出来的是扭曲后的错我和冒牌的假我，而不是真正的自我或本我，其喉轮的能量也必然失衡。

声音本身就是振动，透过喉咙和嘴巴，我们发声并说话，投射出灵性的力量，我们的声音和话语后面包含着无限的能量。这也是为什么许多宗教都劝导我们要谨言慎行。基督教要人赞美上帝，佛家强调"身、口、意"的重要性，要人莫造口业，俗话也说"祸从口出"。

一般人都以为我们平日只是发出声音，却不知道声音和话语中载有神奇的力量，正如水能载舟也能覆舟，声音能伤人也能利人。读者或许听说过用"声音疗愈"（sound healing）这回事，我们两人在做"手触疗愈"或"呼吸疗愈"时，有时必须发单音做"声音疗愈"，以提高治疗的效果，就是这个道理。有力量的声音或语言，会从喉轮向上下左右投射出亮眼的蓝光，可以伸展到45厘米左右，伤害性的话语从失衡的喉轮所投射出的，则可能是破碎残缺或歪歪扭扭的形状。有些人不敢、不愿或不会表达他内心真正的感受或想法，其第五气轮的能量必然阻塞不流动。这种现象在亚洲地区很常见，尤其是惯于忍气吞声的亚洲女性，长期以社会的想法为想法，以别人的感受为感受，久而久之对自己真正的感受或想法毫无知觉，表达于外的全是错我和假我而不自知，她们的第五气轮自然严重失衡。

第五气轮的失衡

如何辨别失衡的第五轮是"过度"或"不足"？可以从声音及话语这两个面向的"质"及"量"来考虑。例如，此人说话的"量"是多或少，亦即沉默或多话，速度快或慢。其"质"又如何？说话言不及义、未搔到痒处或恰到好处。此人所发声音的"质"与"量"又如何？声音是大或小，声音沙哑如破锣或尖锐刺耳如杀鸡，或有共鸣如金钟；很多"虚"的"气"在其中或"实"而"有分量"。

一般来说，第五气轮过度之人，必须借着大声、话多或快速说话以宣泄过多的能量，而不足之人则可能话少、声小、气虚、音哑，不觉得自己有说话的权利。口腔型和控制型其第五气轮较倾向于过多，忍吞型和刻板型则倾向于不及。口腔型说话不是为沟通，他借着不断听到自己的声音来防御或引人注意，或宣泄过多的能量，因此说话量虽多，但量多质少，言不及义，只为说话而说话，表达不出他内心真正的声音。控制型利用说话引人注意以控制人或场面，因此音量上可能大些，先声夺人的说话内容可能较富攻击性或控制性，或利用转换话题以控制场面及引人注意。至于忍吞型一向忍气吞声，不认为自己有说话的权利，声音的音量自然小，像是怕被人听见，或是怕说错话被人羞辱，说起话来吞吞吐吐。而刻板型感受力不强，可能根本不知自己真正的感受，再加上刻板型自制力特高，必须是"得体"的话才说，自然不能畅所欲言，表达不出内心的真我，也说不出他所相信的"真理"。

那么，有可能"过"与"不及"同时存在于第五气轮吗？当然，举个例来说，我有个很忍吞型的朋友，平日说起话来十足小媳妇模样，吞吞吐吐欲言又止，但偶尔激动起来速度却快得像机关枪，因为体内堆满了愤怒。有的人第五气轮能量是过度或不足完全和话题有关，举我（至青）的例子来说，要我在众人面前讲述与工作或学术有关的话题，我可以滔滔不绝，但要我向所爱之人表达情意却有些困难。记得在十多年前有好几个场合需要我谈自身的感受，只见我扭扭捏捏，三分钟挤不出一句话，最后挤出来了，喉咙发出的声音或所用的字眼却很"中性"，不夹带感受或情绪，像在讲与自己无关的事。我有个朋友则正好相反，很能表达内心的感受，既坦白真切又高雅大方，但在工作上却无法积极说出意见，他任职的公司还特别请了一位说话专家，加强他表达意见的能力。

我们的嘴能够向外表达思想和情感之前，必须先经过内在的分解和统合两个阶段，这就是甲状腺的作用。甲状腺分泌的荷尔蒙，控制人体的新陈代谢。新陈代谢具有两种功能：接收消化的"分解性代谢"和整合表达的"合成性代谢"。分解代谢是分解身体所吸收消化的物质以释放出能量，合成性代谢则是在分解作用之后，再统合各物质加以建构组成以维持身体机能。喉轮先分解所有通过它的能量，再将之重新组合，透过声音和语言表达出来。

第五气轮代表的能力

喉轮的前轮特别与第一种分解性的接收消化能力有关，也就是与是否能够接受并消化外界所给予的有关。前轮逆时针旋转或关闭时，代表此人不能接受外界所给予的，之所以不具备接收能力，常常和他的自我形象有关。譬如说口腔型自我价值感低落，认为不会有好事降临到自己身上，自己不配享有美好的事物，即使好事真正降临，也接受不了。举例来说，如果我一向认为自己"不可爱"或"不值得人爱"，即使有一天遇到一个真心爱我的人，我也不会相信他爱我，因为我没有具备接受爱的能力，结果是我处处怀疑他，时时需要证据来证明他爱我，最后很可能把对方逼走。再举个简单的例子，我（至青）一向认为自己头脑不灵光，思考不敏捷，小时候每当考试得了满分，别人称赞我真棒、真了不起时，心里总有另外一个声音说："乱讲，我脑筋笨做事又慢，今天考一百分不过是侥幸而已。"不能接受别人的赞美，等于切断了位于第一线接受滋养和自爱的管道，更不用说下一步消化赞美之后产生能量的分解过程了。

至于分解过后统合的组成作用，也是第五气轮的重要功能。经过前面三个气轮自我本位意识的发展：肯定自我、建立自我形象，也经过了第四气轮开放的心胸，这些能量上到喉轮被吸收消化分解，在这里酝酿着振动频率更高的能量，我们更成熟了，也在这里，崭新的个人意识和宇宙意识做第一次接触。

在个人意识方面，第五气轮使你具深度自省能力，开始质疑自己一向深信不疑的观念，因而有能力去挖掘事情的真相，不再纯粹以习惯性批判的观点去看自己。你反躬自省，知道自己的行为何时出于防卫，何时出于真心，自己的观念哪一部分来自父母或社会，哪一部分仍保留着自己的本性，你对自己了如指掌，这时候，你才真正了解个人的独特性。

在宇宙意识方面，由于你从一个全新的角度看待自己，你也开始从不同的角度看待所有生命。你摆脱了社会化而造成的僵化思考模式，而以开放的态度接受来自各方的能量，因此你欣赏世上所有风俗、种族、文化里蕴涵的美感，对所有的人物宗教思想都没有偏见，并了解它们皆具足真理，只因时地人之不同，呈现出的形式或强调的面向也因此有所不同。第五气轮于是培养出全方位的宇宙观，使你能够超越狭隘的思考框框。

这就是在经过第五气轮分解作用过后的组成作用：组成一个具创造力、富个人风采、独一无二的你，此时也正是你向世界表现自己的角色，为自己在世界中重新定位的时候。于是能量被用来表现自我，也向外沟通，第五气轮前轮位于喉咙，正是要你在认清真我、相信真我之后，还必须把真我化为声音，勇敢地表达出来。你能自由自在地向别人表达自己的意见，你也不再怕别人会反对你的想法，不觉得必须设防来保卫自己，不管别人是否赞成你都不受干扰。第五气轮的后轮是否运转顺畅，常与个人的职业或所从事的工作有关。一个人若不喜欢自己的工作，觉得力不从心、枯燥乏味，或者挫折感很大，其后轮都可能失衡、扭曲或是毫无能量。反之，工作若是既富挑战性、具成就感，又能发挥个人的潜力，内心感觉得心应手，外界自然得到许多助缘，喉轮的后轮很可能畅通无阻。

第五气轮的能量一旦打开，说真理的能力一涌而出，同时开发臣服高层意志的能力（高层意志即神圣意志，请参考第二章第三节之第五层能量体）。高层意志力和沟通能力两者看似毫不相关，事实上却紧密相连。当我们的第五气轮打开时，我们在当时能够充分地表达本我（自性本体），而这本我本身就是真理，就代表着天意，传递着神的旨意，也就是说，我的"个人意志"在此刻自动与"高层意志"对齐。

高层意志是针对较低层的"个人意志"说的，当喉轮畅通无阻时，个人意志自动顺应高层意志，我所说的话语自动符合上帝的旨意，我不需要运用意志力去对抗什么，不需要"用力"去使某事发生（有趣的是，英文用"will"这个词来代表"使事情发生"的意思，不做助动词用，will 本身即是动词），事情自然而然、毫不费神地发生，而且往往具足天时地利人和的条件，水到渠成。

因此，第五气轮的高层意志有别于第三气轮和第四气轮后轮的个人意志，个人意志建立你的选择能力，形成你的个人独特价值。个人意志发展得宜，做事有决心有毅力，能贯彻始终而不会中途而废；第五气轮臣服于高层意志就是放下个人意志，完全顺从高层意志，将信心全然交出。此处所说的顺从不是像面对力量强过自己的敌人缴械的投降，投降是出于恐惧，臣服却是出于全然地信任更高能量，让上苍或上帝或佛法接管一切。因为你知道，个人力量不足以支撑你走过整个人生，你的背后有一股强大的力量引导你走过你的人生，这是你的生命蓝图。无论发生什么事或为什么发生，你都相信是神圣蓝图的一部分，都是针对你的人生任务应运而生的，都有深层的意义。因此，无论发生任何事，你都坦然接受，让高层意志接管一切即是"臣服"。

第五气轮还有一个重要的功用，就是发展你的超感能力，拥有超感能力并不稀奇，每个人都有超感能力，只是有些人的超感能力尚待开发，有些人的超感能力已开发，其间也有开发多或少的差别，当然，更有的人完全否定自己的能力而拒绝开发。我个人表现出来的超感能力则因时因地因人而异，有时我看得见，有时我听得见但看不见，有时我闻得到，有时非看非听非闻但就是直觉地知道。不知道自己怎么知道，但就是知道，这也是一种超感能力。

记得有一天清晨想叫女儿起床准备上学，那一阵子她正处青少年反叛期，常常找理由不去上学或者干脆整天逃学，晚上回到家就忙着上网，与朋友聊天聊通宵；遇到这样的情形，早上叫她起来上学总要经过一场母女厮杀。这一天自然也不例外，我隔着一道门叫女儿起床（平常她上锁不让我进房间），所得到的反应却是大吼大叫不许我吵她清梦，我当时的愤怒情绪高涨到极点，只觉得所有的能量往脑门上冲，恨不得破门而入，把女儿从床上给揪出来。

正在愤恨到极点的当口儿，突然听见一阵美妙的音乐，我整个人愣住了，世间怎么会有这么美的音乐？音乐从哪里来？两只脚不由自主地离开，开始向屋里的每一个房间搜索，想知道音乐到底从哪里来。搜寻毫无结果，屋里没有人放音乐，最后我放弃搜寻，坐下来享受音乐，十几分钟之后音乐逐渐消失，我自然气消了，心平静了，头脑也冷静了，这时才恍然大悟，我接受了一场音乐疗愈，高灵透过音乐与我沟通，提醒我不要动怒乱了阵脚。

第六气轮——眉心轮

第六气轮位于前额的中央,两眉的中间,它管辖的范围包括脑下垂体、眼、耳、大脑侧叶、大脑前叶,范围虽不大,作用却不小,这里酝酿着明晰的聪明才智和清明无碍的视觉,超越了三维空间的自我意识,振动着比前五个气轮更高的能量。高层次的宇宙意识开始抬头,真正灵性世界于焉开始。在这里,人类深切了解个人力量之微薄,对人生抱着全然的信心和信赖,知道世事无须强求,事情会自然而然地发生。所以第六气轮又叫智慧轮或直觉轮,俗称第三眼(有些灵修人士认为第七气轮才是真正的第三眼,也有人认为第三眼不同于第六气轮,不论如何,第三眼和第六气轮都脱不了关系)。

第六气轮是灵性智慧之轮

先谈谈它为什么又称智慧轮或直觉轮,第六气轮拥有的是直觉式的聪明才智,也是内在的智慧。这种智慧与一般的聪明才智并不相同但也不冲突,它一样是清晰明白的思考,一样能根据收集进来的信息做出决定,但它却不只是传统老师所传授的一般知识,不止于现今教育教我们的线性逻辑思考,不限于第三气轮的认知。第六气轮也包括抽象的认知能力,那说不上为什么的非逻辑或非理性的领悟力,包括能在脑中勾画图像的观想能力或俗称的想象力,包括展望未来的预知能力,包括解析诠释所做之梦的能力、评估信念及态度的能力以及对人生世事的判断力。换句话说，此智慧轮和人对世界实相的观念以及人如何认知世界的能力有关，属于更高范畴的灵性智慧。这种单刀直入内心世界去追求真理的智慧，只能意会很难言传。可以说第六气轮是统合所有其他心智能量的综合体。

具有这种综合式心智能量的人，思想行事均富创造力，然而，在做自己要做的事之时，"行所当行，行过便休"，做完之后内心毫无挂碍也不起波澜，继续向前行。因为他了解自己和宇宙灵性紧密联结，知道自己正走在人生蓝图规划的路上，即使遇到困难阻碍也不会气馁，因为他深切体认到这条灵性道路不是一条狭长的窄路，而是一条汇集各路的宽广大道，大道两侧横向的空间还有各地的乡村小镇、树林河流。这样的人弹性极佳，遇到了困难，一条路走不通没关系，他会换条路走，再走不通就绕条远路走也很好，因远路自有其意义蕴涵其中，以这样的心去体会生命甚或疾病和痛苦，生命中还有什么事不是福分？

两年前我们遇到一位由乳癌转成脑癌的学员，在她完全明白第六气轮的窍门且积极转念之后，从最初的"恨癌"转成"抗癌"再转成"爱癌"最后甚至"欢迎癌症再度光临"（这是她的祈祷文）之后，她的第六气轮从强盛的反时钟旋转转为直线式，现在甚至偶尔出现顺时针小圈转。自然，她的病情好转许多，虽然目前仍在治疗中，但她毫无畏惧，自觉幸福恩宠，她说她终于明白"天行健，君子以自强不息"的意思。

与万物合一

在这第六气轮里，你可以启用灵性力量和自己的内在智慧沟通，你开始了解你和宇宙万物为一体，是合而为一不可分离的。也就是说，你开始了解自己跟宇宙间最高能量（或上帝、佛、阿拉、神）是一体的，是不可分离的，你也更了解自己和别人相互依存，没有两样，你泥中有我，我泥中有你，你我本不可分离。也就是说，你不仅察觉到宇宙的神性，在自己身上也察觉到神性，更在别人身上看到了神性。这里的"一体"或"合一"有别于第二气轮的合一，这种合一即使放到第二气轮的性来讲，也并非男女在身体之外相遇合而为一，合一来到第六气轮，男女是在身体之内合而为一。这里的了解，也有别于第三气轮逻辑推理、思考能力的认知，而是对于真理的认知，运用直觉的智慧，一步一步放弃后天习得的批判倾向，越来越看清楚事物的真相，而后坦然接受因果必然的宇宙律法。

宇宙间到处充满着各种高频率或低频率的信息，眼睛的视觉则与解读信息的能力关系密切，人的两只眼睛所产生的普通视觉只能"看得见"，或只能诠释属于我们人类的三维空间某特定频率范围之内的能量。而这位于两眉之间的"第三眼"则利用对光线的感官解读，用超越普通视觉频率范围的视觉去"看得见"第四次元空间的振动频率，是高度敏感的接收器和传导器。

有些人能看得见非肉体或非实相世界，有些人看得见能量体，有些人看得见高层灵体，有些人能捕捉到别人的思想形式，有些人能揭开前世的记忆或能预感自己的未来,更有些人能知道别人的过去未来,第三眼的智慧能让我们跳出井底之蛙的局限,解读宇宙间原本就存在的各种信息,能引导我们重新评估后天习得的信念或形象的真实性,反省这一世的思考和行为模式,甚至生生世世的模式。于是你就更了解世事的来龙去脉、因果定律,你得知事情的全貌而不会以偏概全、见树不见林,你的视野自然更宽广开阔。

常有人问我们这"第三眼"是否天生,可否后天培养?有些人天赋异秉,天生就看得见,然而,即使你自认天生没有这样的能力也可以后天培养,至于你的第三眼能看见多少,解读多少信息,获得多少智能,则有赖于你的第三眼开发的程度而定。开发第三眼超视觉之先决条件之一是全然的信任,也是第五气轮所提及的"臣服",不但是在意识上臣服,连无意识也臣服之后,放掉对任何事情的预念、成见、偏见和模式,而以全新的观点来看事情,超感能力才得以发展。

孩提时代的第六气轮是自自然然开启着,理所当然拥有许多超感能力。所谓超感能力有许多种,包括心电感应力、预知能力、回溯过去的能力、超越空间的观察力等等。可惜的是,年纪越大,生活经验使我们发展戒心和自我防御机制,学校教育教我们只相信有限的感官能力所能看得见摸得着的实据,于是我们开始否定内在感知到的直觉,包括许多内在感受、内在声音和内在影像。就这样,第六气轮的聪明才智被埋没了。以我(至青)为例,记得我小时候超感能力极强,特别是直感力或预知力,事情尚未发生我已看出结果,大事如某人必须离开家人到外地,小事如老师在台上讲课时下一秒钟右手的动作,我都能预感。当然在当时我并不知这种能力并非稀松平常的普通能力,偶尔向大人提及我看到或感知到的,常常被斥为乱讲,接下来总免不了接受一番"小孩子不应该乱讲话"的训示,再加上有时我看到的或预感到的画面着实令我害怕,我自己也有意无意地合上第三眼,于是乎我的超感能力进入了长期的冬眠状态,一直到十多年前踏上这条灵性"回归路",才又一天一点慢慢地觉醒。

第六气轮的失衡

一个人第六气轮若畅通,他的左右脑通常也较平衡。许多人的第六气轮能量常有滞塞的情况出现,特别是前轮被一层云雾笼罩或是前轮本身能量不足。这些人当中许多是知识分子,他们理性分析逻辑思考的能力特强,很可能正因为太过依赖理性逻辑的左脑,因之有创造力和抽象天分的右脑尚处在低度开发的阶段。由于第六气轮能量不足,他们感觉不到高频率的能量,因而直觉能力低、观想力差、想象力不丰富。举个例子,我们在训练学员熟悉各气轮时要求学员观想一种颜色,许多第六气轮能量不足的学员通常做不到,观想不到自己若穿上蓝色蜘蛛人的服装是什么样子,观想不到房间若漆上绿色的油漆成什么样子,"老师,我真的做不到"。此时就必须借用"实物",比如为了想象黄色的第三气轮或绿色的第四气轮,必须以真的青苹果或黄柠檬摆在学员的气轮前方,用来帮助他们开发想象力。

第六气轮不足的人,只相信眼前的事实是唯一真理,看不见或抓不着的一概否定、一概不相信,对灵性这回事嗤之以鼻。而第六气轮过度则是太过肯定、太过相信一些片段的经验。事实上，我们每个人都经过生生世世，有着太多经验太多记忆，有时这些经验冲破潜意识层冒出来，无法落实在今生今世的现实环境中，就好像庄周梦蝴蝶，蝴蝶和我到底哪个才是真的？第六气轮过度之人正是把自己当蝴蝶，永远在天空飞，很少脚踏实地在地面停留，只抓到一个小片段，想象力就过度发展成幻想，甚至幻视、幻听、幻觉，严重的则在医学上被诊断为精神分裂等疾病。轻微的情况又如何呢？他的人生也像蜻蜓点水，这事碰一点那事也碰一点，做事不能一门深入。在美国我们曾见有些人对灵性特别有兴趣，这里学一点，那里沾个边，今天这里灌个顶，明天那里拜个师，今天听有关气轮的讲座去打个坐，明天找个看前世今生的算个命，但在现实生活（第一气轮管辖范围）却连柴米油盐酱醋茶也张罗不了。第六气轮用得过度，表示身体下部的能量被向上抽，不能落地扎根，不能打地基，没有了地基不能培养人的智慧，没有人的智慧，即使有再高强的灵的智慧收到大宇宙中各种信息，也会因为没有下部气轮做自我的基础，不知选择，无从判断，因而迷失在无边无界的境界中。

第七气轮——顶轮

第七气轮位于头顶正上方，位置最接近上天，也叫冠轮或千瓣莲轮，象征上通神灵的开悟状态，我们常见画中的基督、圣母马利亚或释迦牟尼佛常头戴光环，象征的意义即为灵性的觉醒。第七气轮对应着人类发展的最高层次，掌控通往上天之门户，从第七气轮发射出的光芒能上达宇宙星辰。凡是和高层灵性生活有关的议题，都与第七气轮关系密切。前面提到，我们这些地球人必须靠第一气轮吸收地气以滋养肉体，我们也必须依赖第七气轮吸收宇宙星辰之光，以滋养灵体及整个气轮系统。有些瑜伽修行者认为，人的第七气轮在八岁时关闭，然后人人都得花下半辈子的时间再把它打开。

至于第七气轮的颜色，有人看似淡紫色，有人看似白色，它结合所有颜色光谱中的频率，反射光谱中所有的颜色。管辖的范围包括脑上半部、视丘脑神经和松果体。

松果体对光线极敏感，它透过视神经和视网膜相连接，光有着极高的振动频率，必须放慢脚步才能进入人类低频振动的实体，而人体内频率最高的松果体自然就成了接收光的第一道关口。可以说松果体是无形世界和有形世界的重要临界面，由无形变有形，由抽象变具象，由灵体变物质，由有限去联结无限，乃至于人在生命之初或在生命终结时，都是透过第七气轮出入。

第七气轮开放三维以上次元之意识

松果体分泌褪黑激素，掌管我们对光的知觉，这个小小荷尔蒙腺体位于头脑的正中央，与第六气轮的脑下垂体一上一后地盘踞在狭长的第三脑室中。如果说脑下垂体为第三脑室的屋顶，松果体则位于第三脑室的尾端。第三脑室位居要津，当宇宙光从上方透过第七气轮的视丘脑神经照射下来，另一股从第一气轮上升的能量到达脑下垂体，这两束一上一下的能量在第三脑室的两个荷尔蒙腺体结合之时，产生极大的威力。这两种不同频率的振动融和共振，不但能开启第三眼（第三眼的开启，必须有第六气轮的脑下垂体和第七气轮的松果体两者配合），也能开启高过人类所处的三维以上如第四、第五异次元空间意识。

在此第七气轮，你将能和高灵联结，也在此处接触高层次的灵性知识——有关你的人生目的、人生蓝图和灵性旅程的讯息，对"我到底是谁"的了解等等，于是你才能体会万事万物都来自于同一源头，才能产生与整个宇宙合而为一的感觉。

人的知觉意识若升华到这种地步，是一种最幸福、圆满、美好的灵性经验，此时已超脱个人存在，而对人类生存于世上的崇高目的有所感应。前面所谈到的高层自我是人类意识发展的最高阶段，这种至高无上的灵性境界，并不是遵循教条就可以练就出来的，也不容易用语言来言传，而是一种"存有"的状态，相当于所谓"开悟"的状态，已经能够完全了解自己、了解别人。许多瑜伽静坐法就是专注于开发松果体和脑下垂体，期能达到开悟的境界。

一般说来，能够达到如此超凡入圣的心灵体悟，而能进入第四或第五次元空间意识境界的人，本来就不在多数，若要将意识一直保持在高度的灵性中就更难能可贵，在人类历史上，恐怕只有数得出来的少数修行人能做得到。请读者不必气馁，大多数人虽一时达不到永远存在开悟的境界，短暂的灵光乍现并不难求，透过静坐法、呼吸法、祈祷、诵唱音阶法、观想颜色法、专心念咒或静坐法配合舌根后拉法种种方式，皆能让自己制心一处，开启第七气轮。当第七气轮畅通无阻，下部气轮也平衡时，可在刹那间领会这高灵境界，若每日勤加练习，今日虽只得一刹那，明日得两刹那，后日三刹那，也许有朝一日，刹那即成永恒。

我们两人在联手带领学员们做呼吸集体疗愈时，常见到学员达到这个境界，事后学员形容在这种境界的感受："我大哭特哭，但完全不是伤心也不痛苦，只是太高兴了！""先觉得头皮痒痒的，过了不久感觉头盖骨被人掀起来，见到大片的光线，光线似乎是白色的，透点粉红粉紫色……""心情非常宁静安详。""非常快乐。""我完全没有了身体，好像能随心所欲，心里想谁就见到谁，完全自由了！"

第七气轮的失衡

第七气轮封闭或能量不足时，可能出现什么情况？此人可能过于世俗化或物质化，且对灵性一无所知，感受不到什么是宇宙（无宇宙观念），对自己的灵能毫无知觉，自然谈不上什么高层自我，当别人谈论灵性经验时只觉一头雾水，不知人家在讲什么。第七气轮充电过度的人，也如第六气轮充电过度的人，都把能量上提而抽空下部，因而失去了代表入世、人和肉体的下部气轮做基础，使得他可能不愿与别人联结，逃避俗世的责任，有些人有宗教狂热或对灵疗上瘾，但却不做人间的功课，正是第七气轮失衡的表现。

在肉体层次来说，第七气轮不平衡可能代表其对应的松果体钙化（老化变硬），松果体分泌出来的褪黑激素被称为"荷尔蒙总管"，身兼多重任务，若分泌不正常会出现什么情况？免疫系统崩溃、人老珠黄、易生癌症

（老化和癌症如一体之两面，癌症就是以老化为基础，如能防止老化，间接地也就防止了癌症）。再谈我所治疗的小病人，不管是自闭症、注意力分散症、过动症、忧郁症、学习障碍，还是大脑麻痹症，当我将手放在他们头上测量第七气轮时，得到的结果几乎是千篇一律地左旋转。

有趣的是，从第一气轮到第七气轮，正如能量体从第一层到第七层，是沿着人类成长的脉络发展的，从七个气轮的排列位置，也可以看出人类自我探索的途径和从提升个人小我到证悟神性大我的灵性旅程。七个气轮形成的脉络，也是本书在一开始所谈到从"忘了我是谁"到"还我本来面目"的寻宝图，我们谈到从带着祖先的遗产和个人的业力投胎做人，来到地球上做一个双脚着地的地球人，因此一般谈气轮系统皆从脊椎的末端开始，透过双脚和双腿向地球扎根，来到地球上首先要求生存，要有安全感。之后能量依次向上移动到了第二气轮，启发了人性中最基本的性冲动和发展最初期的人际关系，到了第三气轮则是接受社会的教化之后发展对于社会的认同，之后逐次向上移动，一步步走向最高灵性代表的第七气轮。

总括来说，下部轮（第一、二、三气轮）所牵涉的和肉体或者外在力量的问题有关，透过中间第四气轮的泛爱，上部轮（第五、六、七气轮）则和超世俗的灵性修持或内在力量的问题有关。因此，从第一气轮的求生存、第二气轮的创造力、第三气轮的个人权力、第四气轮的博爱心、第五气轮的自我表达、第六气轮的超然认知，直到第七气轮的天人合一，这是一条从最根本的肉体经验走向完全体悟自身灵性潜能的路线图，也是一条提升个人小我到宇宙大我的路线图。

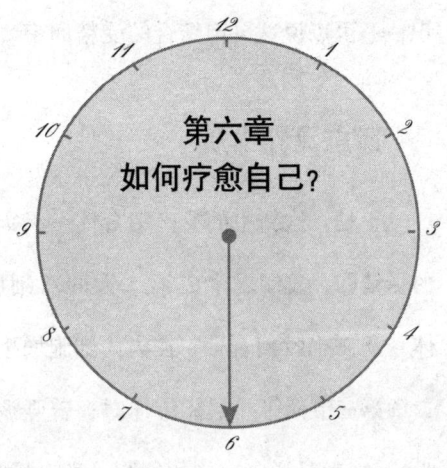

第六章 如何疗愈自己？

"当精子穿透卵子的那一刻，'唵'的呢喃轻声，引起了震撼整个宇宙灵界的骚动，在自我本体之中形成了一个新的存有。"

以上这段话引述自精神科医师强·尼尔森（John E. Nelson）所著《疗愈分裂》（Healing the Split）一书，短短的一段话说明了所有万物的本质皆为一体的概念，也说明了当"灵"纡尊降贵形成新的存有时，发出能被万物感觉到的威力。就在这电光石火的一刻，灵的肉体化过程于焉开始。

灵不断降低振动频率加大密度，以便顺利进入且适应粗重的肉体，这个概念在前面已多有解释，可以说，当灵的振动频率降到某一程度，且各种条件都具足了，包括这一对将成为父母的男女正在交媾，灵便趁势一头钻进了娘胎，"附身"于这人之初的一颗小小受精卵，正式与肉体结合。当然，它虽附身于肉体，却并未抛弃原本的灵体，此时的灵体则是一个像接收器般的旋涡，只不过这旋涡并不占有空间或时间，它仅只是一种意识——可以说这灵肉结合的受精卵带着或本身就是振动频率较低的意识。

遗忘灵界本质

于是，这新生的灵肉结合体一天天长大，从第一天原本只是个单细胞的受精卵，复制增生成第二天的双细胞乃至于四个细胞，至于意识（灵体）从来也没闲着，它在肉体细胞增生之时担任领航的工作（还记得在第二章第三节谈第一层能量体时，曾强调人类的肉体是以气体为模型打造的吗），也就是说，肉体的细胞一直在接收网状之模型气体的引导而一天天壮大成形。

在肉体和意识（灵体）相互作用之后，新的存有因此诞生。而一些包含着基因和业力指令、属较高振动频率的意识，也经由灵以一步步降低振频的方式进入能量体次元中，就这样，每个人的人生契约就从此刻开始生效，人生蓝图也在这三维的物质空间开始显现。此时，第一气轮初生的意识开始形成。

第一气轮的意识是人类生存的基础，第一气轮在发展一段时日后会生出一个滤网，这是为了阻隔自性本体，因为自性本体的振动频率非常高，如果没有界限，本质会不断渗透，而让人类无法在地球上生存。许多第一气轮发展不完全的人，就是因为第一气轮上没有滤网，高频率的自性本体不断渗透，使得他们无法在地球上生根而想逃跑。

之后，第二和第三气轮开始发展。第二气轮的意识主要掌管情绪和情欲，并以无限的想象力和创造力来表达，有些孩子玩幻想游戏正是在这种时候。此时的意识仍然和自性本体互通消息，也就是说，我们仍活在光明之中，这时期的孩子可能还能感受到灵就在我们的体内流动。

至于第三气轮，主要是掌管理性和共识性，举凡所有社会上普遍存在的共识，都和第三气轮有关。意识发展到第三气轮，也代表着第一气轮的肉体、第二气轮的情绪和这第三气轮的心智，三者开始相互联结。到了这个阶段就完全进入属于人类的三维空间，同时完全遗忘来自灵界的本质，而灵也同时开始真正物质化。

遗忘灵界本质原本就是人生蓝图的一部分，日后经历的蓝图里的创伤、挫折、磨难和人生经验，会一点一滴逐渐唤醒原已完全遗忘的灵界本质，引导我们回头去寻找我们来到这个世界的目的。

业力的指令最初是以非常精细微妙的方式，从能量体最外几层及各气轮开始展现，当时间分秒流逝，这些业力指令随着生活环境因素相互交错，也在能量场不同的层次全面作业，这两者就如齿轮般交迭整合，形成你这一生的新挑战。这整合了旧时业力和新环境的挑战，以各种方式呈现且人人不同，它可以是生活上的磨难，也可以是肉体上的疾病，甚至可以是美好时光。而你，有完全的自由意志去迎接或拒绝挑战，也有完全的自由意志去选择以何种方式迎接挑战。

然而，由于业力的指令的振动频率如此之高，不管是用什么方式呈现，以人类的有限感官能力，无法完全了解它的意义，也无法捕捉它的踪影。除非踏上自我疗愈之路，业力才会透过这一世的人生经验展现它的价值和意义。

人的一生其实是肉体、情绪、心智及灵性，加上基因与业力的指令，最后加上你的自由意志，三方面交互作用之后产生的结果。当我们在地球开始经历人生，业力的信息透过能量体的各层级频率渐次降低的过程向我们开展。当业力向我们开展而我们饱受病苦折磨的同时，疗愈的方法和机制也会同时展开，因为病痛是一个讯息，它让我们开始想去发掘隐藏在病痛或挫折背后的意义。

有些隐藏在业力指令下的讯息（如慈悲和爱心）是原本就存在本体中的特质，透过高层自我表现出来。前面曾提到，虽然本体的频率过高，我们不能直接和本体接触，但我们可以透过高层自我了解本质，而高层自我是人类比较容易接触的灵性层面。也因此，想在这一世疗愈自己当然可能，因为疗愈自己的方法和工具唾手可得！

当然，为了了解人生的意义，我们需要深入探讨本身的神圣性。事实上，我们对自己此生目的能了解到什么程度，取决于当时的意识发展到什么程度。因为你的意识创造了你的实相，包括你所以为的你，因此，人生的使命便是一点一滴开放这被压缩良久的意识，唯有透过提高意识、回首来时路，才能找到真正的自我，因为真正的我是一个有地球生活经验却不受时空限制的灵体！我们现在要进入正题，也是本章的重点：如何疗愈自己？

如何疗愈自己？

先前我们已经为这个题目打下了基础。我们谈到我们是如何过度认同物质实相世界和肉体，其间也说到，每个人是如何和自性本体失去联结、错误的信念是如何产生。我们也很仔细向各位介绍这些错误信念是如何以小孩子的意识去看世界，而这些孩提时代产生的伤害，是如何在长大后对自己以及与别人的互动造成影响。

此外，我们谈到疾病如何在肉体、情绪和心智上显现，其导因于和宇宙的精华本质失去联结。我们甚至谈到人类的高次元空间如何失去平衡，从自性本体的光芒被遮盖到意念体的导管扭曲、到七层能量体的失衡、到肉体出现病痛。

我们也一再强调，为了要了解疾病和人生中遭逢的痛苦，我们一定要明白：不论发生什么事情，都是我们人生的内涵，为的是要让我们找出自性本体，发掘人生目的。如果能勇敢去找寻"为什么会发生在我身上"的答案，就已经踏上自我疗愈之路了。换句话说，我们必须了解：为了自我疗愈，过去发生的所有事都是方便我们做人生功课所必须发生的。

然而，很少有人能自动自发走上自我疗愈的道路；自我疗愈通常发生在巨大痛苦之后，比如得了重大疾病或是失去至亲所爱。如果是罹患重大疾病，我们会希望自己能重获健康而积极治疗。然而这里的治疗（curing）是针对肉体病痛的医疗行为，而非我们所说的"疗愈"。去除肉体的疾病，或说让疾病不再存在肉体之中称之治疗，例如身上的肿瘤被切除或接受化疗之后癌症得以控制。有些疾病的确可以治疗，暂时释放身体的痛苦，然而，有些疾病没办法被治愈，但却有可能被疗愈。

治疗与疗愈两者大大不同。刚才所说"肉体疾病或许无法治愈，但却可疗愈"到底是什么意思？这是一个最基本的问题，因为这个问题开启了"我不是我以为的我"之可能性，也开启了在我们眼见的病痛之外，可能还有其他东西之可能性。一旦你好奇地询问，且亲眼见到这二者的分别，你就不再固执地只认同物质世界和肉体，一旦放弃这层认同，你便能发觉，病痛之后其实蕴含了比我们五官所能觉知到的更多含意。

从肉体的观点来看，如果能了解疾病机制，我们应该能去除疾病或至少能减轻疾病造成的痛苦（即治疗），然而，治疗虽能去除疾病的症状或肉体层面的痛苦，却无法触碰到疾病背后的原因，更不能消除能量体上的症状。如果认为接受治疗就能根治肉体上的疾病，这种误解是因为过度认同肉体，以为人类纯粹只是肉体；如果以为疾病的根源是来自于肉体，只要修复肉体就得以重获健康，那就错误地混淆了疾病的症状和原因了。对仅相信人只不过是个肉体的人来说，治疗和疗愈是没有差别的。

事实上，疗愈虽然是肉体经过千百年演化而形成的智慧，但疗愈并不受限于我们有限的肉体，疗愈还针对疾病和人生遭受挫折和苦难背后发生的原因。可以说，治疗着重在肉体症状，疗愈却着重在"自我"的每一个面向，包括我们的肉体、情绪体、智性体和其上的各个灵体层面。疗愈让我们探索心智、情感和灵性上的健康。疗愈最终会带领我们提出问题："肉体的疾病和人生的挫折对我们有什么意义？"当我们开始去寻找答案时，就能看穿一些由人类有限的感官力所造的幻象。疗愈教导我们,我们不可能消除病痛,也不可能赶走挫折。虽然这些疾病常常是可以"治疗",但如果我们也相信这些病痛也可以被"疗愈",那就大错特错了。

疗愈提升我们的意识,让我们去真正"见识"到我们生存的每一个次元空间,去了解高层次元是如何影响低层次元,以及低层次元受影响后所呈现的现象。我们两人透过多年的疗愈工作,了解到人的存在是有许多不同的次元、空间和面向。这是为什么我们要不断强调疗愈不同于治疗,且远远超越了肉体的限制。

疗愈,不只发生在我们的肉体层次,也发生在我们的情绪体、智性体和其上的灵体。如我们在本书先前讨论过,病痛常是最先发生在我们能量体中精细微妙(较高振频)的层次,它的振动频率不断下降,最后落实在比重最大的肉体。然而,因为人类有限的感官能力和人生条件,我们无法在疾病最初形成时察觉,一直到疾病下降进入最后一站的肉体并出现症状时,我们才发现:"啊!我的子宫长了肿瘤!""啊!我最近老是咳嗽,医生说是哮喘。"

很重要的一点是,虽然疗愈不代表我们在肉体层面上可以被治疗,但这种高层次的疗愈,对肉体疾病来说,却是必须具备的先决条件。虽然我们无法感受到精细能量的下降,我们仍然可以在情绪体、智性体和其上的灵体中能量阻塞和扭曲的部分先做疗愈,将阻塞和扭曲的能量转化升华成高频率的振动,最后达到平衡和健康。因此,两者主要的区别在于:疗愈支持我们走回头路,在多次元空间的高频率振动上达到平衡,而治疗或许是在肉体层次上提供了一个暂时减轻疾病的方法。

　　治疗和疗愈是可以相辅相成的，治疗旨在消除肉体上的症状，而疗愈却能碰触到藏在疾病之下的原因。然而，如果认为疗愈可以在肉体层次上形成一种反作用力——亦即治愈疾病——那又大错特错了。虽然就肉体某方面而言，疗愈的效果可在我们肉体上显现，比如说能够修护气体及气体模型体，进而帮助治疗肉体上的疾病，但并不是所有的疗愈都能让肉体重获健康；但疗愈却可以帮我们了解为什么生病、为何会有痛苦。

放松心智，触及最深层的内在

　　要怎样才知道自己被疗愈了？疗愈的发生不是单单只寻求外在的治疗，而是当我们衔接上内在的丰富泉源之时，疗愈就发生了。这内在的丰富之源即为自性本体，它从不生病，也没有痛苦，而且是早已疗愈了。要达到这种程度，首先必须接受人生此时此刻的实相，了解人生是个不断变化的过程。其次，从拉直的意念体导管上发出正面的意念，再加上一些练习，我们就能训练自己的心智不在身体里创造阻碍，让能量在身体里自然流动。一旦放松心智，就能够触及最深层的疗愈，这种疗愈是可以克服痛苦的，我们就能静静接受生命的每一个面向。我们会觉知到自己的完美性和神性，也了解之所以有疾病和痛苦，是因为我们认为自己不完整而绝望、困惑因而痛苦，"被疗愈"意味着我们把心智放在一个平静祥和的境界。

　　我们常看到一些肉体疾病并未被治愈但疗愈却正在发生的例子。有些罹患癌症的朋友或来参加研习营的学员，他们同时接受化疗和疗愈，也许最终不敌病魔的摧残，但他禁锢已久的心却被释放。基本上，降临在我们生命中的所有事都是功课，当我们能看清楚自己为什么会生病的原因时，疾病能不能被赶走就变得不重要了。

我们会生病的理由通常都非常简单，简单到可能是因为我们在各个层面上都还没学会如何照顾自己，不照顾自己就会在我们最原始的平衡和真性上产生扭曲，不照顾自己还可以有更深的含意，例如我们不爱自己。当我们不爱自己时，我们的光、生活的动力、生命的热情以及我们与喜悦的联结也因而受抵制，如此一来，我们的能量逐渐黯淡，能量的流动也因此凝结，最后无可避免形成疾病。

近年来医学界也开始研究心轮，发现心轮的关闭限制了流进胸部的能量，因此造成心脏方面的疾病。以我们多年集体疗愈的经验，有的学员感觉不到快乐，主要是有两大障碍，一为封闭的心轮，二为欠缺爱自己的能力，这是很严重的一件事，因为爱自己是疗愈最重要的途径。

在这里再次强调，如果希望生命回复平衡，或想知道来人世间的目的，必须先厘清疗愈和治疗的分别。如果不了解人类具有多次元的本质，认为我们只有肉体单一次元，就像以害着严重近视的双眼来看世界，不断责怪别人和外在环境让我们跌倒，甚至责怪老天爷害我们这么倒霉，殊不知完全是因为自己的眼病所致。

疗愈和治疗两者虽然不同，却是同一渐层连续体的两端，这一连续体的振动从一端非常精细的高频率，到另一端比重粗大的低振动。在人生经验里，我们都会经历类似钟摆的摇动：有时在轻快愉悦的一端，有时摆到险境环生的另一端,《秘传哲理》古书中将之称为韵律,认为是隐藏在宇宙中所有从微观到宏观的基本现象,也是所有的有形、无形存有的脉搏跳动。

因此,虽然治疗和疗愈两者皆属同一渐层连续体,不同的是,疗愈强调高频率振动,因而针对情绪体、智性体和其上灵体能量的阻塞,而治疗则强调振动频率较低的肉体和物质。我们先前提到过物质和能量并非对立,两者能相互渗透且相辅相成,所以,疗愈可以提升以疾病方式呈现在肉体上的低频率振动,因此也可以治疗。而治疗却只能治疗来自情绪、心智和灵性显现在肉体层的疾病。这也是为什么我们必须先认清,疗愈是连续体上位于尾端的精细(高振频)能量,不但是一个情绪、心智和灵性的过程,也是找回完整自我的一条路。

再回头谈疗愈何时发生?答案是,在我们接受了所有生命中发生的事,且对这些事情毫无批判,而继续过着完整的人生时,疗愈就发生了。不少人经验了可怕的灾难,过后反而觉得人生变得更美好,那是因为他们在人格上和生活上做了一个最根本的改变,他们打开自己,让自己更充满爱,而且朝着这寻回自性本体的道路去走。治疗发生在肉体层次,但病痛的根源却是在情绪体、智性体和其上灵体。由于我们人类粗糙的感官和有限的格局,使我们纯粹以分离和两极化的眼光来看世界,因此看不见人类身心灵相互渗透的本质。这就是为什么有些人会认为疗愈和治疗是毫不相干的两码子事。

相信治疗可以解决所有的问题和疾病有它的缺点,当然,治疗会帮我们"减少"不少东西:减少痛苦、减少不舒服和沮丧这些负面的感觉,不过,也相对减少了正面的如快乐和喜悦的感受。我们的社会和文化教导我们，不论我们在哪一个面向（肉体、情绪、心智、灵性）感到不舒服，就应该立刻关闭这不舒服的感觉。我们也藉由服用药物来切断这些不舒服的感觉。我们两人在十多年的疗愈工作中所接触到的人，几乎清一色地认为我们根本不应该去感觉，我们所处的社会使我们早已失去肉体上的感觉能力，甚至失去与情绪和想法的联结。一些生活在压力下的人像被洗脑过，变得麻木，把压力视为常态而视若无睹；来向我们求助的个案，甚至将情绪起伏看做一件很让人羞愧的坏事。这种生活态度在不知不觉中传给下一代，我们毫不察觉所有的"应该""不应该""能""不能"是这么深深地影响到家里每一个人。治疗，不管是医药上或心理上，都不鼓励我们去探索我们原本要走的路。

找出"我不是谁"！

疗愈的整个基础，是奠定于释放"我不是谁"这一部分，例如，我们的形象自我、面具自我、低层自我等，只有释放这些否定真我的能量，才能经验我们的高层自我或自性本体。疗愈可疏通身体的情绪体、智性体和其上灵体的阻塞，疗愈能够让如光一般轻的能量在每一个细胞之间流动。疗愈能重新输注能量让整体取得平衡。在此疗愈的架构之下，如果身体出现疾病的征兆，那正是在提醒有状况发生了，它说："嘿！你这里有些不平衡。"如此一来，问题才有可能被发掘，身体才有机会重新取得平衡。

然而，我们通常并不听从身体给我们的建议。身体出现疾病，我们总是马上找人把疾病切除，或是创造一个和我们烦恼有关的故事，然后把这些烦恼埋葬起来。想想，现世流行的西方医学治疗模式不就是如此？一般的医疗人员是如何看待这些征兆的呢？所有疾病的征兆都被视为麻烦，像发臭的垃圾，欲去之而后快。治疗的过程就是在"去除"我们讨厌的部分。你头痛吗？吃颗止痛药吧！你有胃酸吗？来颗胃乳片。感冒了吗？来颗抗生素吧！身体上有任何不适，就用各种不同的方式消灭它。

治疗是很容易下定义的，但要对疗愈下定义，却难上加难。有一位作者理查德・摩斯（Richard Moss）医师曾在书中提到："疗愈像是宇宙投胎过程中的一瞥，那一刹那我们的肉体和生命更大的联结一起共振。"这段话就如同在本章开端引用尼尔森的精卵结合一样，两句话都明白地指出疗愈是一种原动力，能渗透在人类不论情绪体、智性体和其上灵体各个层次上，从最细微的灵体到最粗糙的肉体，都能感应，都能传导。当我们想要用语言或文字去解释疗愈这么神圣的力量时，相对地也会丧失其中的优美和奥妙。就在我们想捕捉的那一刻，它立即从手掌中消失；它是可捕捉的，但也是稍纵即逝的。

想要为疗愈下定义，正如量子物理学家想要探讨物质本质一般，当量子物理学家想研究光的分子时，光在波动的刹那就分解了。也就是说，直到我们的肉眼见到光时，物质的分子才存在，或说当我们用肉眼去看时，光才形成物质分子的形式。想了解或分析疗愈也是如此，疗愈是一种光，我们想要定义它或捕捉它时，就是想要赋予它一种形式，但事实上，疗愈是没有任何形式的，它既是无形也是无限的。总而言之，疗愈的原理是相对的而非绝对的，它显示在某些特定时刻的某种意识层次上。我们若有意识地去捕捉疗愈这现象以作为某种用途，我们所捕捉到的早已失去那宇宙的本质了。

世上所有的疗愈方法到底有没有一条共同线？有没有什么线索可以让我们捕捉到它的本质呢？最近有本书《疗愈师谈疗愈》（*Healers on Healing*），37位疗愈师回答同一问题：疗愈有没有什么共同点？所有的疗愈师都同意，有效的疗愈有一个秘诀，就是坦诚不欺瞒的自我探索过程。从我们的经验，我们也相信只有坦诚不欺瞒的自我探索旅程，才能启动自我疗愈，只有透过这种不同于向外求的治疗而是向内下功夫的方法，我们才能真正经验身心灵全方位的康复与成长。

坦诚的自我探索之旅，其实就是走向自性本体的旅程。先前提到我们投生其中的一个原因，是为了发掘更深沉、更有智慧的自我，也就是高层自我或自性本体。当我们向自性本体前进时，我们就越来越觉知生命是个连续疗愈的过程，因此能对发生在人生的任何事情处之泰然。

疗愈就是和宇宙合而为一

疗愈是一个能让我们重新连接神圣本体的过程。经由投胎和个人化的过程我们出生了，这是一个可以针对累世的业力去做功课的机会。我们的任务，就是与此生所有出现的议题和平共存。疗愈的目的，就个人而言，是升华的过程，最终和宇宙合而为一。这种升华并不是如同金蝉脱壳般的去除我们的每一层自我，它的过程更像削苹果皮，要连绵不断地下功夫，去除我们因恐惧生成的障碍，这些障碍让我们对自己能联结宇宙的能力毫无所知，也对自己爱的能力和真实本性毫无所感。

一旦你走上自我探索的动荡之旅，会遇到一件颇为嘲讽的事，你会发现，你原本已经是完整且完美的，于是，你生出个疑问：如果我已经是完整且完美的，那我为什么要花这么多精神、经历这么多的痛苦，这么多此一举，只为发觉自己本是完美？宇宙在跟我开玩笑吗？

不是玩笑，也没有多此一举，这整个过程都写在你神圣的人生蓝图里，也经过你的同意并签名盖章的。容我们在此提醒你，正如第二章谈到，我们"人"需要"灵觉化"一般，你的"灵"也需要"物质化"，灵是一直走在进化的旅程上。为了进化，你的灵投生到地球这个三维空间的大学校来学习，因为在灵性世界里，灵是无法做功课的，唯有借着投胎在肉身躯体中，过去的业力才有机会和这一世的新挑战结合，你才有机会做功课。

短短几十年，这一世过去了，你带着这一世学到的知识和累积的智能离开了这个肉身，回到你原来走的那条灵性进化的路上。当然，你可能功课没做完；于是，隔一阵子你决定再次经历肉身之旅。至于你未完成的功课，你将一起带到下世去完成。就这样，每做一次人，就带来些功课或任务；每结束一次人生，也带走在地球学校所学到的智慧，一次又一次，你的灵性得以提升。当然，功课有多有少，课题有大有小，做完一样功课有人只需一辈子，有人需一世又一世，但功课一定会做完，做到完整且完美，你的灵就在永恒中进化，最后终能和宇宙合而为一。

因此，你是为了做功课而来，为了净化并提升灵性而来，为了疗愈而来，为了学习而来。如果这人世没有挫折，你无从学习；没有创伤，你无从疗愈；没有磨难，你哪能提升自己？我们来人间旅行就是要来经历"分离"而非"合一",我们必须遗忘我们本来就已经是完整、完美也完全不需疗愈的。这也是为什么本书一直谈疗愈是一个重新与本体接轨的过程。当我受了创伤,产生了低层自我,接着对自己有了错误形象,于是生出防卫机制,最后我替自己戴上面具。因为这些,我忘记自己是完整的,也同时和自性本我分离。

爱是疗愈的共同分母

说了这么多,就是要大家回过头,去记得我为什么来到这个星球,同时去感觉我的热情和渴求,同时让正面意念表现出来。如果我的痛苦是肉体上的疾病,我学到了并非所有的疗愈都能让肉体恢复健康,但疗愈却能让我了解为什么会有这样的疾病,为什么要遭受这种痛苦。

是什么障碍了我,让我无法和高层自我联结?简单地回答:是不能臣服,不能信赖,不相信宇宙在各个层次所显现出来的是丰盛的、是慈悲的,也不相信人生蓝图的存在。然而,全然的臣服并把自己豁出去绝非易事,对有些人而言,臣服就像是死亡一样令人害怕。根据我们多年的疗愈经验,有些人即使有意愿要臣服,却不知从何下手,这种不知从何处开始的阻碍,其实就是对未知的恐惧。简单地说,我们忘记了本来的我是如何地神圣、如何地伟大、如何地有威力。当我们还是小孩子时,我们就已经认为自己既渺小也很有限,并用这样的观点自我防御,我们不相信自己内在的力量。从婴儿期开始,甚至回溯到前世,当我们悲伤、生病或遭遇麻烦时,都是依靠外在的力量来修复我们,我们不知道自己本是超越所存在的次元之上,而我们也都是自我本体所显现的化身。

《奇迹课程》是一本对疗愈有精辟见解的好书，其中有一句话："如果疗愈被视为威胁，那么它将永远靠边站。"这句话是说，只要我们把寻回自我的愈疗旅程视为威胁，而阻止我们不去设防，阻止我们去臣服于更高能量，阻止我们去经验宇宙的空性，那么，疗愈是永远不会发生的。

如果一趟诚实的自我探索旅程，是一条能穿越所有自我疗愈的金线，那么，疗愈是否有共通品质好让这条金线穿越？换句话问，所有自我疗愈是否有共同分母？有的，大多数的疗愈师会告诉你，"爱"是自我疗愈的共同分母。这种爱是无条件的，它尊重每一个人（包括你自己）的独特性，同时还有启发作用，让你为自己的健康和福祉负起责任。这个无条件的爱，可以毫无批判地去接受现在的我和我的每一个层面。同样地，也让我们没有期望和无条件地接受别人。我们爱别人只是爱他们现在的样子，而非爱我们所期待的样子，也不期待对方以相同的方式来爱我。

我们两人多年的疗愈工作所体会到的也是如此，疗愈拓展我们的自我觉知，让我们接受自己（包括自己的好坏、对错、爱恨、善恶、缺点和优点），进而照顾自己、爱自己，也让我们能更宽阔、无条件地去爱人。我们所接触的学员和个案常反映，他们从我们身上感受最强烈的，就是这种没有期望、不带批判、无条件的爱。当你能感受到爱是疗愈的重要成分时，你自然能体会疗愈和疾病无关，而是与人的完整性有关，当然，这种完整性包括了你以为是不完整的部分。疗愈的过程即是从你以为的不完整，回归到本来就完整的你。

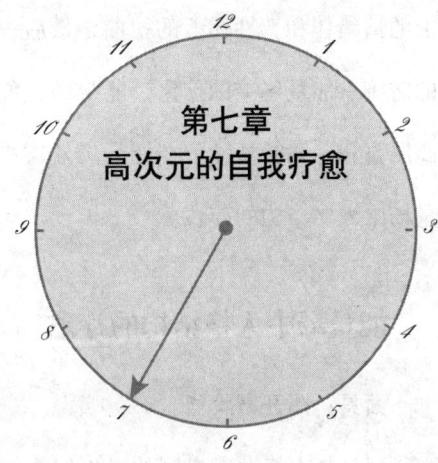

第七章
高次元的自我疗愈

我们现在把注意力转到四次元中有什么需要疗愈。首先要强调的是，没有一种疾病是专属于肉体上、情绪上、心智上或灵性上的疾病。这四个不同的范畴，都是因共振的原理相互渗透并互相影响。

我们从能量场开始讨论，因为能量场最靠近肉体，在这里的能量阻塞在情绪体、智性体和其上的灵体，这些能量扭曲的形式使我们没有办法真实地和自己或他人的本性接触。为开启我们内在的疗愈能力，首要工作就是清除能量体上浓密的能量。我们再次强调，虽然我们由能量场开始，但疗愈工作却是要在四个次元上同时进行。

能量场上的疗愈是非常复杂的，因为能量体不但有许多层，它同时还受到其他次元如肉体、意念体和自性本体的影响。此外，在能量场中还存在着第四章谈的人格结构。因此，谈到在能量体上做疗愈，其中就包括清扫能量体和气轮，并为两者充电，然后以提升共振的方式，处理人格结构上的情绪体和智性体上的扭曲，最后一层层剥除限制我们和高层自我接轨的防御。能量场上的疗愈，能帮助我们从人格结构中走出来，连接我们的高层自我，同时清除留在能量场外层中业力的垃圾。以下将重点地讨论能量场中人格结构的疗愈。

能量场中人格结构的疗愈

面具：揭开冒牌货

面具是人格防御机制的最外层，因此要疗愈人格，首先必须先揭开面具。当受到威胁时，我们戴上"威力面具"，一副很有威严、很有能力和魅力的样子，去拒绝别人的爱或协助。当我们因恐惧而在生命中感觉疏离时，我们就戴上"平静面具"，让自己从生活中撤离。当我们为自己的需要和爱感到羞耻时，我们会戴上取悦他人的"爱的面具"，好像对别人极具爱心。不管是戴哪一种面具，我们都视面具所要遮盖的为污点并引以为耻。面具虽完美却是冒牌货，是高层自我的赝品，是用来遮盖我们的创伤、低层自我、主要形象、防御和高层自我的工具。这一副面具有两张脸，向外的一张用来面对世人，朝内的一张则对着自己，这也是为什么要发现它很困难，不但因为它位于人格的表层，也因为这装假的"冒牌货"每天面对自己，久而久之我便信以为真，完全不知下面埋藏着各种创伤、低层自我、主要形象和防御。然而，面具是一定要被指认、被穿透、被接受，还要被释放的。我们可随时问问自己，此刻我戴的是哪一种面具，还有，我平日最常戴的是哪种面具？事实上，当我们开始走上疗愈这条路，对"我是谁"这个问题越来越清楚时，自然就不再视面具下的各种自我为污点，不再引以为耻，而能接受面具，最后和面具亲吻道别。

防御机制：随时观察自己的起心动念

防御机制藏在面具之后并给予面具适当的支持，它帮助我们在防御之下还维持我们的主要形象，我们的防御是极其自然、毫无意识且自动产生的机制。我们常不自觉地走进防御机制中，当我们发现自己进入防御机制，往往已在事情发生之后。以我们两人的经验来说，如果说这近20年的灵性修持有些什么成果，大概可以说，从前常是在事后才发现自己走入了防御（当然，也可能连事后也毫无知觉）。现在，由于长期且每日观察自己日常生活中的起心动念，因此，较可在当下就觉察到自己的防御机制正开始启动，有时甚至在防御未冒出头时预感到它可能来临而能事先化解。

疗愈防御机制需要相当长的时间，也需不间断地练习，更需要有方法和技术，虽然这些都远远超过本书的讨论范围，但是，我们可以建议读者，从最基本的功夫下手，就是去了解自己的人格防御机制，不管是哪一种人格，都需要"安住当下"的功夫，而五种人格也各有各的"肯定正言"可练习（请参阅第四章的图表，在"高层自我"一栏中都列有肯定正言），建议读者不妨每天起床后照镜子时对自己说些肯定正言。

形象自我：回想自己是如何从幻象中创造出形象的

回到高层自我的旅程，心态上需要完全臣服，并放手让那个我们一直误以为是真我的假象离开。正如放弃面具或防御，要放弃我们以为是的

"错我"也不容易。小时候我们都曾毫不设防，都曾完全信服父母师长，但也都因此被这些权威所出卖。我们害怕臣服，因为若把自己豁出去，毫不设防地臣服于宇宙的高能量，在小时候遇到的一些被权威出卖（如父母师长或宗教）使我们信心动摇的情况都将再度浮现。然而，当我们了解，我们事实上从没被别人出卖过，使我们被出卖的是自己的"孩童意识"，如今我已长大成人，可以用"成人意识"勇敢地重新面对被我们所信赖的权威出卖而信心动摇的情况。

走在回归"高层自我"的路上，我们的意识将经验痛苦，就如同先前谈论意识上经历许多小死亡。如果真要我们放弃形象，我们就会立刻感觉极大的恐惧，这是对未来不可知的恐惧，因此你可能宁愿留守在熟悉的环境里。我们并不是要求你马上放弃你认为是实相的形象，你可以选择保存这些形象，直到你准备好去继续这趟联结真我之旅。我们所建议的，只是请你静下心去回想，你是如何从幻象中创造出自我形象和对世界的形象。

低层自我：指认它、接受它、拥抱它，最后以正念表达并释放它

低层自我的组成并不只是一般所谓的错处或缺点，也包括无知（无明）、懒惰和霸道，它讨厌改变，也不愿自我挑战，它有高强的意志力，要所有事情按照它需要的方式进行，却不想付出任何代价，低层自我还非常骄傲与自私，更有很多虚荣心。每个人的低层自我通常都包括以上这些部分，正是被我们藏起以为很坏或不可爱的阴暗面。为什么要藏起来？因为我们已经习惯以二元对立的方式去思考和生活，好与坏、黑暗与光明、接受与不接受、正面和负面。

二分法创造了我们的三维空间的意识，我们先前讨论二分法让我们在被自己爱的部分和不爱的部分一刀分离成两半，形成明显的疆界。这就是人类所处的三维空间之"分离意识"，这分离的幻象永恒地存在于物质世界里，也充斥在人体的四次元当中。譬如说在能量场里，我们与自性本体或高层自我分离，如何分离？低层自我为了保护我不受痛苦，因此挤在自性本体和创伤之中，硬把两者活生生地分离。低层自我视创伤为坏东西，因此我们无从知道创伤是一个礼物，而一直让高层自我躺在黑暗中。低层自我说了个大谎言，它说，我们有些部分是没有价值而且见不得光的，它还说，我们应该对自己某些情绪和想法感到羞耻。

我们需要知道，渐层连续体上的任何部分都是非常重要且是必要的。事实上，事情之所以变得负面，是因为我们不接受它或者不允许它自然流露，我们讨厌它同时压抑它，讨厌的感受和压抑的想法逼迫它进入密度粗重的范围，这些密度粗重的能量向下植入我们的身体，经过一层层能量体，最后到达肉体就成了肉体上的疾病。

因此，要疗愈就必须亲身进入低层自我和阴影之中，若不能在一时间顿悟地指认、接受它，也可以用渐近的方式，或安全、舒服的方式，慢慢地、一点一滴地从生活上指认它、接受它，最终能拥抱它，让它以积极正面的意念自然表达而释放它。

创伤：找到创伤源头，就会碰到高层自我

冬天来了，春天就不远了，当创伤来临，高层自我也不远了。

创伤像是高速公路上的路标和路障，提醒、带领我们回到高层自我。

创伤也像量身定做的制服，全世界只有我穿得最贴身，因为它是依我的人生课题而设计。创伤更像铜币之一面，翻另一面即是高层自我。创伤与高层自我的距离如纸之隔，只要你勇敢地走回去碰触创伤，高层自我就不远了，如何走回头碰触创伤？正如伊娃所教导，首先问自己：我现在有什么痛苦、疾病或困境？它代表什么意义？是否有个主题？如果你有了答案，就有了线索，从这线头开始回头拉，回溯你的人生，你是否可找到至少五个同样主题的创伤事件？你是否能找到创伤的源头，也就是那最原始的痛？你若找到创伤的源头，恭喜你，你快找到高层自我了。

能量场中能量体的疗愈

能量场的每一层能量体，都是个别的渐次连续体，各有特定的频率范围，各有各的能量模式，如气体不同于情绪体，情绪体不同于智性体，这些能量模式错综复杂地互动后就构成了我们的人格结构。这些能量模式并不是静态的，它永远在振动，而相互间还可转化。举例来说，我有一个原本存在于智性体的想法，透过振动频率的改变，能转换到情绪体中变成一种情绪，同样的，再透过振动频率的改变，再度转换到肉体，变成肉体上的健康或一种疾病。

七层能量体中较高的几层（第四至第七层）属灵性体，由于振动频率越来越高，所牵涉的疗愈也较复杂，有些疗愈方法更需要外在的协助，如必须在疗愈师的指导下才好进行，这些都已远远超过本书拟涵盖的范围，此处只选择性地讨论读者可自己进行而不需外在协助的疗愈。此外，由于大家已熟知不少疗愈方法如气功、针灸、中药、按摩等,对气体(最靠近肉体的第一层能量体)均有直接的功效,此处也不再讨论,以下谈谈在能量场里较不为人所知的第三层智性体和第二层情绪体的疗愈。

智性体:我不是人生的受害人,我有自由意志去对生命负起责任

第三层智性体有着什么?想法或心念。想法从哪里来?想法是由意识所创造,是意识带着我们最初始的自性本体之光,流经意念体次元形成我们的意念,转而进入能量场将这些意念付诸实践,成了我们称之为想法的能量。意念显示的方法之一就是我们的想法,它本身就是一种能量,在智性体里具体可察,想法的振动频率可高可低,有些想法非常轻快而振动频率也高,例如令你感到快乐的想法或任何正面积极的想法,有些负面的想法形成振动频率低且密度浓密的能量,例如恨或让自己不开心的想法。想法的能量会影响我们的情绪,而情绪则会影响我们肉体的感官。

最初的意识是没有形状的,但当讯息从最早的光经过人的脑袋和语言,转换成想法后,到了智性体就变成有形的,有不同的颜色、光度,也有不同的密度,例如我们的观念、概念或思想等等。这些思想和概念影响我们怎么去感觉,怎么去想,也影响我们的行为模式、价值观念和生活方式。所有这些想法、感觉和行动,都是我们创造出来的成品。

在智性体的疗愈,最重要的就是要有肯定人生的生活态度,深切认知我不是人生的受害人,我有自由意志去选择接受人生挑战的方式,我有权利对我此生经历的不幸做出回应,我是我人生的主人。这种对生命负起责任的生活态度,能以提升共振的方式带起低频振动的能量,是智性体疗愈过程的一把钥匙。智性体的疗愈，让我们能集中精神，以我们的智慧去面对每天的生活所需。这是为什么智性体的疗愈过程需要有正面、肯定人生的态度。

情绪体：不带批判的接受，以正面意念表达负面情绪

连接智性体的是我们的情绪体。情绪储存在能量体第二层，它可以是轻且明亮的，也可能是黑暗又厚重的如贪欲、憎恨、愤怒，这些负面情绪和积极、爱、欢喜、同情这些振动频率高的能量相较之下，多半比较固体化。然而，这些密度较大的情绪能量多半藏在阴影之后，被我们埋葬良久，要等到我们做深度内在自省的工作之后才会发现它们。

如何疗愈负面情绪？首先不要认定它们是"坏成分"，而后不带批判地去接受它，再用积极的意念表达它，以提升共振的方法去释放它。我们所带领的疗愈工作坊中，常以两种方法要学员自我疗愈负面情绪，其一，以正面意念将负面情绪表达出来，其二，以共振原理，借用振觉呼吸法，将振动频率低的能量转为振动频率高的能量。

此处必须再度提"两极原理"来解释情绪的疗愈："一切皆有两极，一切皆有对立面……相反的东西其本质也是一样的，只是在程度上有所不同……"所有正面的情绪和负面情绪具有相同的本质，悲伤即快乐，烦恼即安心，不同的只是两者各处渐层连续体的两端。

在做振觉呼吸之前，我们问每位学员想要释放什么情绪？若是对某某人的"恨"，"恨"生出负面情绪，密度很大，位处渐层连续体的一端，于是我们会问："你若不再恨某某人，你会觉得如何？"学员可能回答"我会觉得很轻松。""轻松"所生出的情绪是"恨"的相反,振动频率高而密度小,位于渐层连续体的另一端,那么,就请发个"轻松"的愿,下一步就带着"轻松"的意念去做振觉呼吸。

"振觉呼吸"是一种极为劲爆的疗愈方法,呼吸的方法简单易懂,可化成四句口诀:大口吸气(用口而非鼻呼吸)、轻松快吐(吐气要轻快而非沉慢)、吸大吐小(吸气时肚子胀起来,吐气时肚子消下去)、波浪不断(呼与吸像海浪般毫无间断)。以这几个原则去呼吸,往往在几分钟之内就有所启动,"启动"指呼吸者感觉到能量上的变化,也许肉体感觉到什么,也许心有所悟,也许情绪转变。一般人大多最先在肉体上察觉这能量的"启动",如一位学员志伟在呼吸后写下他的体验:"我照着老师教的方法躺下呼吸,才没几下,我的手指尖开始有些痒痒麻麻的感觉,好像小蚂蚁在爬,但并没有不舒服,我还在想小蚂蚁的时侯,这种痒痒麻麻的感觉很快就变成一股强大的电流,贯通我全身,我全身通电,好像变成一座发电厂……"借着呼吸,肉体的细胞层大量吸入氧气,产生高振频的能量,志伟所谓的"电流"或"发电厂"就正是高振频能量在身体的感觉,在"共振"的物理法则之下(振动韵律强大的物质会使较弱的一方以同样的速率振动,而形成同步共振的现象),呼吸者全身产生强大的高频振动,带动了体内振动频率极低的能量与它同步共振,我们的身体有什么东西振动频率极低?孩童时期所经验的创伤,我们引以为耻的低层自我,埋藏在潜意识深处不见天日的负面情绪或想法……这一切原本以极低振动频率的形式长期冬眠在肉体细胞里,在短短数分钟之内被唤醒因而"启动",在其后的

40分钟之内，随着高频率能量所引导的共振作用逐渐呈现，从渐层连续体低振频的一端逐渐提升，最终能到达渐层连续体的另一端，转换升华成高频能量。

振觉呼吸法虽是极为劲爆的一种疗愈方法，但在这里必须强调，我们并不建议读者在未受过训练的情况下自己轻易尝试，原因是这每次45分钟的振觉呼吸像是对呼吸者的潜意识进行一次清扫工作，试想我们多生累劫的潜意识大仓库中埋藏了多少东西？在清仓时虽可能找到被我们遗忘已久的宝藏，但也往往清出许多呼吸者意想不到的负面情绪、旧时甚至前世的创伤，而未受过训练的呼吸者，往往不知如何对治这种种突发的情况，需要有经验的指导教练从旁指引或处理才好，不然不但毫无疗愈的效果，反而事倍功半，甚至可能适得其反。至于训练多久才可自己在家做？答案也因人而异，一般说来，至少在受过两天的集训，或在教练指导下做了四次呼吸后，我们便鼓励学员在下次集训之前自行练习呼吸作为回家的功课，而在两期训练之间学员和呼吸教练仍保持联系，目的就是帮助学员处理新的突发事件或解答学员的问题。

"振觉呼吸"所根据的理论最主要是来自"升华呼吸"及其他呼吸技巧。"升华呼吸法"的创始者为茱蒂·克拉维兹（Judith Kravits），茱蒂拥有形而上学（metaphysics）的博士学位，早期曾担任教会牧师、瑜伽老师、重生呼吸法（Rebirth）的教练。她在29岁时被诊断得了喉癌，但她决定不接受割除手术或化疗，而坚持以改变饮食习惯、每日积极地以呼吸及其他疗愈法来治疗自己，终于成功抑制喉癌，至今30多年不再复发。多年来，在抚养八名子女之余，茱蒂曾涉猎并钻研各种古代和现代呼吸疗愈方法，古代如瑜伽各种呼吸法，现代如全方位呼吸法（Holotropic Breathing）、重生呼吸法（Bebirth）、复生呼吸法（Vivation）等，最后撷取各家精华而自成一家，在20世纪90年代创立"升华呼吸法基金会"，大力推广呼吸疗愈法。多年前，我们两人在第一次接触这门独特的呼吸法时大为惊撼，两人都被它强大的威力给震慑住，一星期后便登上飞机直奔茱蒂的阵营，在她旗下学习多年，从千禧年开始，我们也把此呼吸法带至台湾。

多年来，我们将此呼吸法融会能量体（如气轮）及肉体（如肌肉、骨骼）方面的知识，不断增加新的信息与新的观点（如五种人格防御结构），使这呼吸法得以持续茁壮精进，最终成为我们主持的训练营之根本疗愈大法，名为"振觉呼吸"。疗愈情绪体的方法很多，在我们主持的训练营中，除了振觉呼吸法外，也采用许多其他的疗愈法，如"哈口蜜""聚集""肉体动力""双手触疗"和"一念之转"等疗法，这许多不同的疗愈法，在处理某些情绪问题上也非常有效。然而，不管是用什么方法疗愈，最重要的是，我们不要锁住自己的负面情绪，如果我们一直将它深锁暗室或藏在阴影之下，疗愈是不会发生作用的。

意念体次元的疗愈

在本书之前部分，我们谈到意念体次元的三个重点（个化点、灵座点、丹田点）必须与意念体导管对齐。我们也讨论到如果意念体导管不畅通或显现神圣蓝图的三个重点不相通，影响到我们持正面意念的能力，就会产生矛盾和杂乱的意念，我们会有许多欲望冲突，也会感到困惑，此时就是意念体导管需要疗愈的时候了。我们可问自己三个问题，以了解自己的意念体次元是不是需要疗愈。

第一，我是否有清晰的人生目的？我知道我的人生使命或任务吗？换句话问，我知道我为何而来吗？

第二，我有人生渴求吗？我能感觉自己有满腔的热情想要实现我的人生任务吗？

第三，我有实践人生任务的能力和精力吗？我"心有余而力也足"吗？

然而，意念体次元要得到疗愈有个先决条件，就是能量体次元已得到疗愈或至少已展开疗愈工作，能量场的疗愈包括我们的人格防御机制、智性体、情绪体等的疗愈。除此之外，还要我们与高层自我有相当程度的接触。之前我们谈到智性体和情绪体的疗愈，如果你能提高自己的想法和情绪的振动频率，就已经为此意念体次元的疗愈做好了准备。

物质世界所有的事物皆是经由意念体的意念而创造出的，想要让意念体次元得到疗愈，必须先持有一个最基本的意念，那就是："我是万象的共创者。"世界的创作我也有份。我可以从检视自己各种意念开始，去芜存菁，最终创造我想要的人生。想想，我的人生在哪方面（如工作上、爱情上……）受了我哪种意念的影响？如果那种影响不是我要的，我可以改变意念，然后根据我想要的结果去选择意念，以创造我想要的人生。我的态度决定了我的灵为达成进化过程所需的人生经验，举例来说，易怒的个性，会以愤怒的方式响应生命的挑战，借以带出灵为进化所需要的人生经验，才能做人生功课。逃避或悲伤的个性也以逃避或悲伤的方式响应生命的挑战，借以带出灵所需要的人生经验，这就是所谓的"共创"。

我的意念创造了我的实相，也创造了我的人生。要有这层认识并不容易，只有对"我到底是谁"这个题目有着全面认识的人，才能了解"我是万象的共创者"的意义。如果不知自己为共创者，就会以为自己是受害者，我们不会知道我的人格就是我意念的投射，我的快乐是我的"正面意念"创造出的，正如我的人生烦恼是由"负面意念"创造出来。如果认为自己是生活环境的受害者，不但无法负起对自己、对环境的责任，更看不到我们内在疗愈的力量。

以上的观点不单只对想自我疗愈的人，更是对想透过疗愈帮助他人的人说的。我们两人经常被问到："我要如何帮助其他人，特别是我的家人或我所爱的人？"我们的答案永远是"要从自己开始"。这答案毫无新意却真实不虚，原因是，当我们从伸手可及的高层自我开始创造时，我们不但疗愈自己，也同时以积极和健康的方式影响周围的人，他们也因此得到疗愈。换一种更具体的方式说明，由于你在意念体持正面意念开始创造你的人生，你的能量场也能感觉你的自我价值；感觉自己有主宰生命的力量，而不再认为自己是受害者，能量场中各种想法和情绪的能量也因此被"提升共振"因而获得疗愈，此时，你所爱的或你周围的人怎可能不受影响？他们整个人的能量场会向你"看齐"，各种能量也被你"提升共振"，你就是以这种积极的方式去感动别人的生命，这也是你能对他们做的最神奇的疗愈。

在自性本体疗愈

我们每个人都非常习惯害怕,害怕我们的本体随兴发光,也害怕我们的生命力自由流动。事实上,在很久以前,我们都曾让本体随兴发光,也曾让生命力自由流动,你我的灵性都曾在没有恐惧、毫无威胁的情况下大放光明。然而,这个地球充满着受了创伤的父母、感觉羞耻的成人,我们因此也被引导,认为自己是不足、不完美也不完整。我们开始害怕自己明亮的神圣之光会被人看到,于是我们时时刻刻活在害怕被人羞辱、怕丢脸的恐惧之中。

人活在恐惧中代表什么意义?恐惧造成的阴影遮蔽了我们的自性本体。人在恐惧中和动物很不同,动物遇到危险时有三种"F"防御反应:反抗(fight)、逃走(flight)、冻结(freeze)。若无法逃避也不能反抗,则立即冻结能量以装死,当敌人一走危险结束时,动物立即起身或摇或抖,摇抖掉全身因恐惧生出的浓密的低振频能量,这种自我疗愈的颤抖过程有时可长达数小时之久。我们人类没有这样的防御机制,我们把这些因恐惧而冻结的能量储存起来,存在能量体和肉体次元空间。不但如此,人类的一生还会继续创造因应各种假想的威胁而出的能量,将之塞入我们的能量体和肉体次元。我们把自己藏在重重障蔽之后,我们对自性本体感到羞愧,我们认为自己不神圣、不美丽、不具魅力而且是没有爱的。

为了疗愈,我们要允许神圣本质透过我们的意念体、能量体、肉体,进入小我宇宙,之后再向大我宇宙扩张。如果这种"进入"和"扩张"是指我们需要时间去和自己做更深层的联结，比如说在我们说话或回答问题之前，先给自己片刻时间去感觉那最深处的真我，那么，就请不要急着为了响应外界而说话，别急着应付别人问的问题而说话，请一切慢慢来，请先和自己联结，因为那是我们可以感觉自己、联结自己的时候，也正是可以"活在当下"且"安住当下"的时候，这种时候，你还担心别人怎么想吗？

因此，要让自性本体次元得到疗愈，必须先做许多个人内省的工作，达到能无条件地爱自己及爱他人的程度。无条件地爱自己并不容易，我们两人多年在疗愈工作上所接触的人，绝大多数都恨自己，要求他们打开心胸去爱自己何其困难！

这恨自己的种子早在进入身体之前就已存在，进入人体后一直伺机而动，等着主人创造创伤和各种自我，等待机会发芽成长。从小孩的意识来看，人间的经验导致我们以为世界不安全、资源不丰富、我们不够好、我们没人爱，导致我们曾感到被抛弃、被侵略、被羞辱、被出卖、被控制。因此，即使当我们尽力地去爱我们自己，却总是回到我们因创伤生出的形象而身陷其中不能自拔，这就是为什么说，要疗愈自性本体，必须在下两个次元即意念体和能量体已经完成疗愈，或至少已经展开疗愈工作了。

为什么一般人恨自己？为什么爱自己这么困难？因为我们爱错了人，我们想爱的是形象自我的"错我"，而非高层自我的"真我"。这里有个玄机：你若找不到真正的我，爱是不可能发生的。当我们还是孩子时，我们相信必须把坏的低层自我藏起来，在其上建立形象自我并学会讨厌这个错我，也因为遗忘了真我，我们相信我们讨厌的人就是自己。看到这里，也许你明白了为什么我们需要透过疗愈的过程来处理我们的人格结构。

在我们的疗愈工作和教学中，我们常告诉别人一定要打开自己的心去相信自己是值得爱的。学员通常不能真正相信自己是可爱的，即使愿意接受这种说法，还是会提出这个问题："我要如何打开我的心去相信？"我们的答案虽然像老生常谈，却是最简单不过的事实："如果你能找到真我，就会打开你的心，就知道你是可爱的。"

在疗愈的旅程上，我们会发现，我们曾以为我若不隐藏坏的、丑陋的部分，就不会有人爱我。讽刺的是，一旦我们接受这些坏的、丑陋的为我的一部分时，我们就进入到一个更高的层次，那就是，会了解那坏的、丑陋的其实不是我。到了这阶段，我们便不需要努力挣扎去爱那个错误的自己。你就知道，能被爱的不是我们的"错我"，能接受爱的是我们的"真我"！我们想象出来的"错我"不能够接受爱，也不能给爱，在某种意义上，那是不可爱的。然而，我们的"真我"却是开放且善于接纳爱的，同时还提供无条件的爱，因为它是不设防的。因此，我们真正讨厌的是错我！除非我们重新联结那个美丽完整的真我，我们将继续讨厌那一个不是真我的我，不自觉地恨自己，而当我们不爱自己的时候，也很难接受别人能真正地爱我们。

因此，你若打开心房，开始生出了要爱"真我"的渴求，也有了想知道如何爱"真我"的念头，就等于你已稳稳当当地踏在这趟找回"本来面目"之旅的起点上。正如所有事都有个起点，渴求引导我们到起点，我们必须向前走并维持那份爱真我的初衷，这是我们的人生任务。当你走在找回"本来面目"的路上，必然会遇到各种路障使你停下来，甚至想打道回府，此时，我们两人希望你重新翻开这本书，再次阅读与你所经历的痛苦有关的章节，帮助你找回力量，继续向前行。请记得，看似悲剧的事件往往是份厚礼，痛苦的经验也许是"有福气的教训"，它们一直在追寻真我的路上指引我们，好让我们能到达目的地。我们两人正走在这条路上，并邀请你与我们同行，希望本书对还未走上这条路的朋友有启发作用，对已走上这条路的朋友起鼓励和扶持作用。借由这本书，我们想和读者做深度联结，因为，在最终的层次上，你我本为一体。

我们希望每位读者都能常常和"真我"联结、和别人联结、和世界乃至整个大宇宙联结。如果去感觉联结极其困难，我们希望你此刻发出要与真我联结的意念，透过正面意念及走一趟坦诚不欺的旅程之意愿，我们那种因未联结上"真我"而孤独和被遗弃的感觉终将远离，最后，读者将能感知你我实为一体。

希望有幸与读者再次相会。

无量光、无尽爱。

出 版 声 明

本书个别内容仅为作者的一家之言,是当代身心疗愈学中有待完善及进一步验证的观点。请读者抱着审慎的态度自行甄别与取舍。